FASHION

尚锦手工GSC娃衣系列

迷你娃衣制作手册

日本良笑社 监修　日本诚文堂新光社 编　李斐尔 译

{时装篇}

中国纺织出版社有限公司

目 录

制服

水手服

哥特式洛丽塔

使用素体（身体）…黏土人*原型：女孩（奶油色）
黏土人*原型：男孩（奶油色）
使用人物（头）…艾米莉 /凉/爱丽丝/白兔/疯帽子/红心女王
（全部为日本良笑社制造）

*黏土人是日本人形制造公司 Good Smile Company 于 2006 年开始推出的 Q 版可动人偶系列。“黏土人”为日文原文“ねんどろいど”音译，其产品并非由黏土制成，而是用 PVC、ABS 等材料制造。

制服

设计：冈和美（QP）

1 男孩

制作方法 ………………p.24

纸样 ………………p.98

2 女孩

制作方法 ………………p.32

纸样 ………………p.100

水手服

设计: M・D・C

哥特式洛丽塔

设计: M・D・C

巫女

设计：萤火虫森林工坊（尾园一代）

和服

设计：萤火虫森林工坊（尾园一代）

牛仔

设计：岡和美 (QP)

10 男孩
制作方法 ………………… p.72
纸样 ………………………… p.118

11 女孩
制作方法 ………………… p.78
纸样 ………………………… p.120

外套

设计：冈和美 (QP)

12 男孩

制作方法 ……………… p.84
纸样 ……………………… p.122

13 女孩

制作方法 ……………… p.92
纸样 ……………………… p.126

Lumière
Lumière
Green apple

制作方法

介绍基本的工具和材料、娃衣的制作技巧、缝纫及服装专业用语，
并对本书刊载作品的制作方法进行解说。

工具

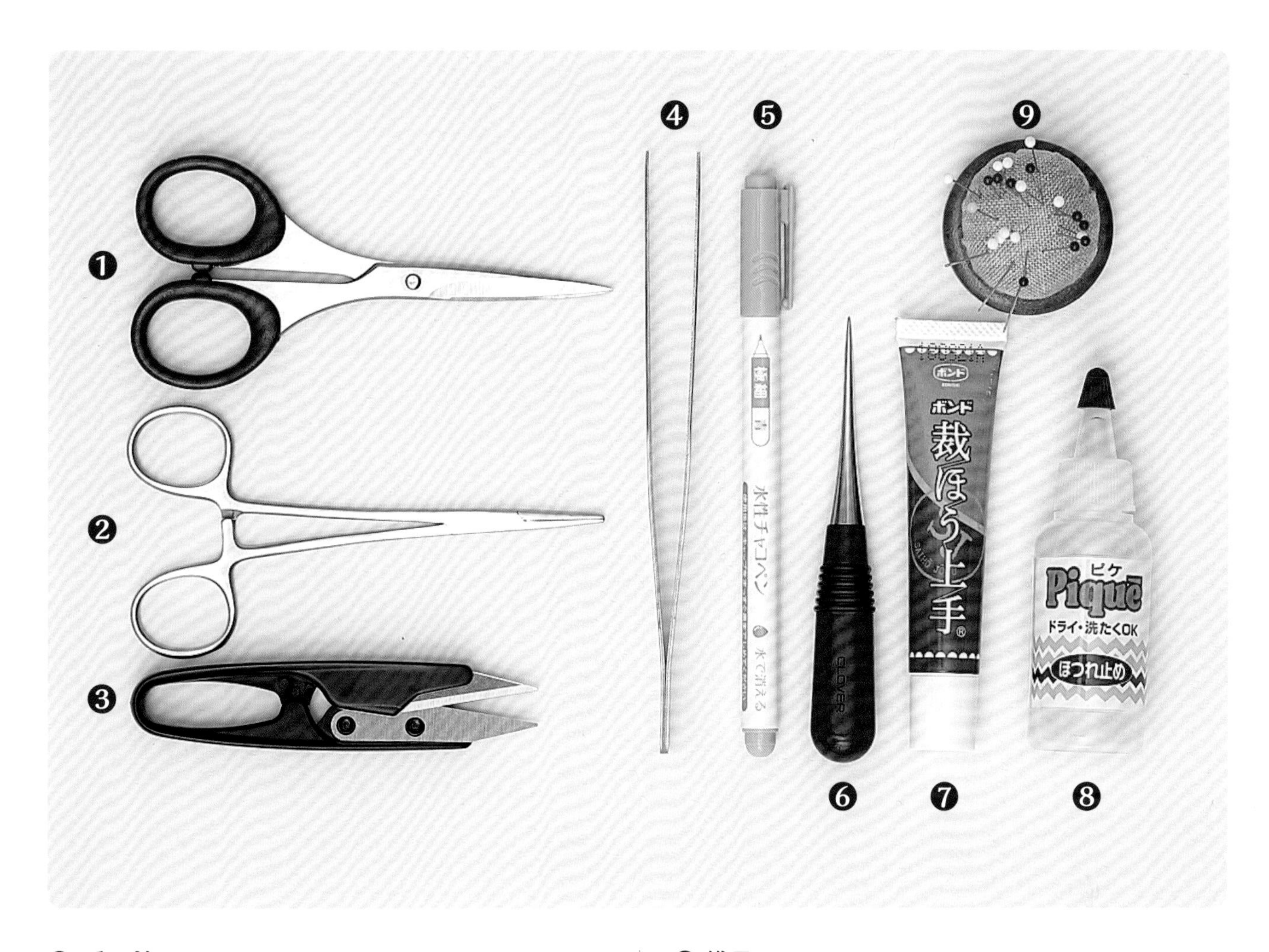

❶
❷
❸
❹
❺
❻
❼
❽
❾
水性チャコペン
水で消える
CLOVER
ボンド
裁ほう上手
ピケ
Piqué
ドライ・洗たくOK
ほつれ止め

❶ 手工剪刀

剪布时使用。因为有很多细小的部件，所以在进行拼缝布料等工作时小剪刀很好用。用它剪纸的话会使刀刃受损，所以要另外准备剪纸剪刀。

❷ 翻里钳

在翻转袖子或裤腿时使用。

❸ 纱剪

剪线或在布料上打剪口很方便。要选择前端比较锋利的。

❹ 镊子

在放置细小零部件时或将缎带穿过蕾丝时使用。前端尖细的比较好用。

❺ 记号笔

标记时使用。有的遇水消失，有的用熨斗加热后消失，有不同的种类。在黑色布上，推荐使用白色笔芯的布用自动铅笔。

❻ 锥子

用缝纫机送布时使用。娃衣用缝纫机缝制难以推进时必须使用。其他可在翻尖角时、拆线时使用。

❼ 布用黏合剂

细小零部件在使用缝纫机缝制之前，假缝临时固定时使用。

❽ 锁边液

在缝份边缘使用，防止边缘脱线散开。全部部件基本都可以涂用。

❾ 珠针 / 手缝针

珠针是零部件缝合时和假缝时使用。手缝针是手缝时使用。在拼缝时应选择细针。

※除此之外，请准备好剪纸用的剪刀。

纸样的使用方法

本书后附有带缝份的实物大小的纸样。
请复印或转印在薄纸上使用。

- **布纹线**
  放置纸样时，使布料两侧的布边与箭头呈平行状态

- **裁剪线**
  按照这条线裁剪纸样和布料

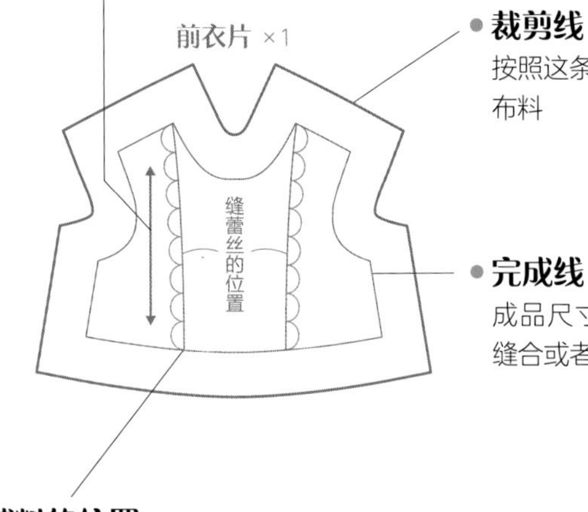

前衣片 ×1
缝蕾丝的位置

- **完成线**
  成品尺寸。表示沿这条线缝合或者翻折

- **辅料的位置**
  扣子或者蕾丝等的安装位置

- **部件名称/片数**
  标记部件名称和需要的片数

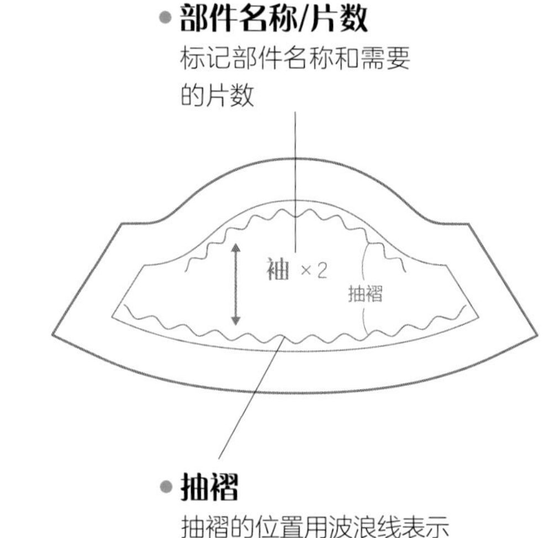

袖 ×2
抽褶

- **抽褶**
  抽褶的位置用波浪线表示

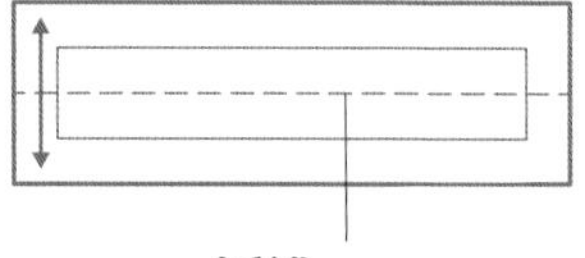

- **折线**
  用熨斗熨烫出的折痕线，用虚线表示

复印纸样的方法

❶

复印纸样或者转印到薄纸上，沿裁剪线剪下，放在布料上。沿裁剪线在布上画出来。

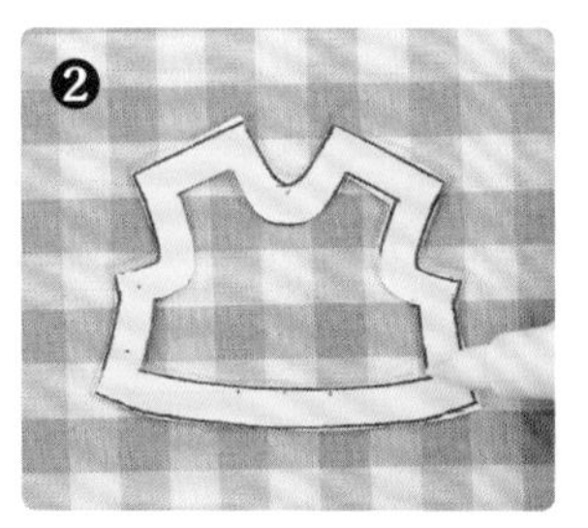

❷

如图所示，用剪纸的剪刀沿内侧完成线剪开。将完成线复印到布料上。

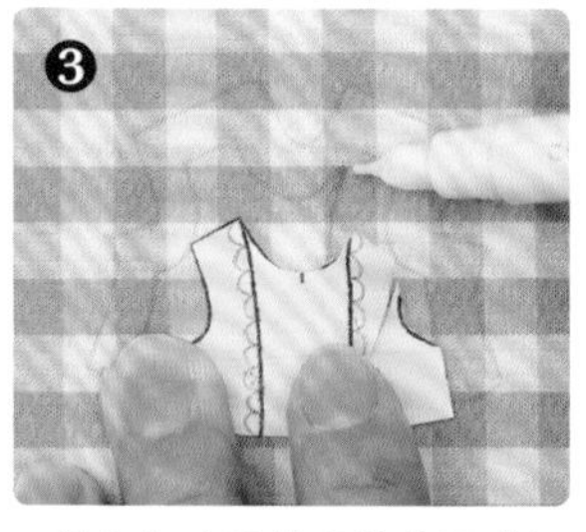

❸

一边仔细确认蕾丝的位置或纽扣的位置，一边复印。

❹

沿裁剪线裁剪布料，在布边涂上锁边液。

※书中所刊载的纸样及在本书基础上进行部分修改的纸样，不能用于销售、出租、举办讲座、网络传播等。仅可供兴趣爱好者个人使用。

材料

黏土人娃衣的制作中，材料的选择非常重要。
在本页中，介绍书中所刊登作品实际用到的布料、线和针。

• 布料

尽量使用薄的布料。如果是有花纹的布料，请选择适合娃衣的花样。

涤棉布

涤纶与棉的混纺织物。有一定的弹性，适合制作有分量的服装。

平纹棉布

质地轻薄柔软，使用方便。图中是先染的格纹布料。

棉巴里纱

质地薄得可以透到后面。主要用于里布。

平纹针织布

弹力布料适用于针织衫和针织物品。薄款布料还可以制作袜子等物品。

厚斜纹布

本书中用于制作帽子（p.76）。有弹力，因为不容易变形，所以适合制作小物件。

牛仔布

制作衬衫用的牛仔布料，尽量选择薄质地的布料。

平纹布

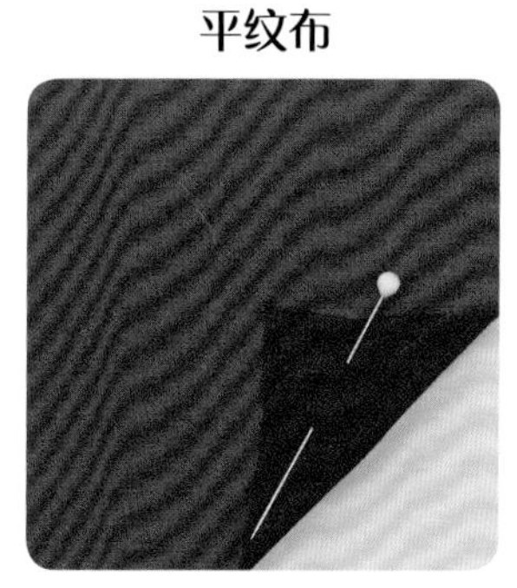

用于制作和服和裙裤。与平纹棉布比略粗一些，但是穿着有和服的感觉。

绉绸

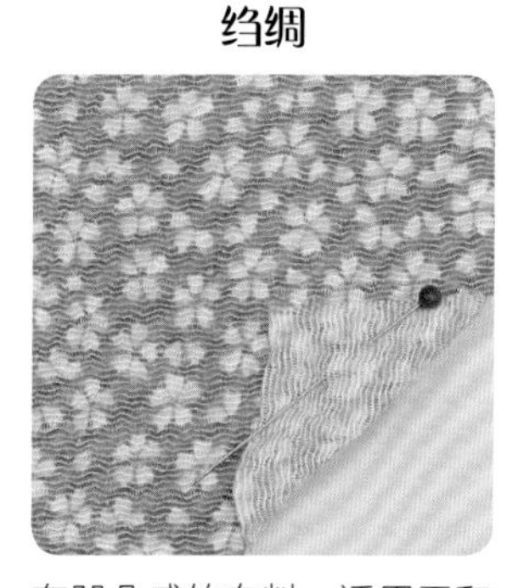

有凹凸感的布料，适用于和服。将有特征的布料用于服装的一部分，成为设计重点。

• 缝纫线

尽量使用细线。选择合适的缝纫机机针和布料，本书制作方法中使用的全部为富士克 90 号机缝线。
※为了容易理解，有时会更换线的颜色。

• 缝纫机针

薄布料使用 7 号 ~ 9 号针。

手缝基础

没有缝纫机的人，用手缝也可以制作服装。
手缝漂亮的秘诀，是以相同的间隔仔细地缝制。
使用缝纫机的人，有一些细小的部位和立体的地方用手缝会更快、更漂亮，那就机缝和手缝并用吧！

•针

使用细的拼布或手工专用针。

•线

因为是制作娃衣，所以用细的缝纫机专用线也没有问题。
厚布料重叠之处，或者想要更结实些的地方还是使用手缝线吧！

平针缝

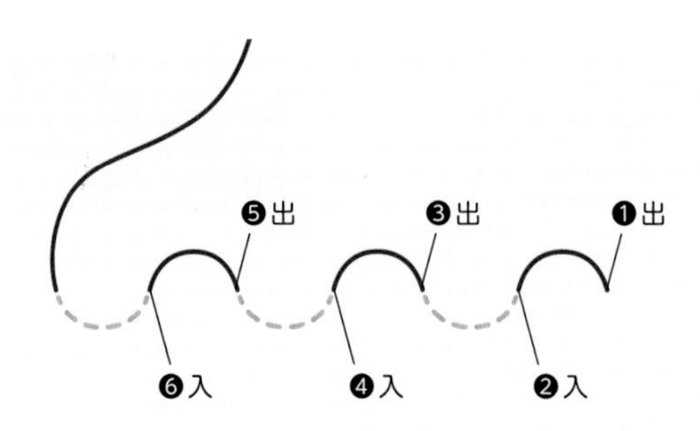

❺出
❸出
❶出
❻入
❹入
❷入

基础缝合法。缝合零部件时使用的方法。

回针缝

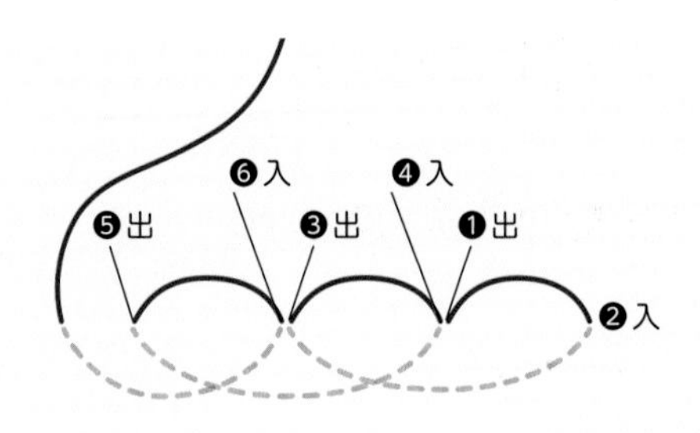

❻入
❹入
❺出
❸出
❶出
❷入

从表面看与机缝相似。因为是结实的缝法，常用于腋下和下裆等部位。

半回针缝

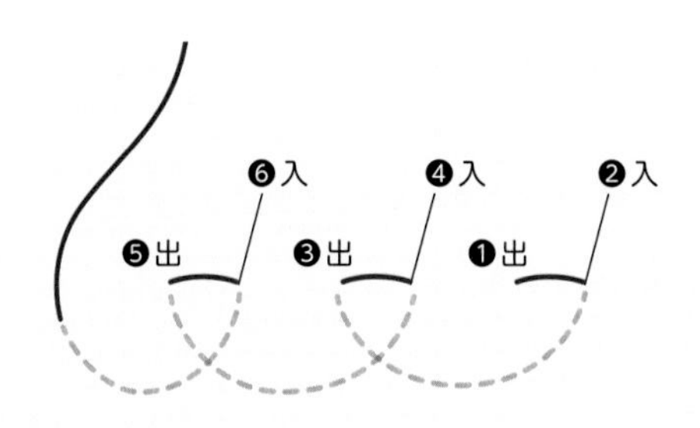

❻入
❹入
❷入
❺出
❸出
❶出

适合弹性布料的缝合方法，推荐缝合针织布料或袜子时使用。

制作娃衣的技巧

下面介绍一些娃衣制作的诀窍和技巧。
无论哪种服装都有一个共同的特点，那就是每一针都要用心地去缝制。
在娃衣制作中，1mm 的偏差都会在很大程度上影响成品的效果，所以请悉心缝制吧！

修剪缝份

为了尽量不让缝制厚度表现出来，缝纫机缝好后，缝份留 3mm，剪掉多余部分。

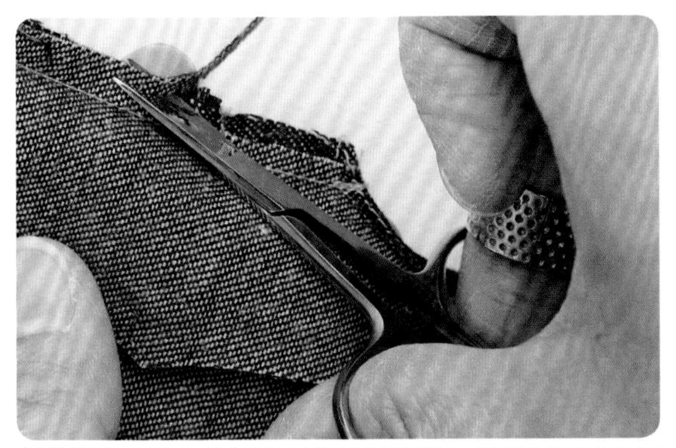

缝份倒向一侧，将布料内侧的缝份剪短，这样厚度就会被遮盖住，完美完成。

避开缝份缝合

当翻转到正面时，为了避免布料被拉扯，需要避开缝份缝制。
缝到缝份为止回针时，先将针拔出，避开缝份后重新入针，继续缝制。

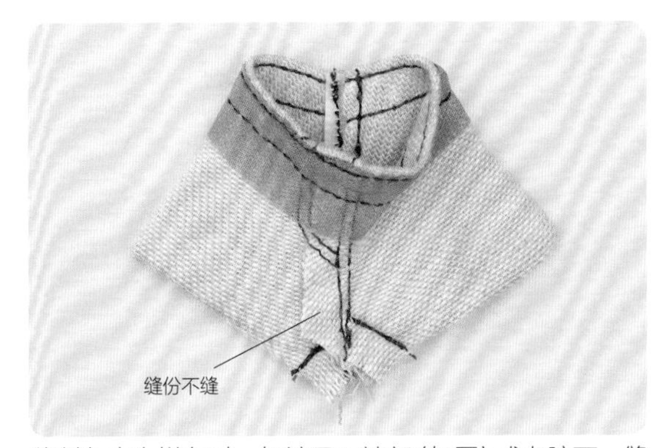
缝份不缝

缝制角度为锐角时，如裤子下裆部（如图）或者腋下，缝制时需要避开缝份。

不回针时，将线拉出来打结

用缝纫机缝制袜子的袜尖等不想增加厚度的部位时，不要回针，将线拉出来打结即可。

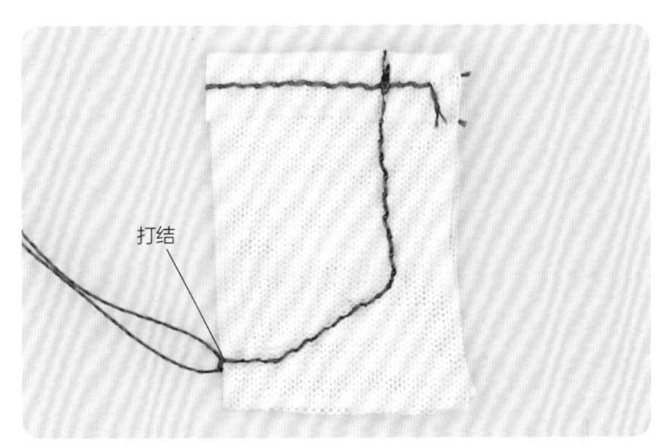
打结

将两根线打结后剪短。

小而难缝制的部位，先缝后剪

如果先将魔术贴等剪成小块再缝合，用手指很难压住，容易移位不好缝制。这种情况下，可以先用大块缝制，然后剪掉多余部分。

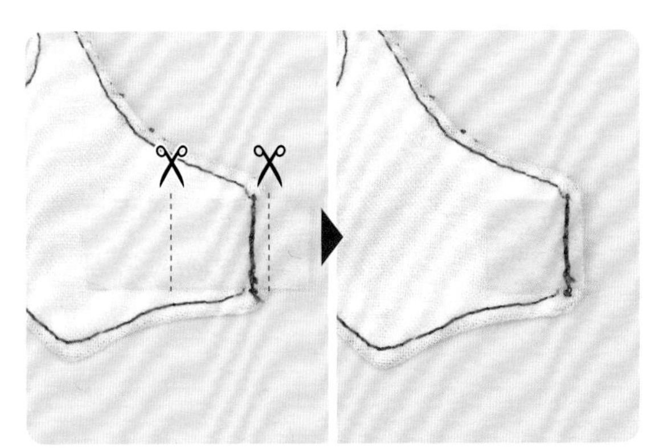

将魔术贴缝长一些，然后将多余部分剪掉。

缝纫术语

本书中的缝纫术语介绍。
如果遇到不知道的缝纫术语时，请参见此页。

- **开衩**
为了服装穿脱需要的开口部分。

- **缉明线**
为了防止缝份或贴边等上翘，应从正面缝明线。

- **翻口**
将两片布正面相对缝成口袋状，是为能将表面翻到外面所预留的开口。

- **锁针**
用线边缠绕边缝的针法，多用于锁眼。

- **纸样**
为裁剪布料绘制的纸样。本书中的纸样为带缝份的实物大小，可以直接复印使用。

- **抽褶**
将布料缩缝，可以得到小碎褶。

- **剪口**
按划样标记在布的边缘打剪口。

- **缎带**
有光泽和弹力的丝带，使用在服装上会有高级的质感。

- **刺绣用缎带**
在缎带上刺绣，具有柔软材质的缎带。色彩非常丰富。应用在服装上可以增添高级感。

- **按扣**
用手指按压扣合的子母扣。

- **黏合衬**
为了防止布料拉伸，黏着在里面起到加强作用。利用电熨斗热量加热黏胶可黏合。

- **省道**
将布料上多余的量捏出，可以制作出立体形状。

- **正面相对**
两块布的正面相对。

- **缝份**
为了布与布缝合所添加的部分。

- **分缝熨烫**
缝份从缝线处向两边分开并用熨斗烫平。

- **斜裁**
将布料布纹线倾斜 45° 裁剪。

- **气眼**
在布料上打孔，安装圆形有孔金属装饰。

- **褶裥**
使用电熨斗熨烫出的衣褶。

- **热熔胶**
熨斗加热后可以黏着的长型黏胶。

- **缲缝**
从表面看针脚不明显的缝制方法（参见 p.71）。

- **三折边**
将布边折两折，处理到看不见布边。

- **布边**
布料门幅的两端。

- **魔术贴**
能从表面拉开的尼龙搭扣。硬硬的一面称钩面，软软的一面称毛面。

- **对折线**
将布料对折，折线的部分。

服装各部位名称

服装各部位的位置和说明。解说中，遇到不知道的部位请参见此页。

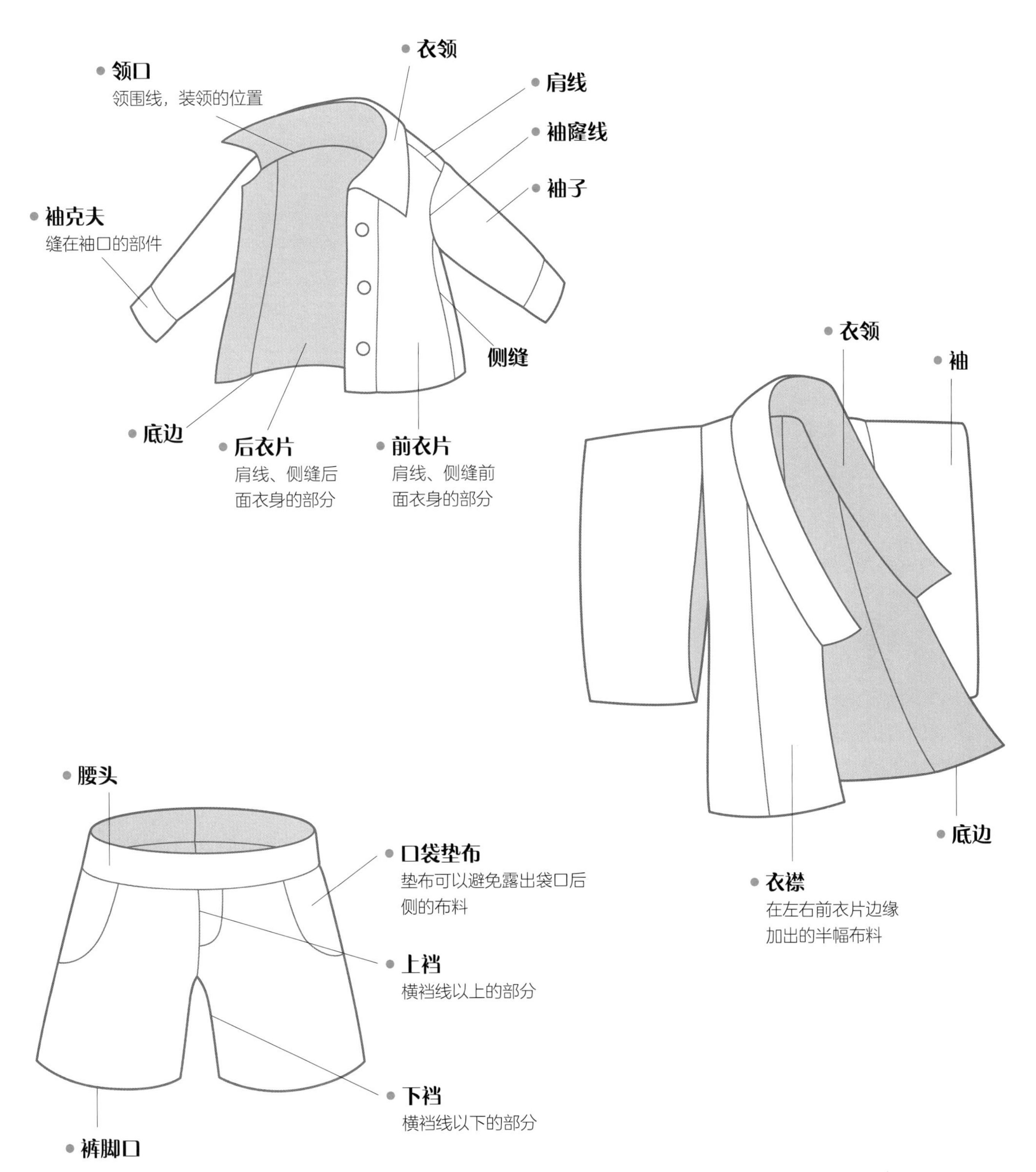
衣领
领口
领围线，装领的位置
肩线
袖窿线
袖子
袖克夫
缝在袖口的部件
侧缝
底边
后衣片
肩线、侧缝后面衣身的部分
前衣片
肩线、侧缝前面衣身的部分
衣领
袖
腰头
口袋垫布
垫布可以避免露出袋口后侧的布料
上裆
横裆线以上的部分
下裆
横裆线以下的部分
裤脚口
底边
衣襟
在左右前衣片边缘加出的半幅布料

制服 — 男孩 —

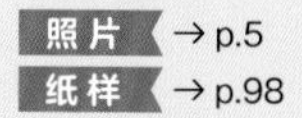
照片 → p.5
纸样 → p.98

无论哪件单品都能很好地搭配，是最基础的款型。短裤的格纹图案，缝合的时候要注意对齐格纹。衣领和肩部周围等都是曲线部分，采用假缝手缝后再用缝纫机缝制可以减少失败。领带的制作方法只有在娃衣中才有，用各种颜色做非常有趣。

西装
背面
衬衫
背面
背心
背面
短裤
背面
袜子

材料

西装

- 平纹棉布…20cm×15cm
- 黏合衬…4cm×2cm
- 纽扣（直径 4mm）…2 粒

衬衫

- 细棉布…18cm×10cm
- 魔术贴…0.8cm×3cm
- 丝带（宽 6mm）…10cm

背心

- 厚针织布…20cm×10cm
- 黏合衬…3.5cm×1cm
- 魔术贴…0.8cm×2.5cm

短裤

- 平纹棉布…15cm×7cm
- 黏合衬…7cm×1.5cm
- 魔术贴…1cm×1cm

袜子

- 厚针织布…8cm×3cm

制作衬衫

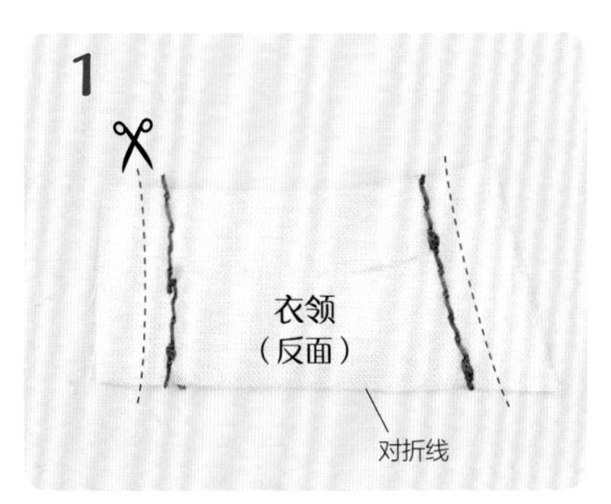
1
衣领
（反面）
对折线
将衣领对折（正面相对），两端缝合。缝份剪掉 1/2。

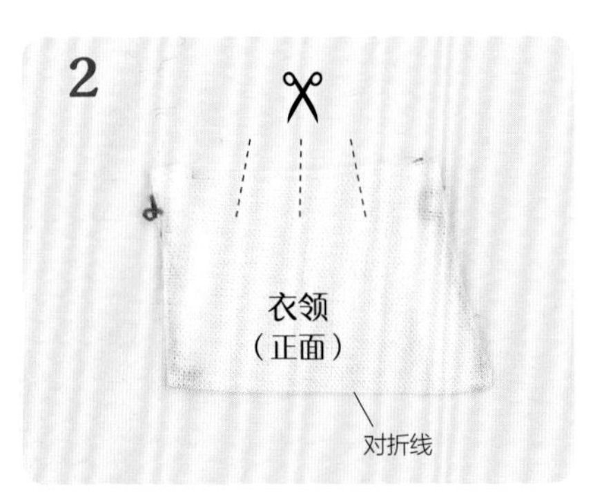
2
衣领
（正面）
对折线
将衣领翻到正面，用熨烫整理外形。在领围线一侧打剪口。左右相同，一共制作两片。

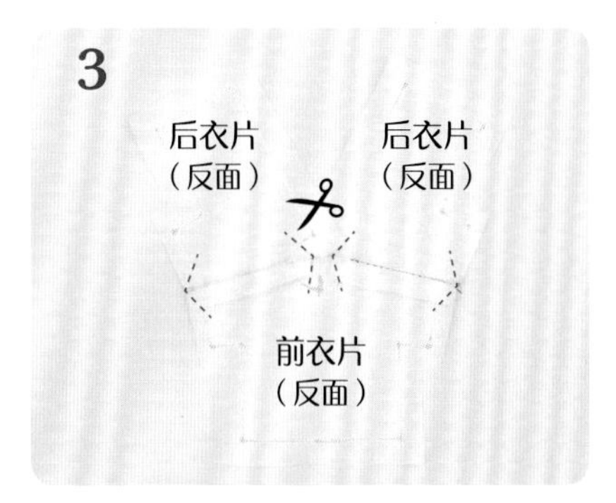
3
后衣片
（反面）
后衣片
（反面）
前衣片
（反面）
前衣片与后衣片正面相对，缝合肩线。缝份分缝熨烫，剪掉缝份的边角。

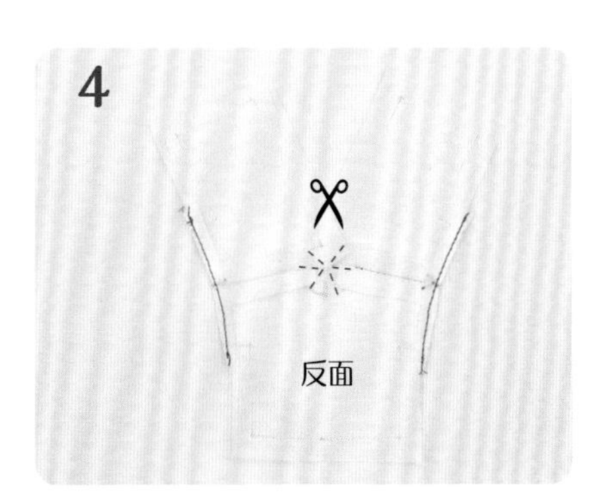
4
反面
沿袖口完成线内折缝份，用缝纫机缝合。领围线打剪口。

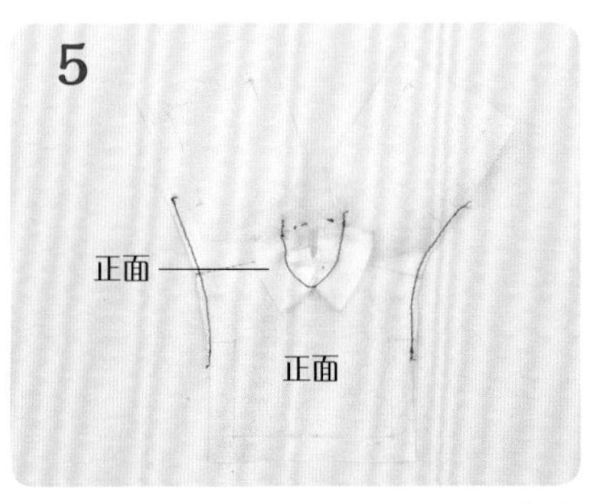
5
正面
正面
装领。在真正缝制之前假缝，以减少失败。

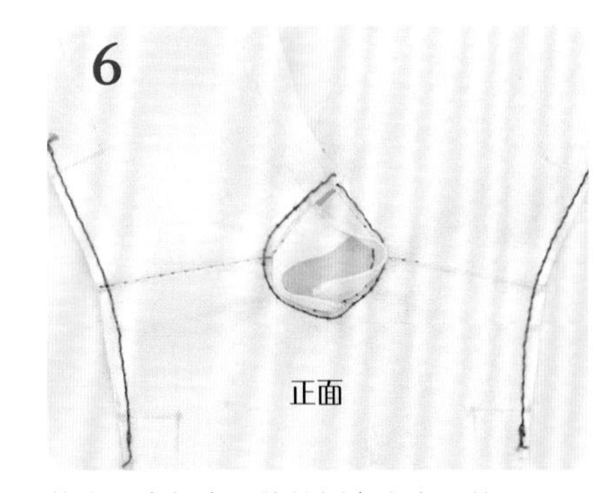
6
正面
将衣领立起来，缝份倒向衣身。从正面用缝纫机缉明线。

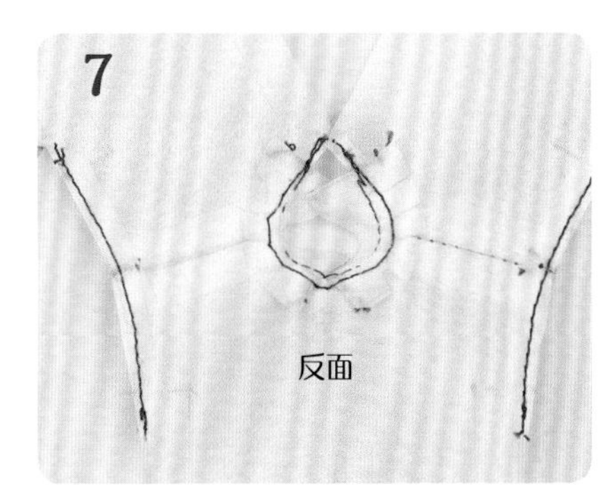
7
反面
从反面看的状态。

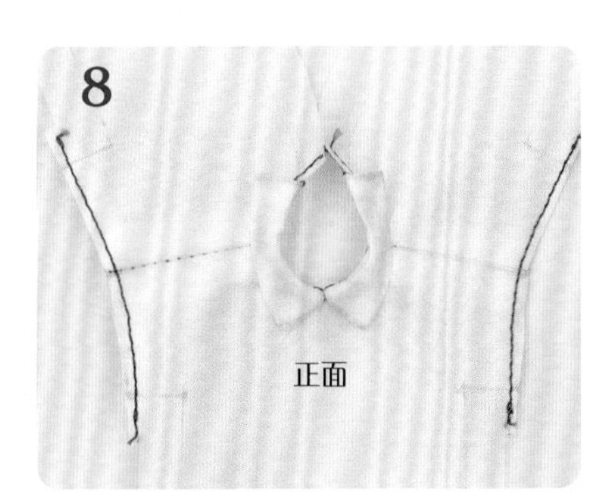
8
正面
衣领形状用熨斗熨烫整理。

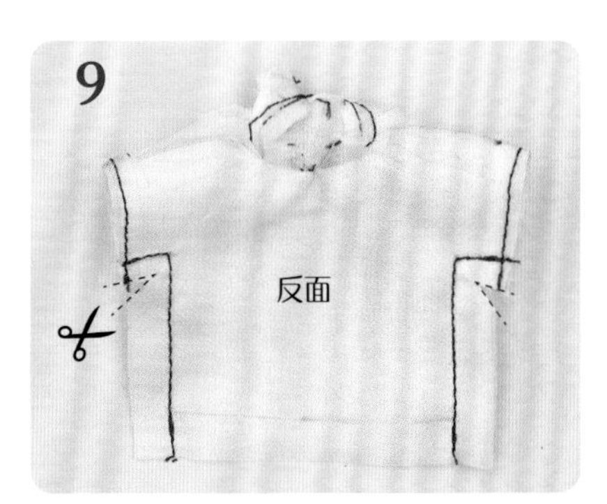
9
反面
前、后衣片正面相对，缝合侧缝。腋下如图所示，剪 V 型剪口。

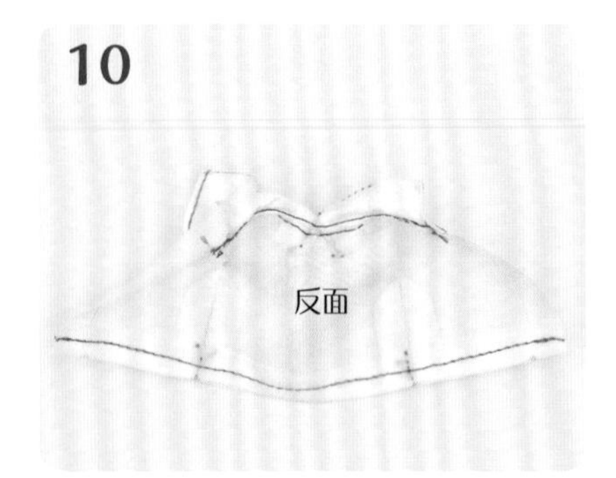
10
反面

沿底边完成线内折缝份，缝合。

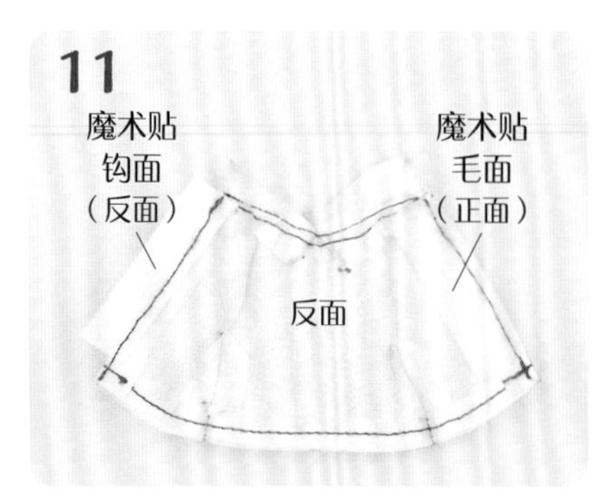
11
魔术贴
钩面
（反面）
魔术贴
毛面
（正面）
反面

后衣片的缝份沿完成线内折，魔术贴如图所示缝合安装。

✿ 制作领带

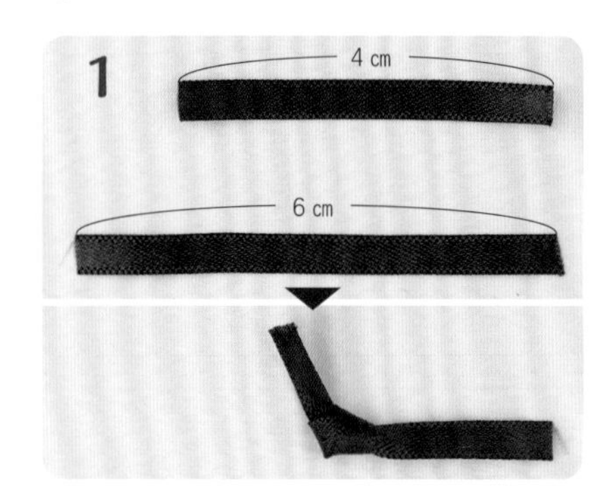
1
4 cm
6 cm

制作领带。裁剪好 6cm、4cm 的丝带备用。在 6cm 丝带的 1/3 处打一个结。

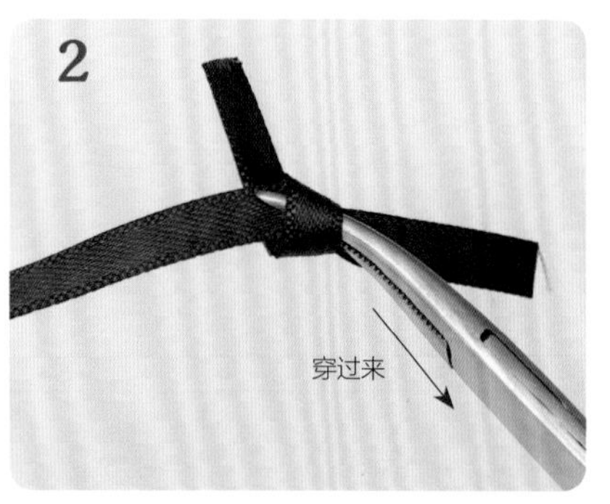
2
穿过来

使用镊子或翻里钳将 4cm 的丝带穿过 6cm 丝带的结。

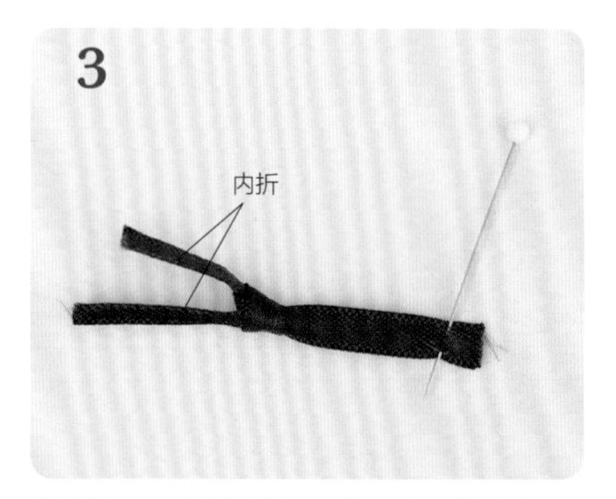
3
内折

靠近颈部一侧的丝带，纵向折两折用胶水固定。

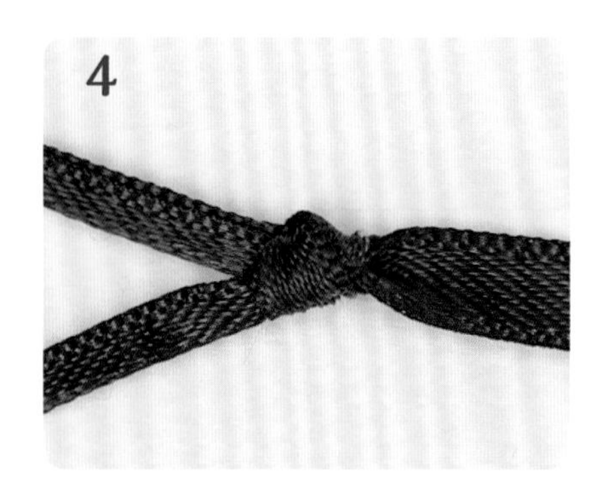
4

打结的部位手缝固定。

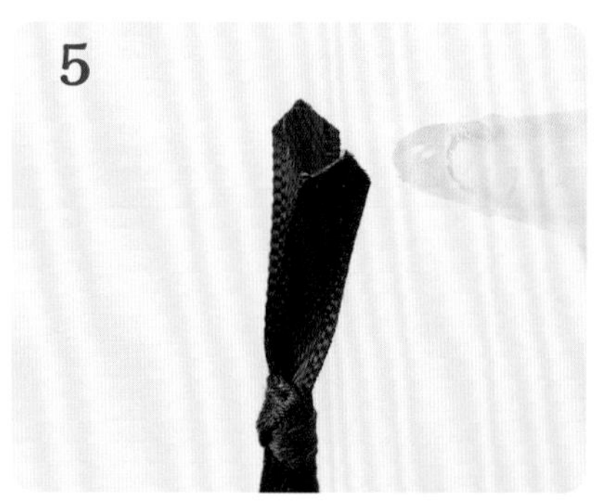
5

下端剪成领带形状，并涂上锁边液。

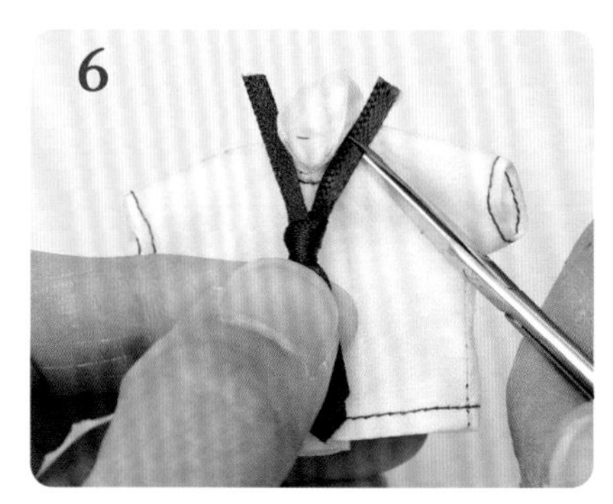
6

与衬衫衣领拼合，将多余的部分剪掉，手缝固定。

制作短裤

1
前
裤片
（反面）
后

将侧缝的省道缝合，省道倒向后侧并熨烫整理。

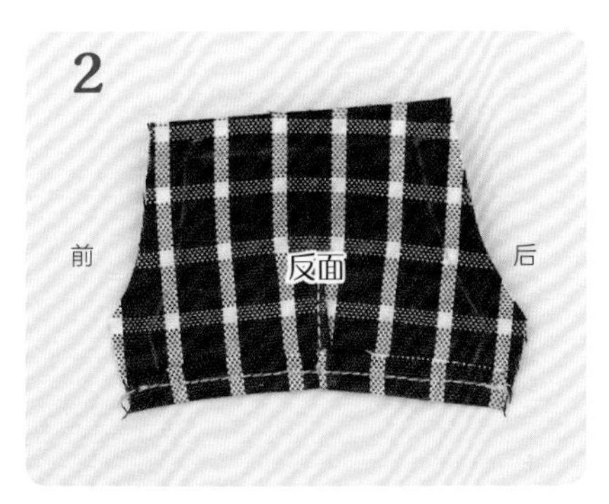
2
前
反面
后

缝制裤脚口，左、右裤片同样缝制。

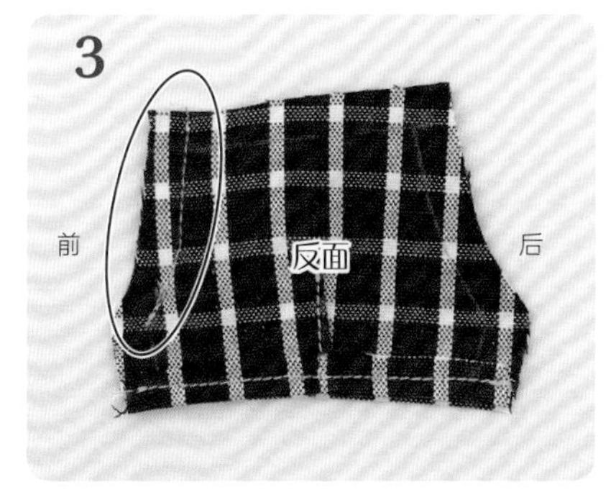
3
前
反面
后

将左、右裤片正面相对，缝合前上裆缝。

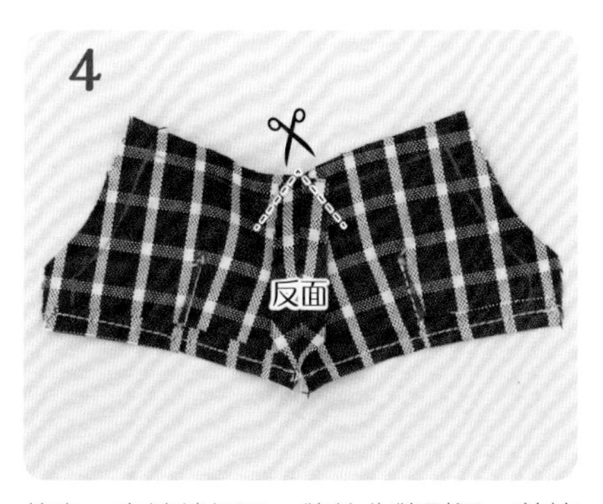
4
反面

将左、右裤片打开，缝份分缝熨烫，剪掉缝份边角。

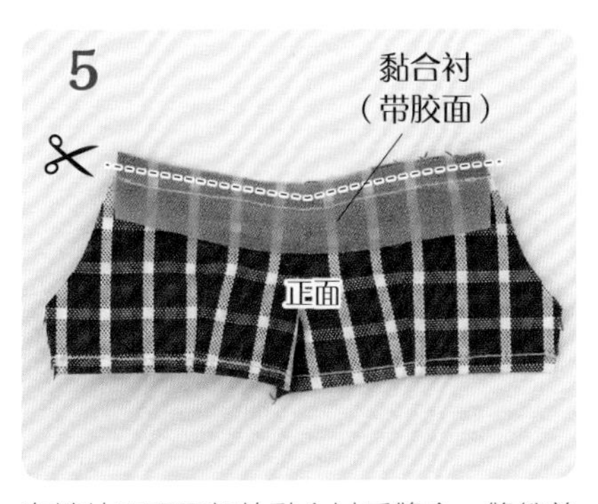
5
黏合衬
（带胶面）
正面

在裤片正面腰部放黏合衬后缝合。缝份剪去1/2。

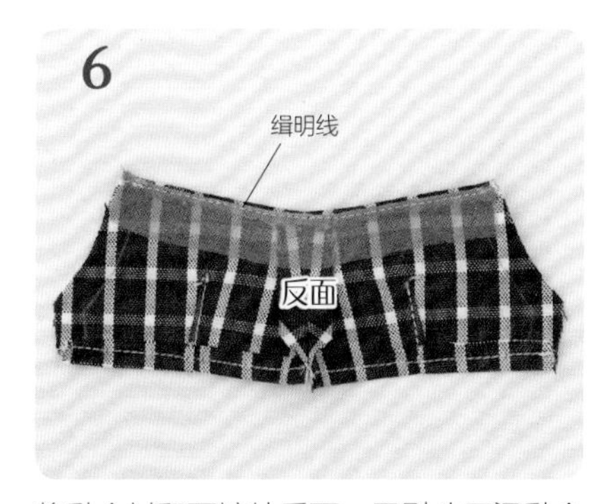
6
缉明线
反面

将黏合衬翻至裤片反面，用熨斗压烫黏合衬，在腰口缉明线。

7
正面

正面如图所示。

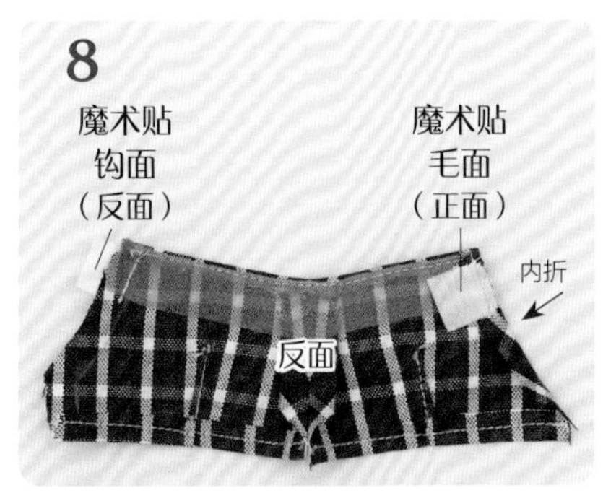
8
魔术贴
钩面
（反面）
魔术贴
毛面
（正面）
内折
反面

将裤片右侧缝份沿完成线向内折，魔术贴如图所示缝制。

9
反面

将左、右裤片正面相对，缝合后上裆缝。

10
反面

在步骤9的基础上打开裤片，对合下裆缝。保证上裆缝不错位的情况下，避开缝份缝合下裆缝（参见p.21）。

制作背心

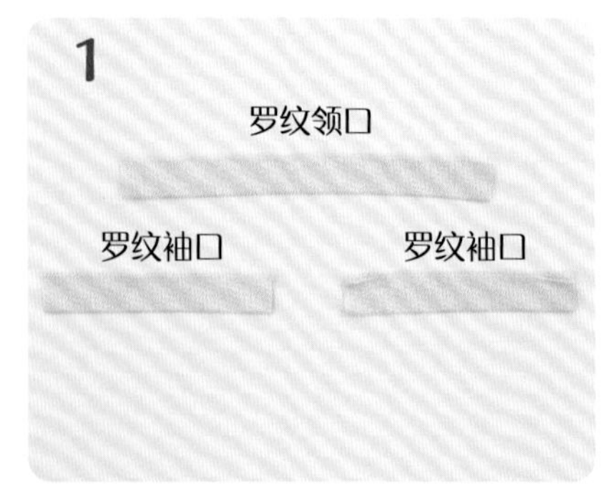
1
罗纹领口
罗纹袖口
罗纹袖口

将罗纹领口、罗纹袖口对折用熨斗熨烫。用布用黏合剂轻轻固定。

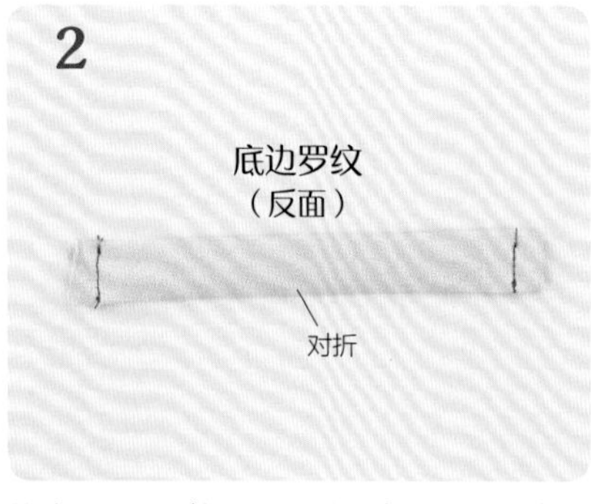
2
底边罗纹
（反面）
对折

将底边罗纹对折，正面相对，缝合两端。

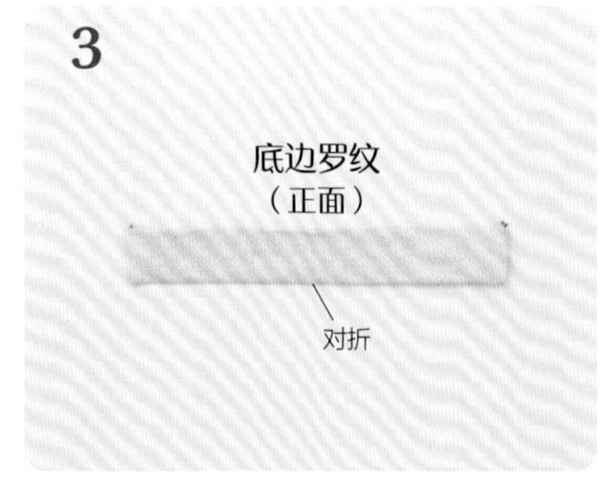
3
底边罗纹
（正面）
对折

将底边罗纹翻至正面，用熨斗熨烫整理形状。

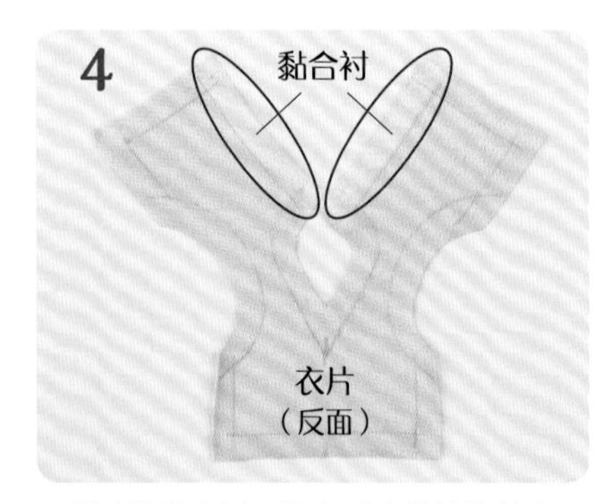
4
黏合衬
衣片
（反面）

用熨斗将黏合衬压烫在后中线的缝份上。

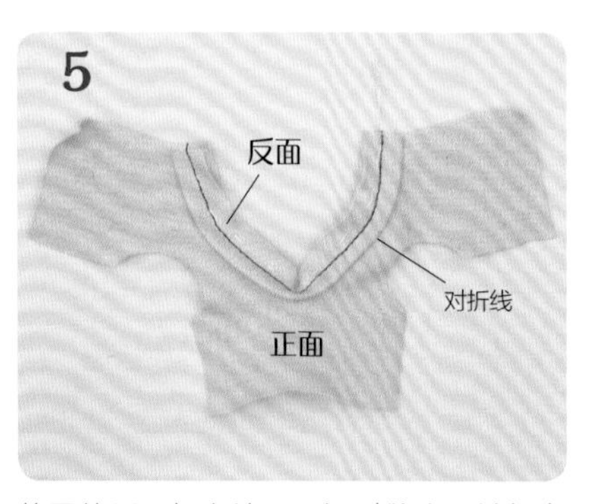
5
反面
对折线
正面

将罗纹领口与衣片正面相对缝合。针织布容易缝缩，所以需要预先假缝后再用缝纫机缝制。

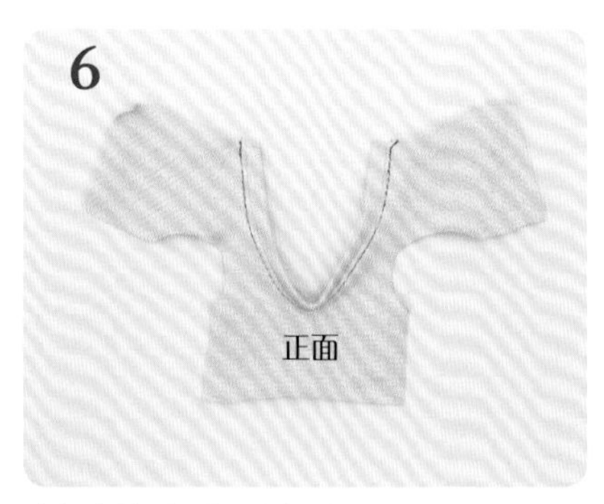
6
正面

缝份倒向衣片一侧，从正面沿领口缉明线。缝份修剪1/2。

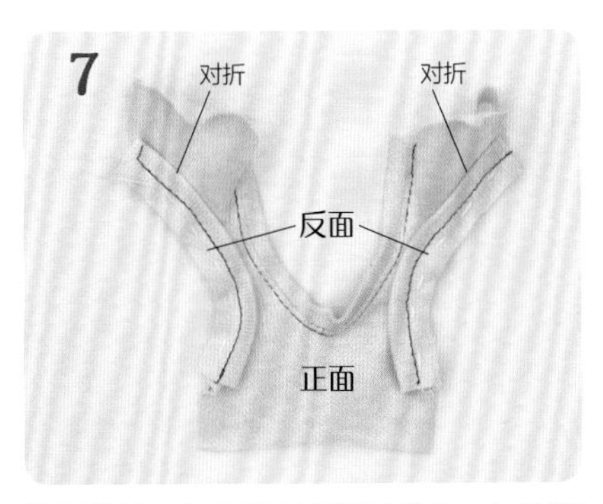
7
对折
对折
反面
正面

将罗纹袖口与衣片正面相对缝合。与步骤**5**相同，预先假缝后用缝纫机缝合。

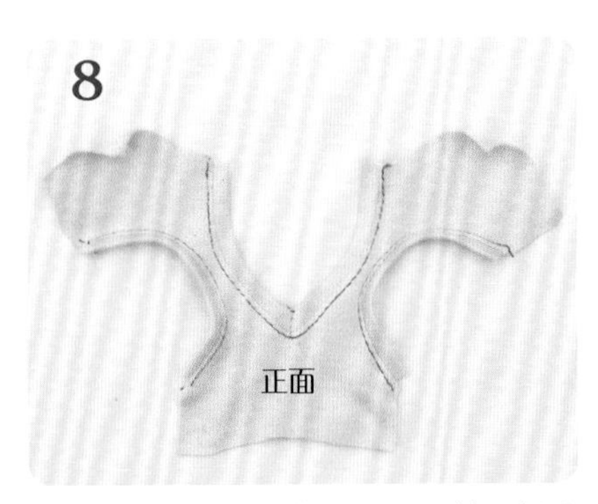
8
正面

将缝份倒向衣片一侧，从正面沿袖口缉明线。缝份剪掉1/2。

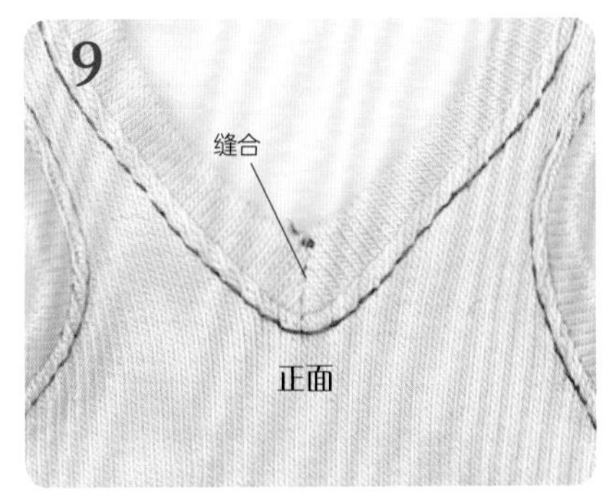
9
缝合
正面

V领的中间用手缝缲缝缝合。

10
反面

将衣片正面相对缝合两边侧缝。

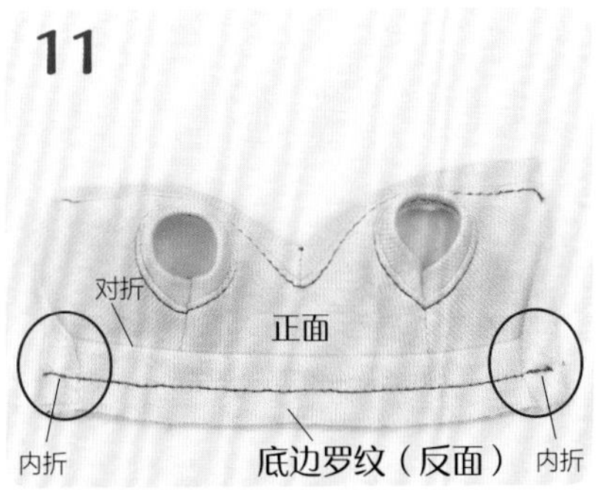
11
对折
正面
内折
底边罗纹（反面）
内折

把衣片底边部分沿完成线向内折，底边罗纹与衣片正面相对缝合。

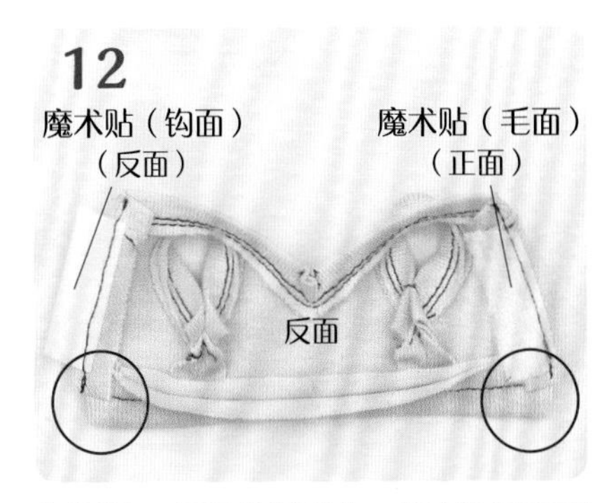
12
魔术贴（钩面）
（反面）
魔术贴（毛面）
（正面）
反面

在步骤**11**折叠的基础上，将底边翻至正面。后衣片开口的两端沿完成线向内折，如图所示缝合魔术贴，背心制作完成。

✿ 制作西装

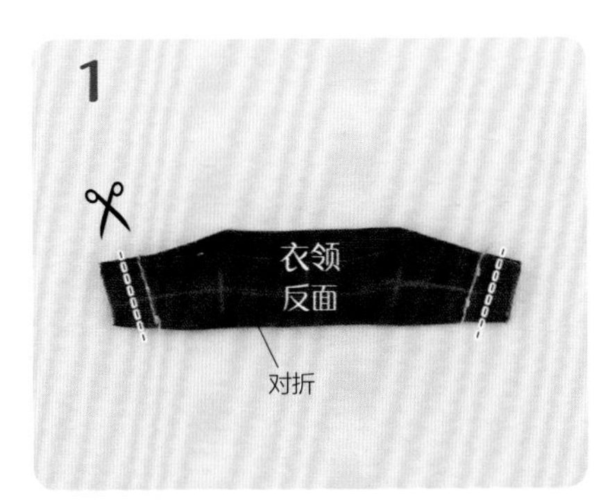
1
衣领
反面
对折

衣领正面相对对折，缝合两端。缝份剪掉1/2。

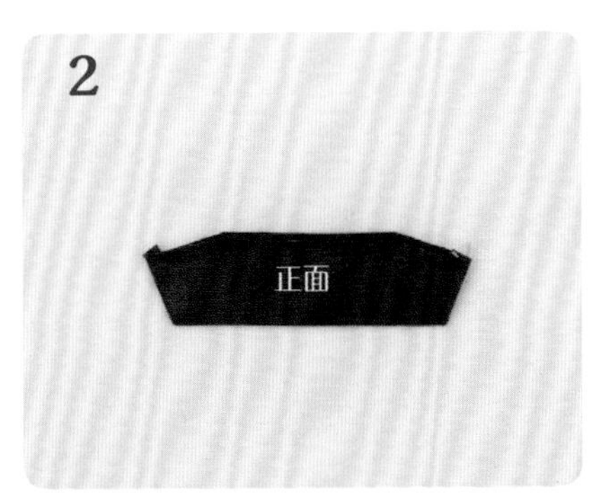
2
正面

将衣领翻至正面，用锥子将领角顶出来，再用熨斗熨烫整理形状。

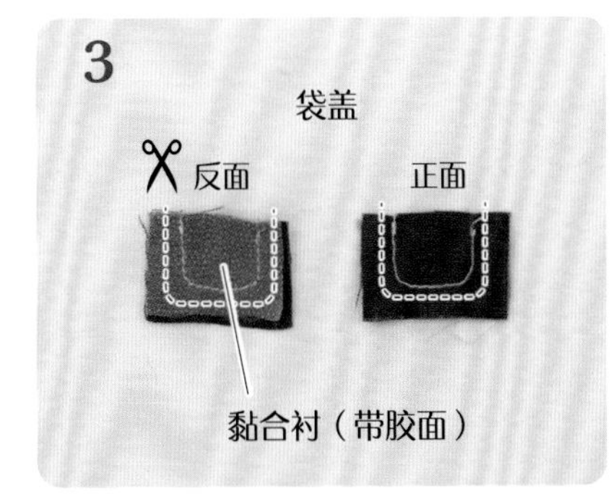
3
袋盖
反面
正面
黏合衬（带胶面）

制作袋盖。黏合衬与两片袋盖布一起缝合。缝份剪掉1/2。

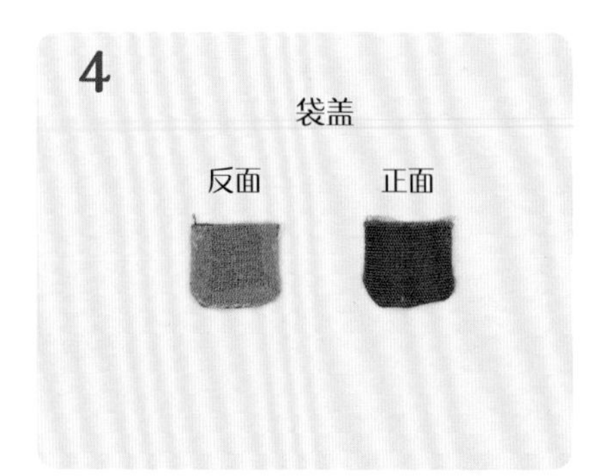
4
袋盖
反面
正面

将袋盖正面翻出，用锥子将袋盖角顶出来。用熨斗熨烫黏合衬并整理形状。

5
反面

将前、后衣片正面相对，缝合肩线。缝份用熨斗分缝熨烫，剪掉缝份的边角。

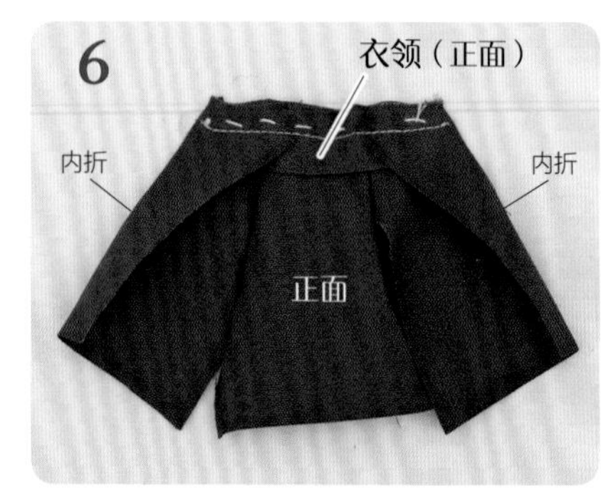
6
衣领（正面）
内折
内折
正面

装领。预先手工假缝后再缉缝。将前衣片片沿完成线内折后与衣领一起缝制。

7
正面

将衣身翻至正面。之前内折的前衣片部分是西装的门襟，用锥子将门襟角顶出，用熨斗熨烫整理形状。

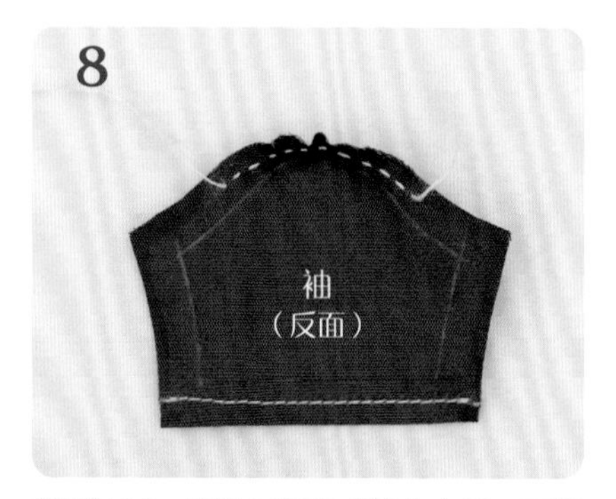
8
袖
（反面）

缝制袖子。将袖口沿完成线向内折，用缝纫机缉缝。袖山用疏缝线平缝，抽拉线形成弧形。

9
袖
反面
袖

将袖子与衣身正面相对缝合。因为是立体的部位比较难缝，所以预先假缝后再用缝纫机缝制比较容易。

10
反面

缝合侧缝。对准袖子，避开袖窿缝份缝合袖下缝和侧缝（参见 p.21）。

11
反面

用熨斗分缝熨烫侧缝缝份，将图中所示部分剪开。将袖子翻至正面后，缝制底边。

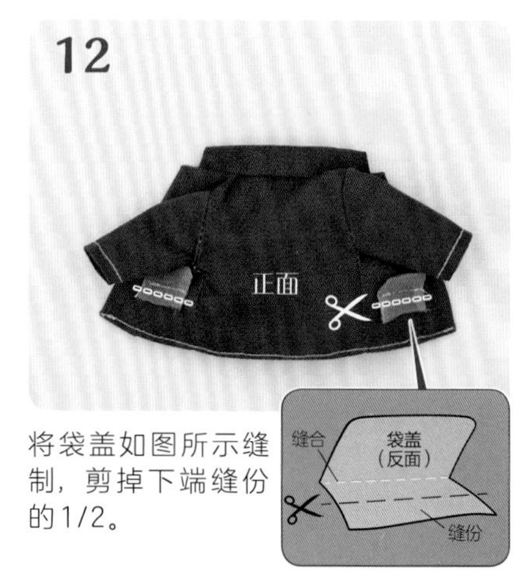
12
正面
缝合
袋盖
（反面）
缝份

将袋盖如图所示缝制，剪掉下端缝份的1/2。

手缝固定袋盖、纽扣、扣眼。

制作袜子

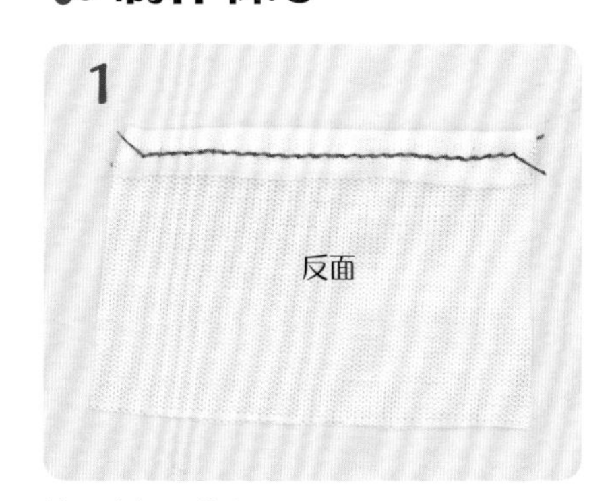
反面
袜口内折后缝合。

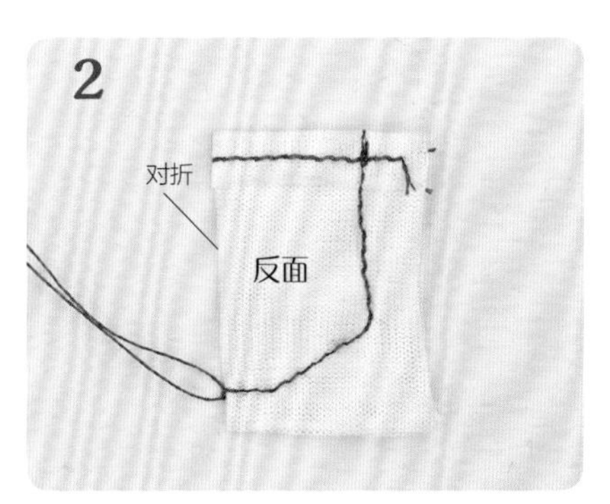
对折
反面
将袜片正面相对，沿完成线缝合至袜尖。为了不使袜尖有厚度，将线拉出后打结(参见 p.21)。

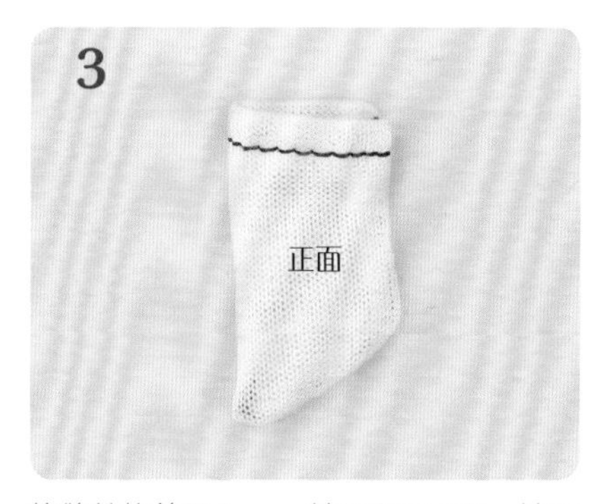
正面
将缝份修剪至 3mm，袜子翻至正面，袜子制作完成。

制服 — 女孩 —

照片 → p.5
纸样 → p.100

圆领背心裙、贝雷帽还有三折袜都是经典的学校制服。裙子部分是百褶裙，所以要好好熨烫。开衫有很多装饰设计点，如用小珠子作为纽扣，以及用热转印纸印花和菱形刺绣图案等。

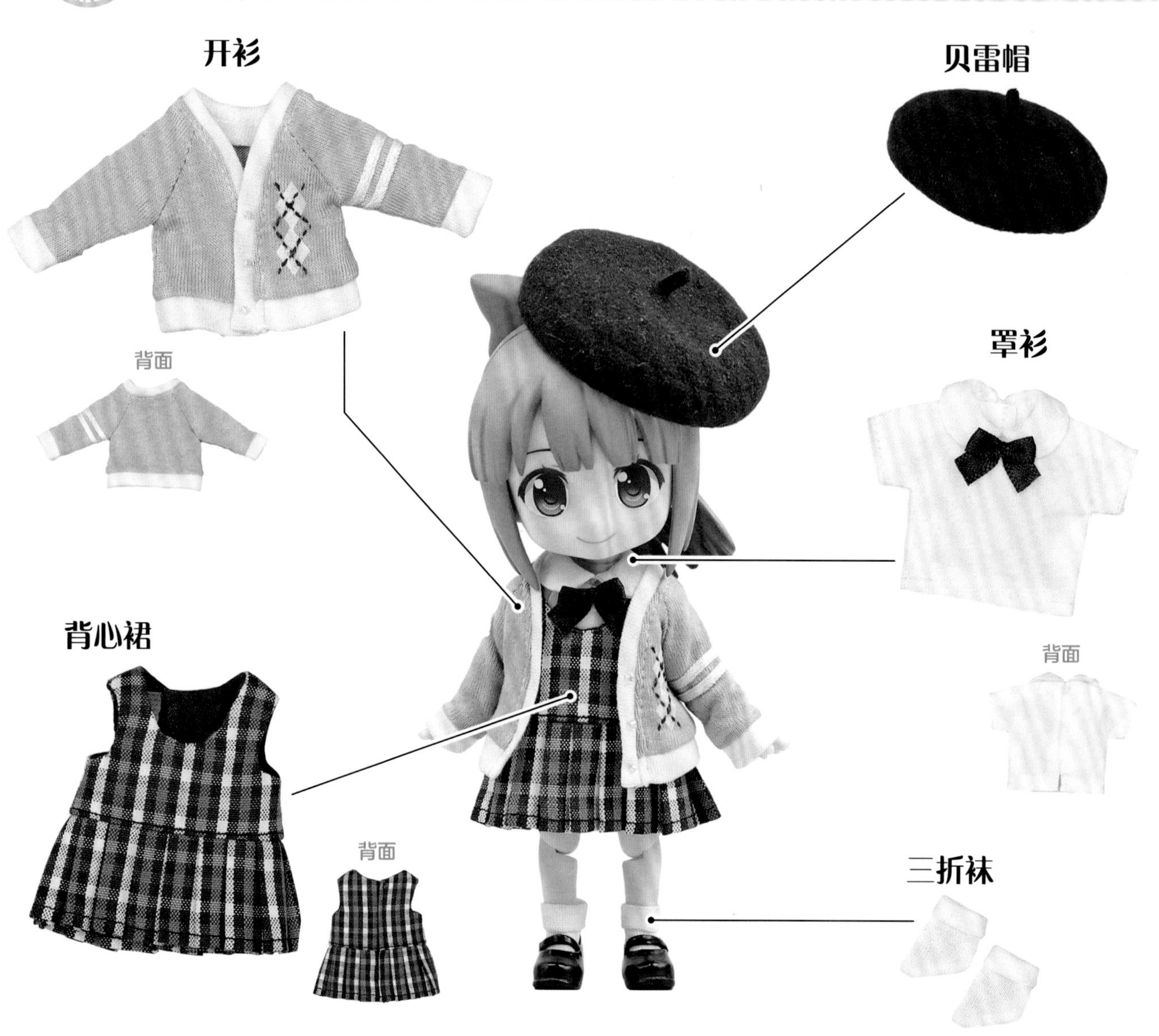
开衫
背面
贝雷帽
罩衫
背面
背心裙
背面
三折袜

材料

背心裙

- 平纹棉布（格子）…30cm × 15cm
- 棉巴里纱（素色）…10cm × 10cm
- 魔术贴…0.8cm × 3.5cm

罩衫

- 细棉布…18cm × 10cm
- 魔术贴…0.8cm × 3cm
- 缎带（宽 6mm）…10cm

开衫

- 厚针织布（粉色）…15cm × 15cm
- 厚针织布（白色）…15cm × 10cm
- 缎带（宽 1.5mm）…10cm
- 珠子（直径 1.5mm）…3 粒
- 热转印纸…1cm × 2cm
- 刺绣线……适量

贝雷帽

- 棉绒布料…20cm × 10cm
- 罗纹织带（宽 5mm）…15cm

三折袜

- 厚针织布…8cm × 3cm

制作罩衫

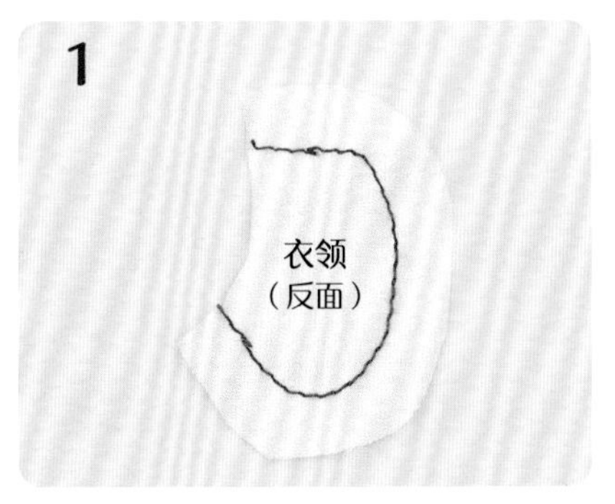
1
衣领
（反面）

将衣领的面布与里布正面相对缝合。

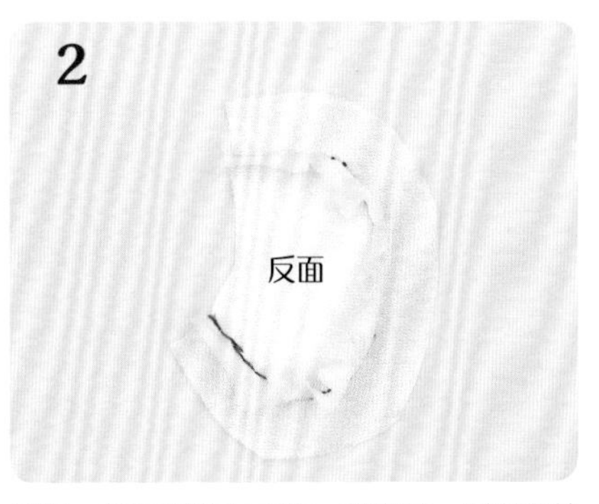
2
反面

熨烫一侧的缝份向内折，并将这一侧缝份剪去1/2。这样就很容易漂亮地翻至正面。

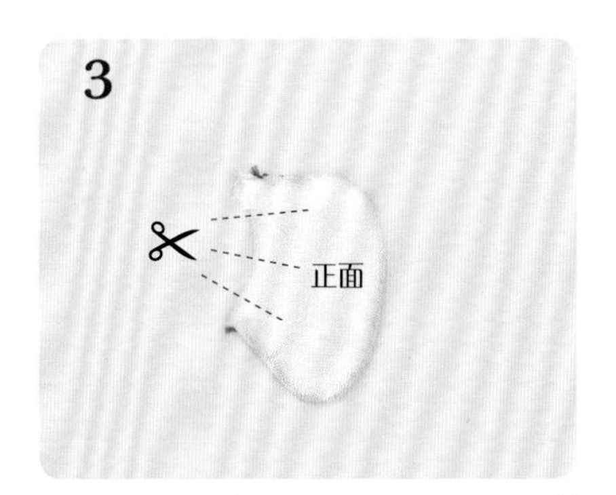
3
正面

翻至正面，用熨斗熨烫整理形状。其后制作方法同**制服—男孩**—“制作衬衫”步骤**3~11**（参见 p.25、26）。

制作蝴蝶结

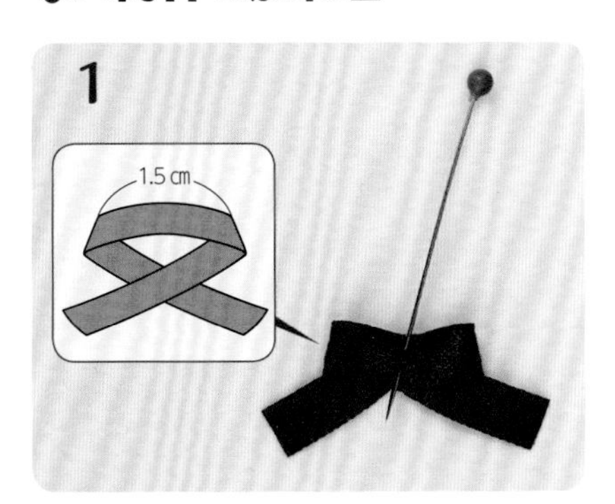
1
1.5㎝

将缎带折叠成图中样式，中心位置用珠针固定。

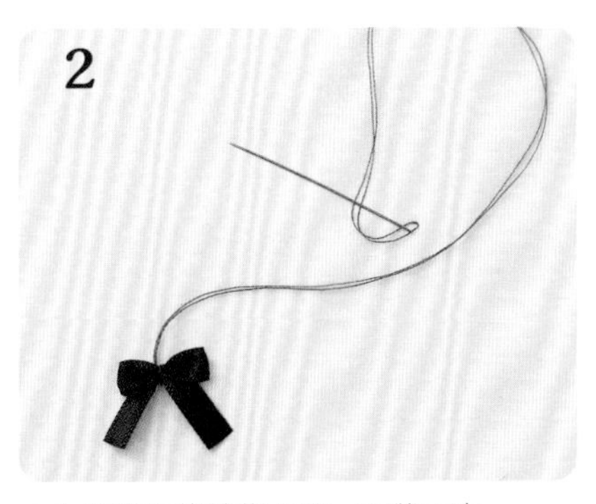
2

中心位置用线缠绕几圈，手缝固定。

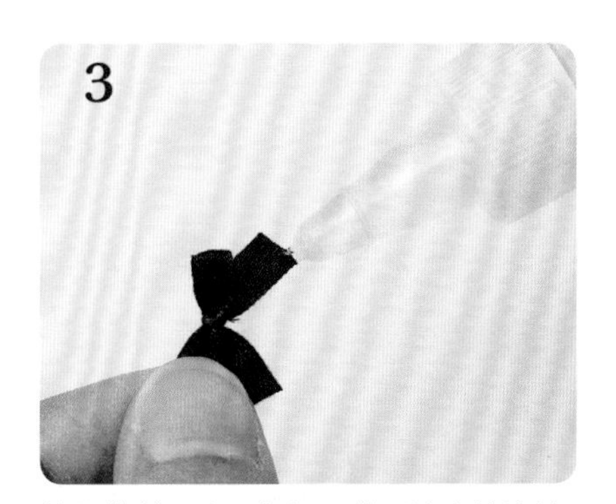
3

将缎带剪至合适长短，然后涂上锁边液。手工缝制于罩衫上，完成。

制作背心裙

1
后衣片
后衣片
前衣片
（反面）

将前衣片与后衣片正面相对，在肩线处缝合。如图所示修剪缝份的边角。

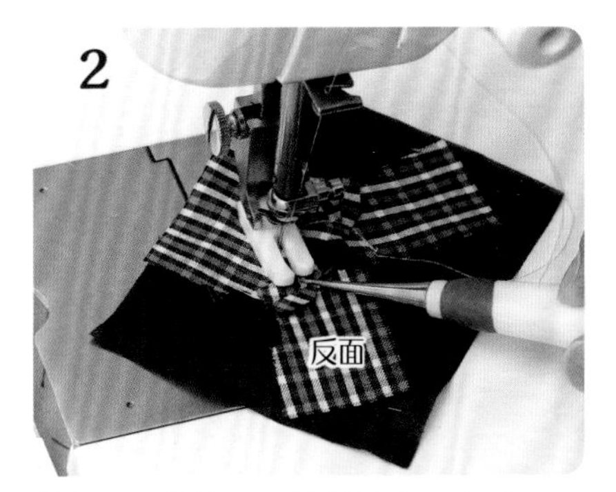
2
反面

装衣里。将棉巴里纱斜裁成四方形，正、里料正面相对，只缉缝领口和袖口。

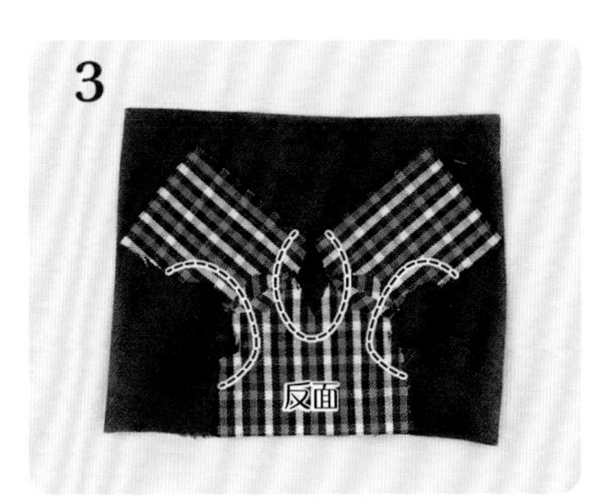
3
反面

缝合完毕。

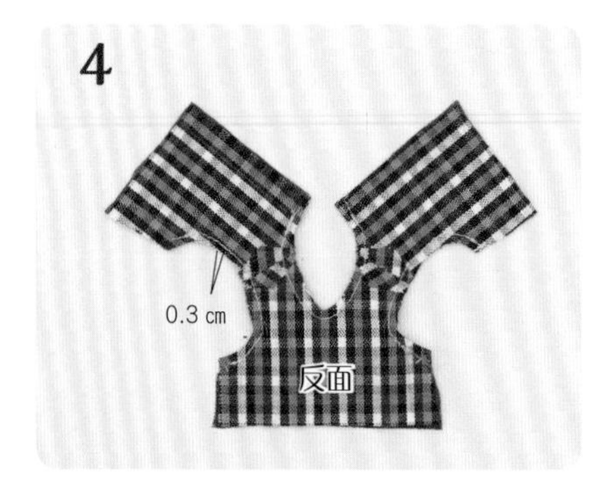
4
0.3 cm
反面
棉巴里纱里与衣身面缝合后裁剪。将领口、袖口的缝份剪去1/2。

5
反面
利用翻里钳将衣身部分翻回正面。

6
正面
翻至正面的状态。

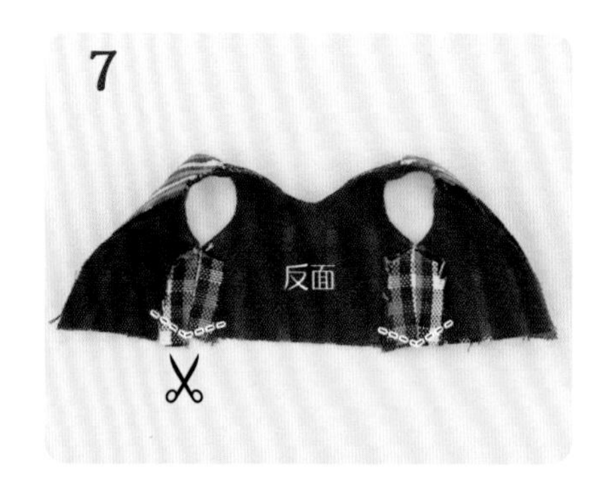
7
反面
缝合侧缝。缝份分缝熨烫，并修剪缝份的边角。

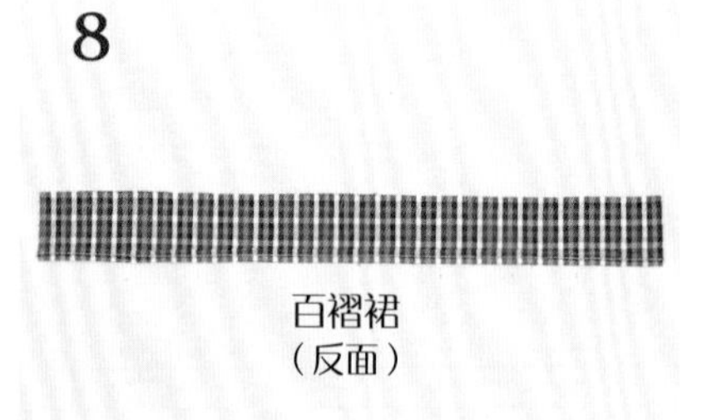
8
百褶裙
（反面）
制作裙子部分。底边沿完成线内折后，缝纫机缉缝。

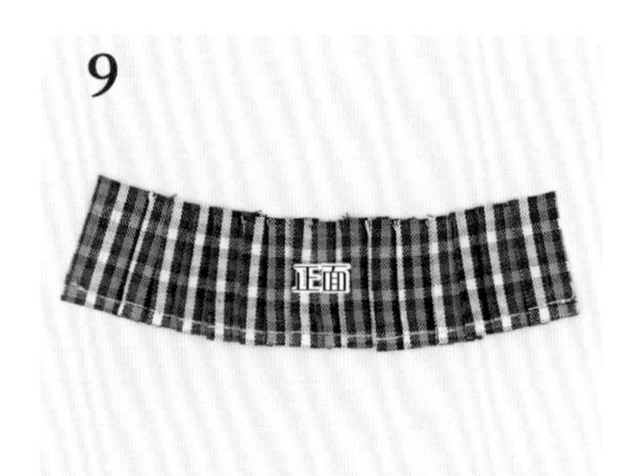
9
正面
按照纸样用熨斗熨烫百褶裙的折痕。

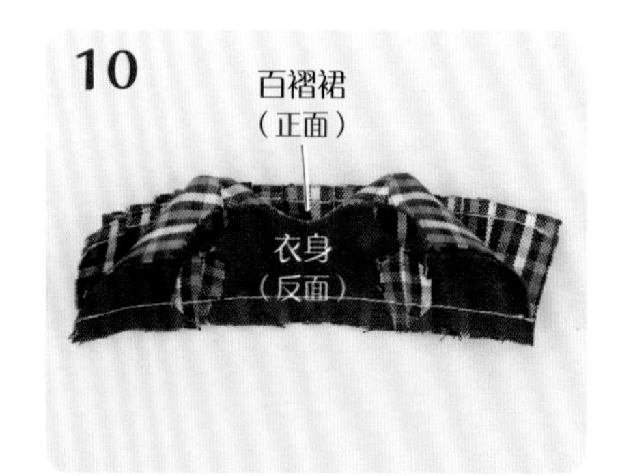
10
百褶裙
（正面）
衣身
（反面）
将衣身与百褶裙正面相对，对齐腰线后缝合。

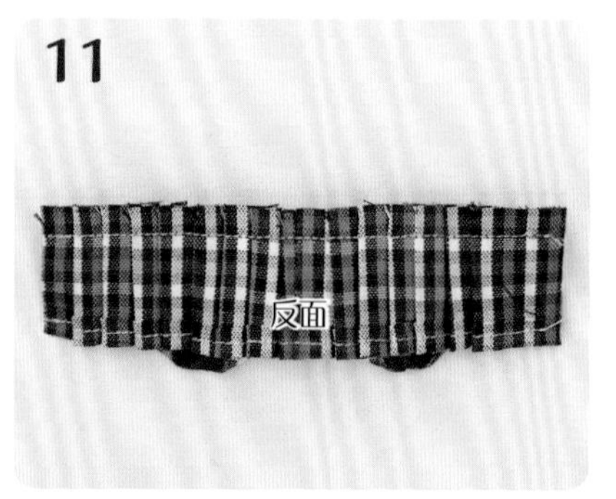
11
反面
从百褶裙一侧看的状态。

12
正面
将百褶裙向下翻至正面，沿衣身边缘缉明线。

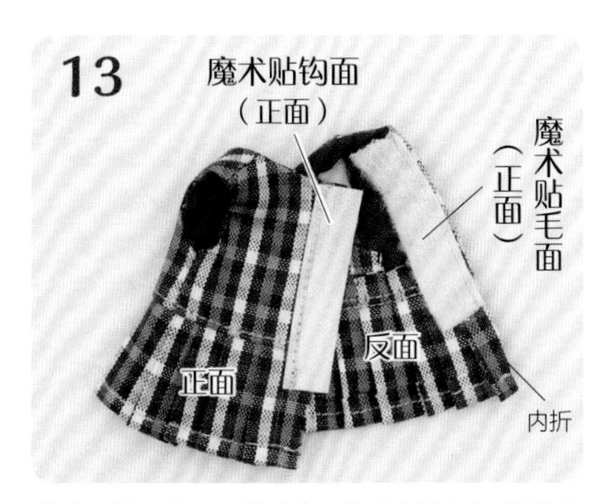
13
魔术贴钩面
（正面）
魔术贴毛面
（正面）
正面
反面
内折

魔术贴如图所示缝制。右衣片沿完成线内折缝合。左衣片不折叠，直接将魔术贴缝在完成线上。

14
反面
缝合

将后中线处正面相对，裙后片从缝止点一直缉缝至底边，翻至正面，背心裙制作完成。

要点 折痕更加清晰

于小块布料上用熨斗熨烫细小的单向褶是很有难度的。
这时，如果打 1mm 的剪口，就能很漂亮的折叠，也比较容易形成折痕。
此款背心裙的百褶裙部分就是打剪口后折叠的。

在要折叠的位置
打剪口

✿ 制作开衫

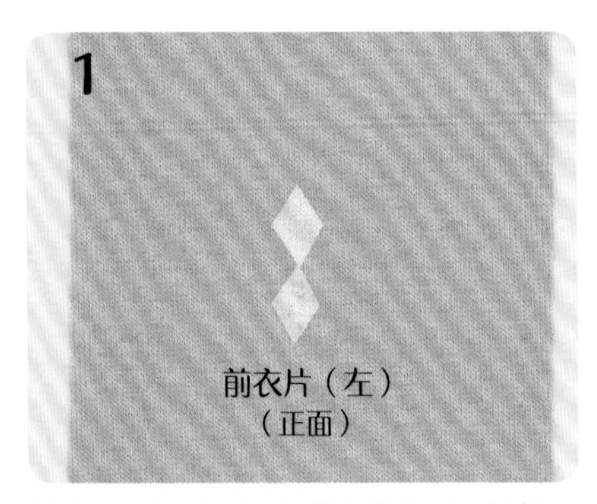
1
前衣片（左）
（正面）

前衣片上的菱形需在裁布前做好，这样不易从指定位置移位。将热转印纸印花剪出直接粘贴到布料上。

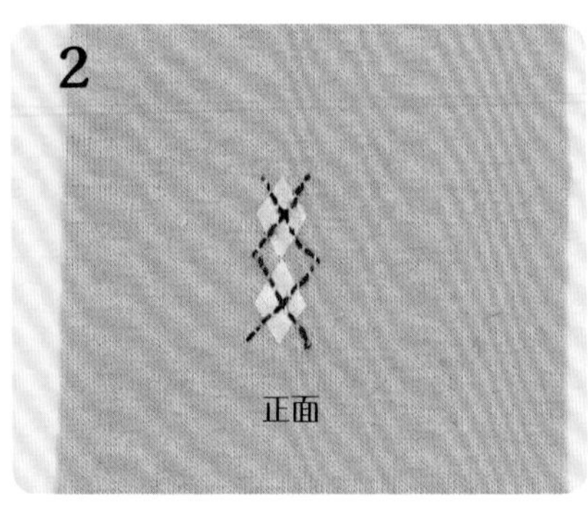
2
正面

采用手工刺绣。

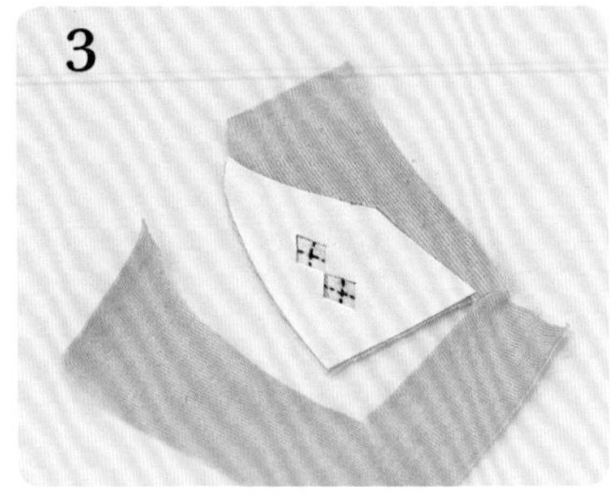
3

放置纸样，裁剪布料。在纸样上，将菱形图案的位置剪开。

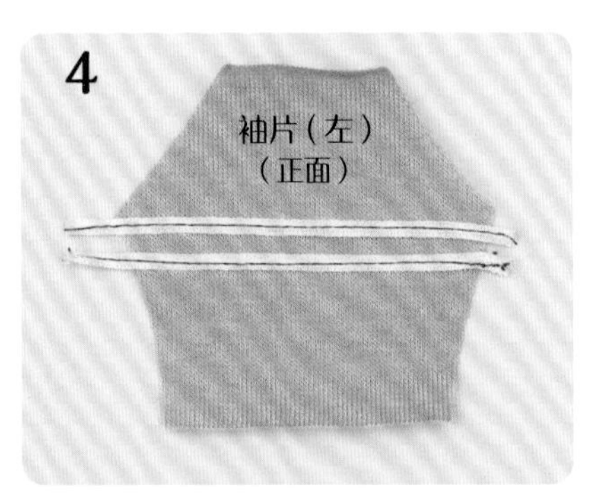
4
袖片（左）
（正面）

制作袖子。左袖在指定位置缝合 0.2cm 宽的缎带，并将多余缎带剪去。

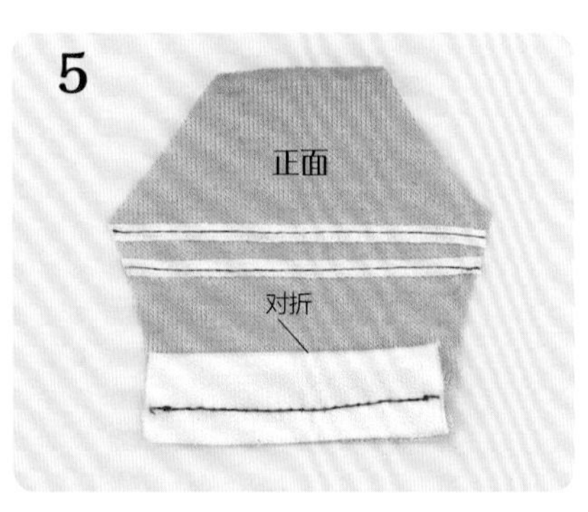
5
正面
对折

袖口的罗纹对折后缝合，如图所示正面相对缝合。

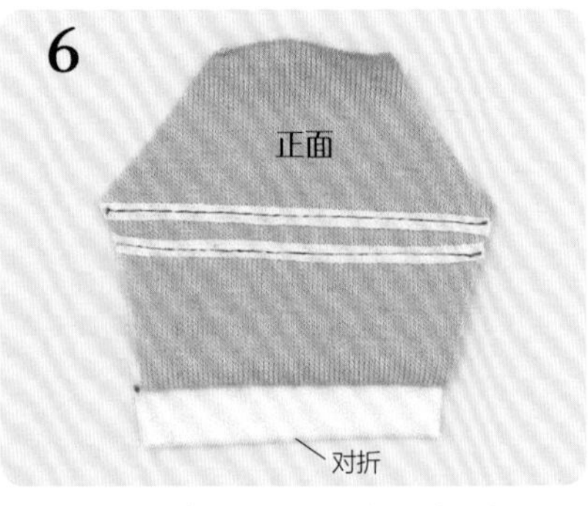
6
正面
对折

袖口缝份倒向袖片，用熨斗熨烫整理形状。右袖也按同样步骤缝制袖口罗纹。

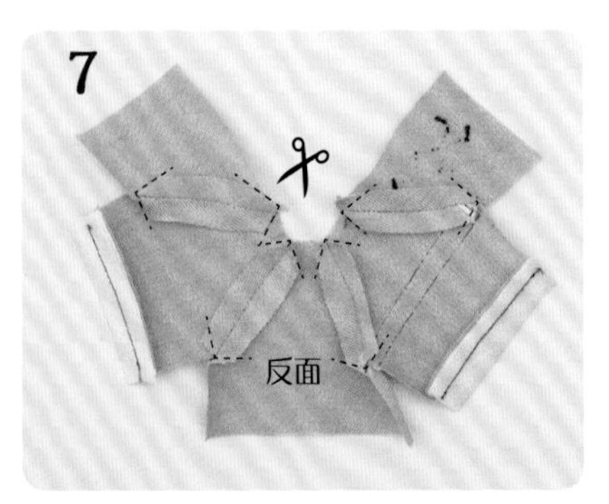
7
反面

袖片与前衣片、后衣片正面相对缝合。缝份用熨斗分缝熨烫，修剪缝份的边角。

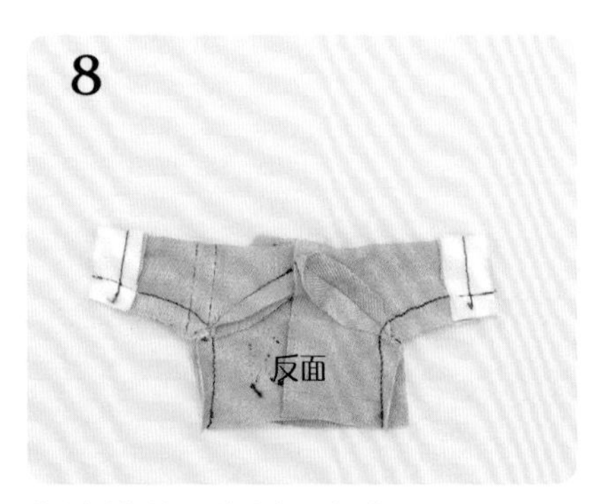
8
反面

将侧缝与袖下缝连在一起缝合。

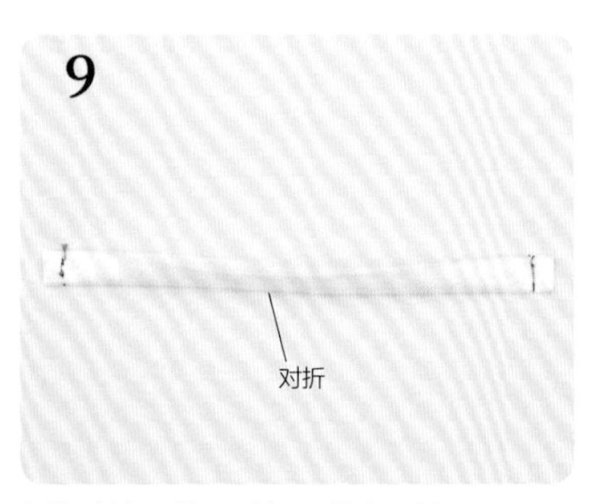
9
对折

制作底边罗纹。对折后缝合两端。

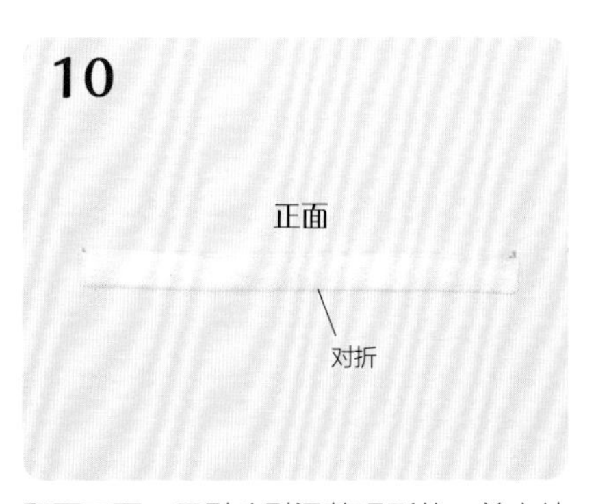
10
正面
对折

翻至正面。用熨斗熨烫整理形状。前衣片的罗纹也用同样方法制作。

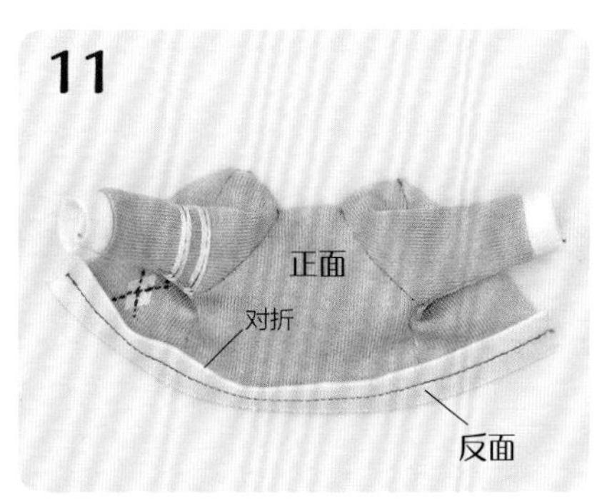
11
正面
对折
反面

将底边罗纹与衣身正面相对缝合。

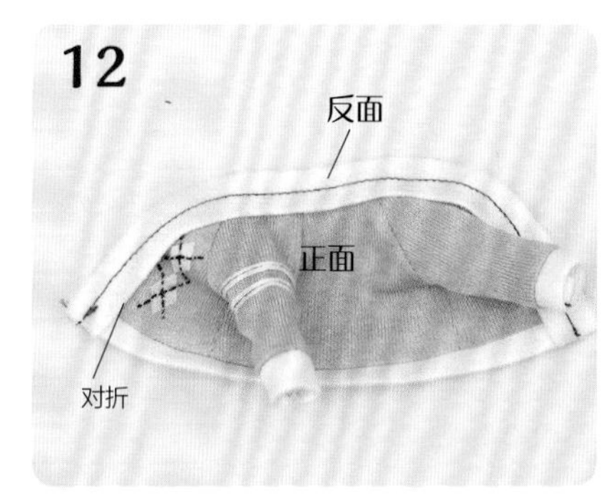
12
反面
正面
对折

将前衣片罗纹与衣身正面相对缝合。

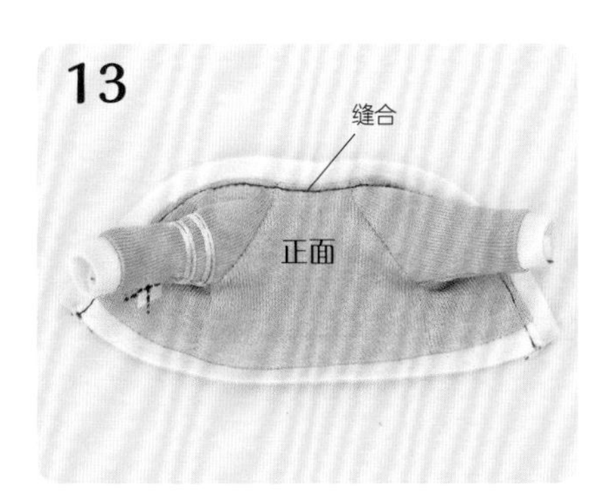
13
缝合
正面

缝份倒向衣身，用熨斗熨烫整理形状。在前衣片边缘从正面缉明线。

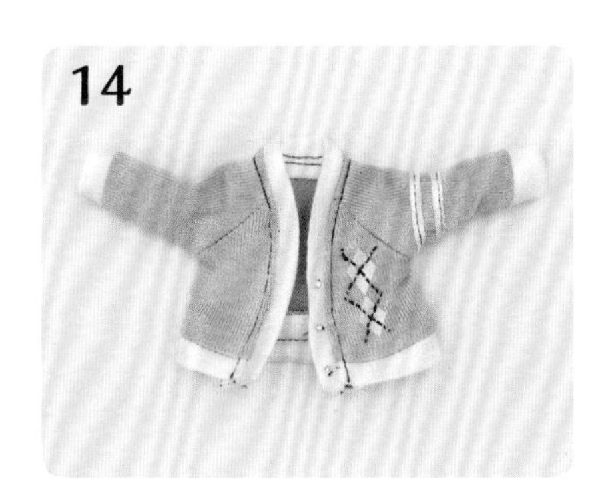
14

将珠子手缝在纽扣位置，开衫制作完成。

要点 热转印纸印花

刺绣和编织的难度较大，若想制作一些图案和设计点，采用热转印纸印花还是很方便的。在开衫上是剪成菱形使用的，也可以剪成其他形状使用。用剪刀裁剪，放在布上，只要用熨斗熨烫就可以做好了。

✿ 制作贝雷帽

1

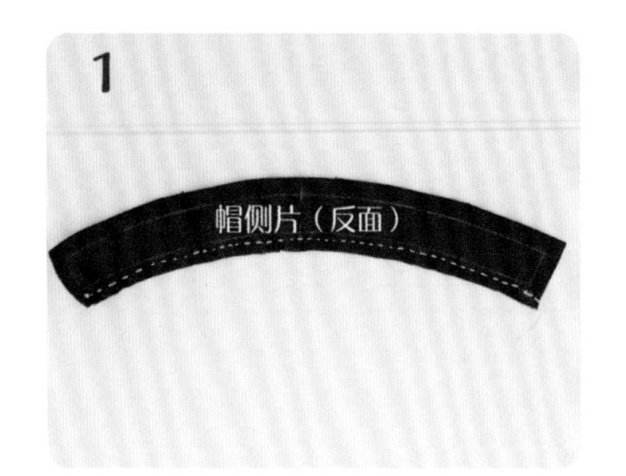
帽侧片（反面）

帽侧片预先假缝，将线抽紧使之成为弧形。

2

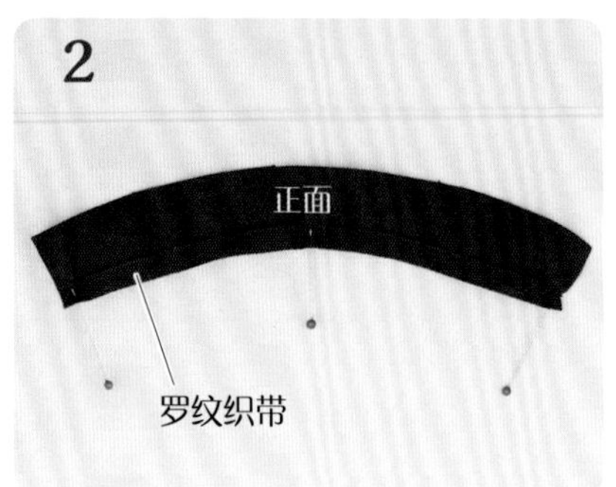
正面
罗纹织带

剪 15cm 罗纹织带用珠针固定在正面。

3

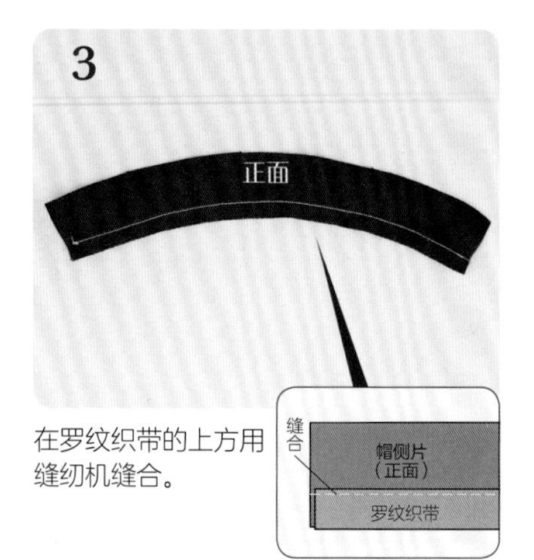
正面
缝合
帽侧片
（正面）
罗纹织带

在罗纹织带的上方用缝纫机缝合。

4

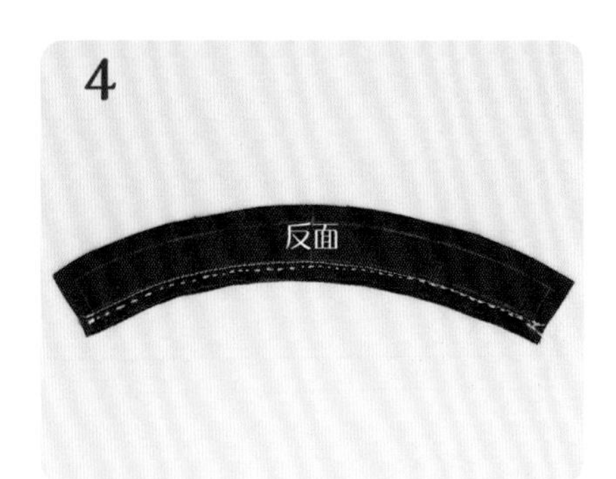
反面

从反面看的效果。用缝纫机缝合后，将假缝线取下。

5

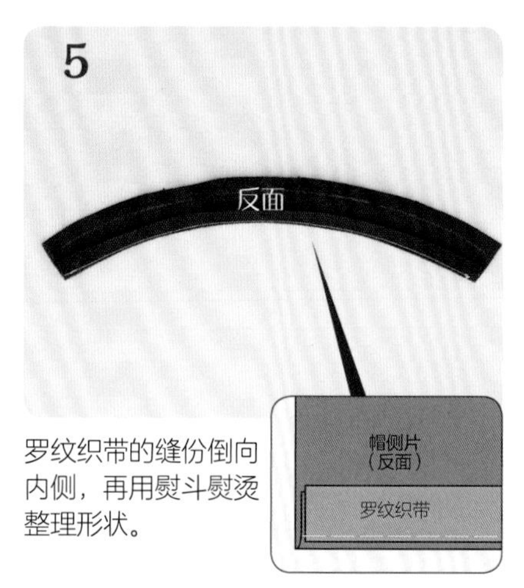
反面
帽侧片
（反面）
罗纹织带

罗纹织带的缝份倒向内侧，再用熨斗熨烫整理形状。

6

反面

两端正面相对缝合，缝份用熨斗分缝熨烫，最后剪掉缝份的边角。

7

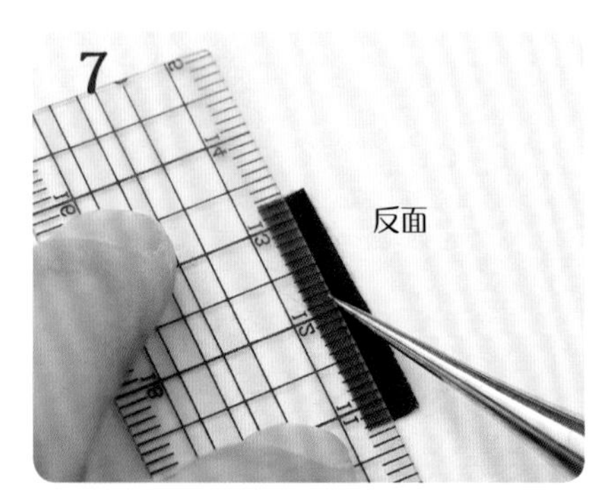
反面

制作帽顶部的揪绳。用锥子划出折痕。

8

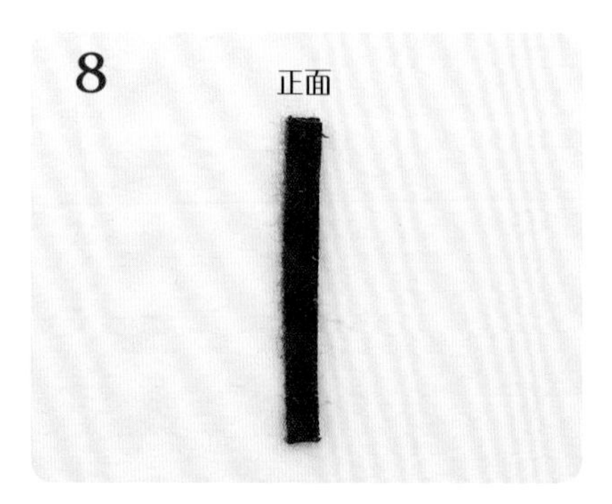
正面

对折，用布用黏合剂固定。

9

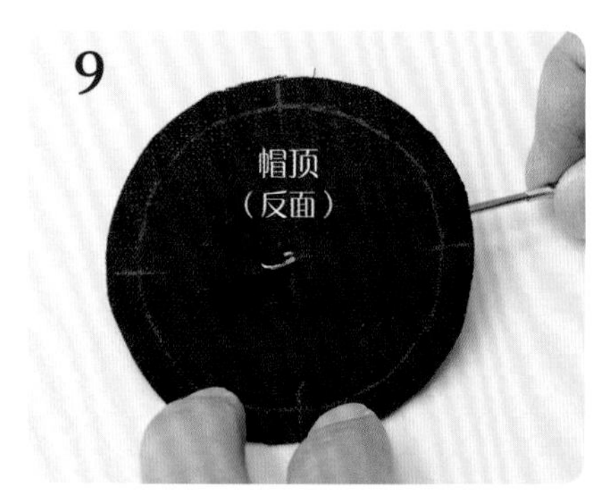
帽顶
（反面）

在帽顶的中心部位用锥子扎孔，揪绳用穿引棒穿拉过去。

10

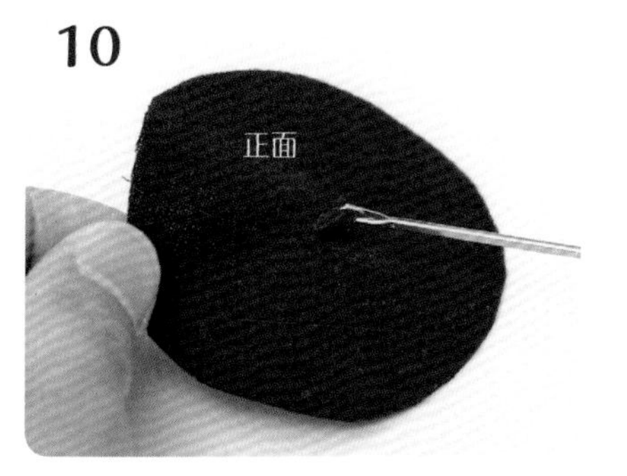
正面

将揪绳拉出 0.5cm。

11

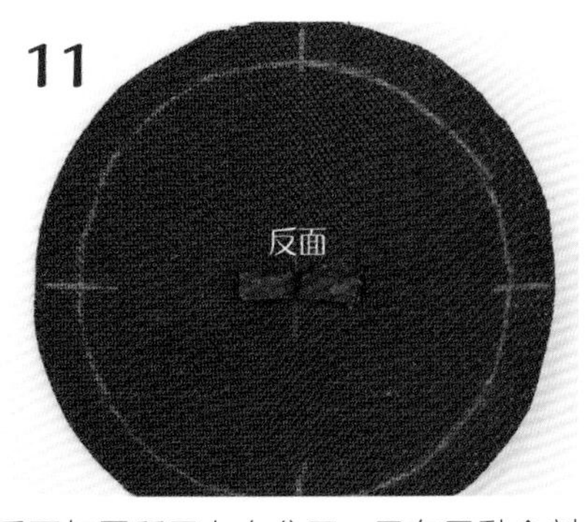
反面

反面如图所示左右分开，用布用黏合剂固定。

12

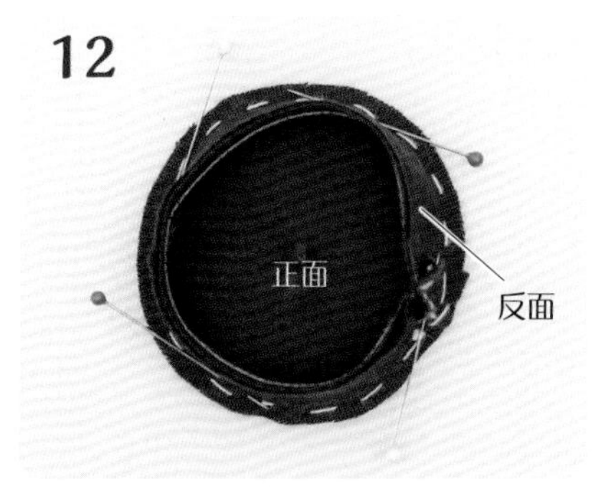
正面
反面

将帽侧片与帽顶片正面相对。用珠针固定，在缝纫机缝制之前，预先假缝。

13

缝纫机缝合完毕。

14

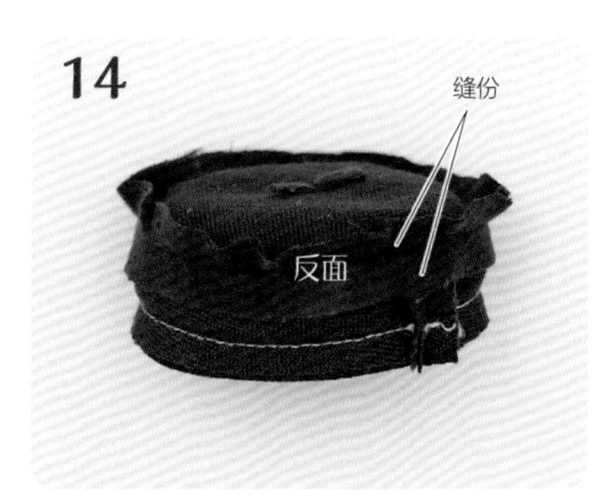
缝份
反面

分开缝份，翻至正面，贝雷帽制作完成。

制作三折袜

1

三折
袜子
（正面）

袜口正面折三折。

2

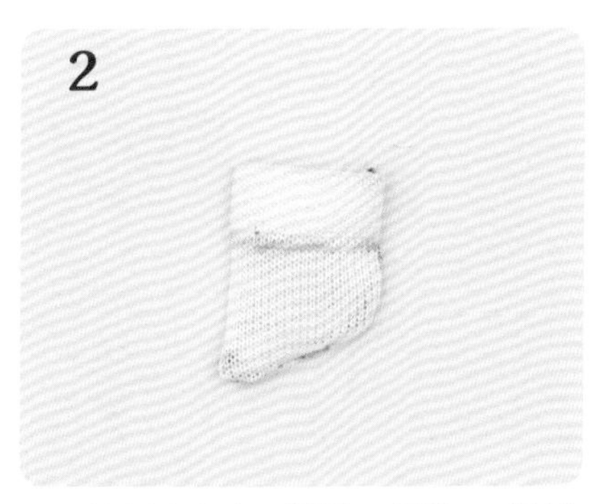

之后的制作方法同**制服—男孩**—“制作袜子”步骤 **2~3**（参见 p.31）。

水手服 — 男孩 —

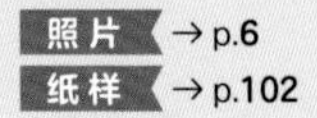

照片 → p.6
纸样 → p.102

水手服只要改变衣领和丝带的颜色，服装的感觉就会有很大变化。本款水手服采用的丝带和布料是同色系，给人一种经典的感觉。袖子中加入了大量抽褶，有古董娃娃般的感觉。

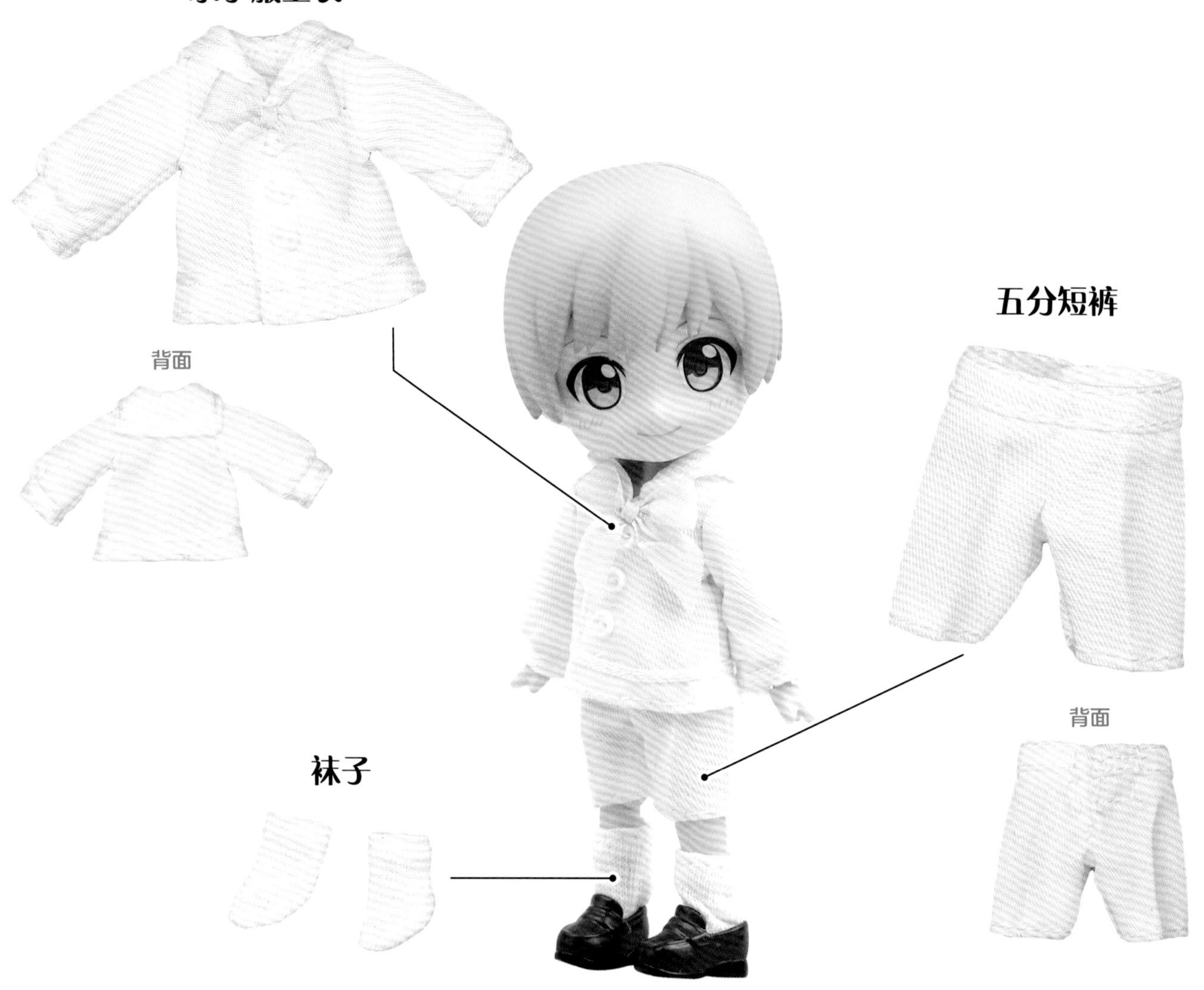

水手服上衣
背面
五分短裤
背面
袜子

材料

水手服上衣

- 涤棉混纺巴宝莉布料（面布）…20cm×20cm
- 细棉布（领里布）…6cm×5cm
- 缎带（宽 2mm）…30cm
- 纽扣（直径 4mm）…3 粒
- 缎带（刺绣用）…10cm
- 魔术贴…0.5cm×2cm

五分短裤

- 涤棉混纺巴宝莉布料…15cm×10cm
- 魔术贴…0.8cm×1cm

袜子

- 厚针织布…8cm×4cm

制作水手服上衣

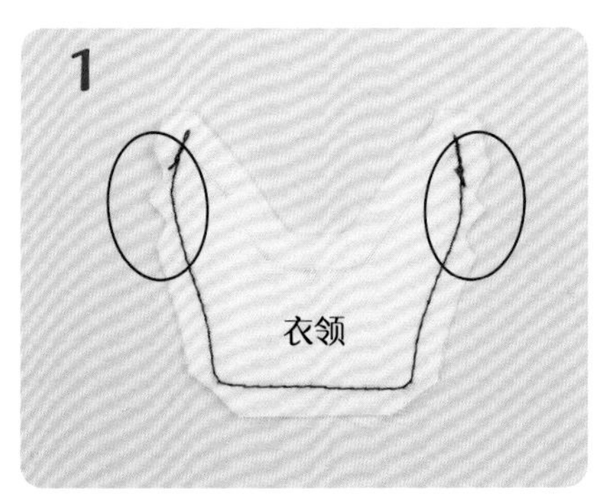
1
衣领

将衣领面布与里布正面相对缝合。曲线部分如图所示裁剪。

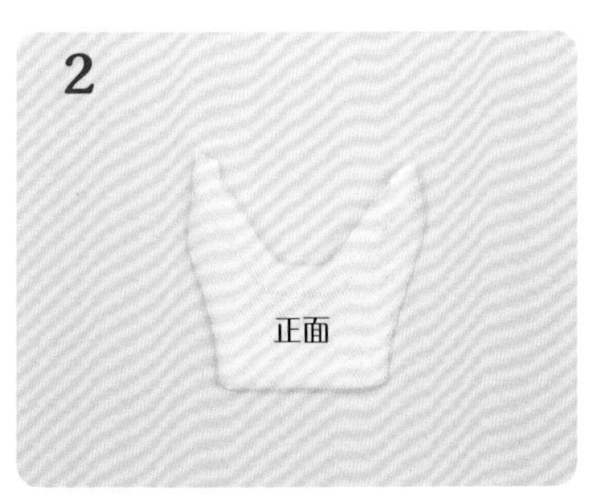
2
正面

翻至正面，用锥子将领角顶出，整理形状。

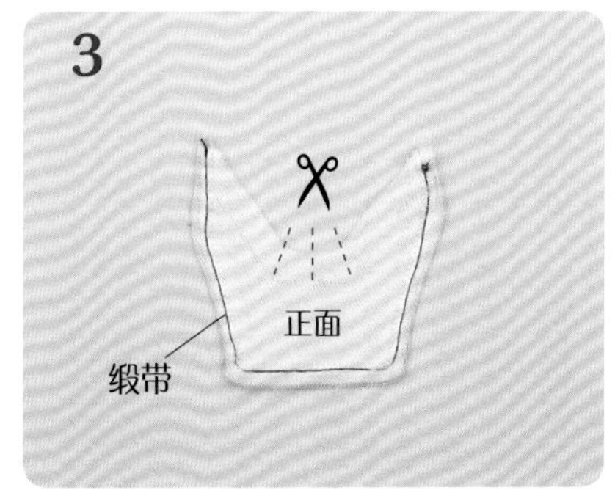
3
正面
缎带

缝合缎带。领围线缝份打剪口。

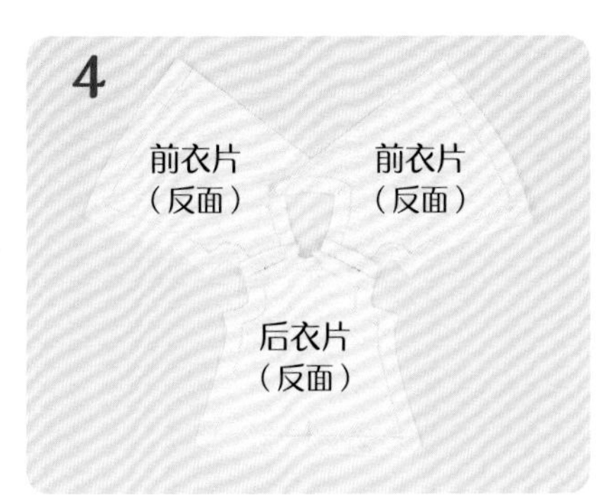
4
前衣片
（反面）
前衣片
（反面）
后衣片
（反面）

将前衣片与后衣片肩线正面相对缝合。用熨斗分缝熨烫缝份，并修剪 1/2 缝份。

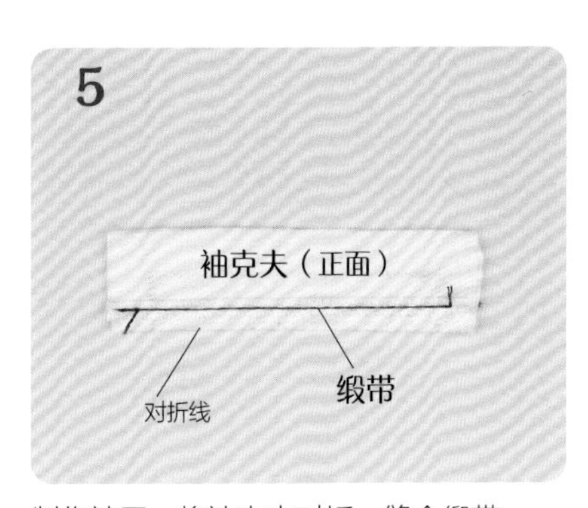
5
袖克夫（正面）
对折线
缎带

制作袖子。将袖克夫对折，缝合缎带。

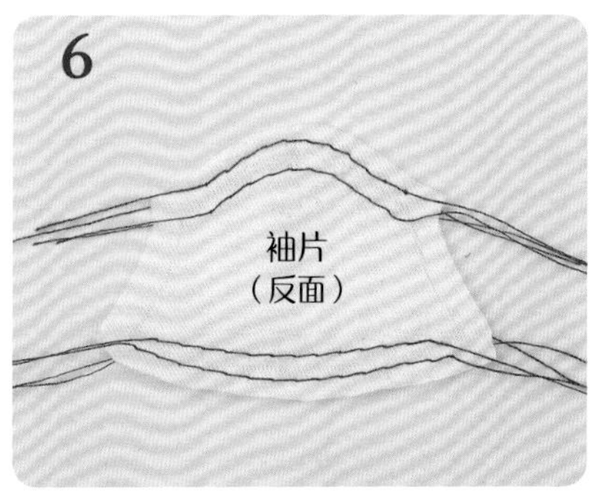
6
袖片
（反面）

在袖片的袖山和袖口位置各缝制两条抽褶用缝线。

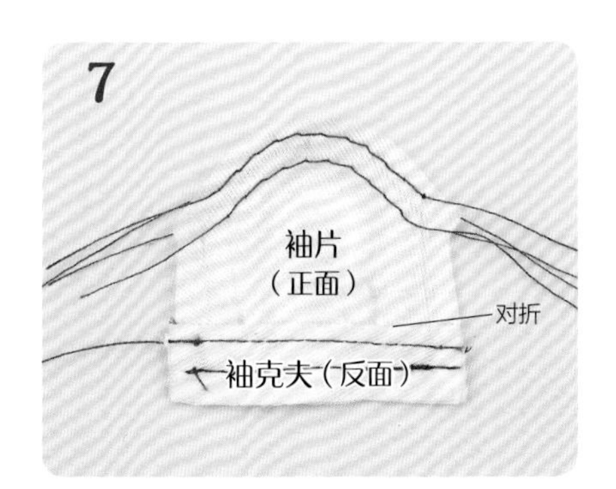
7
袖片
（正面）
对折
袖克夫（反面）

袖片与袖克夫正面相对缝合。

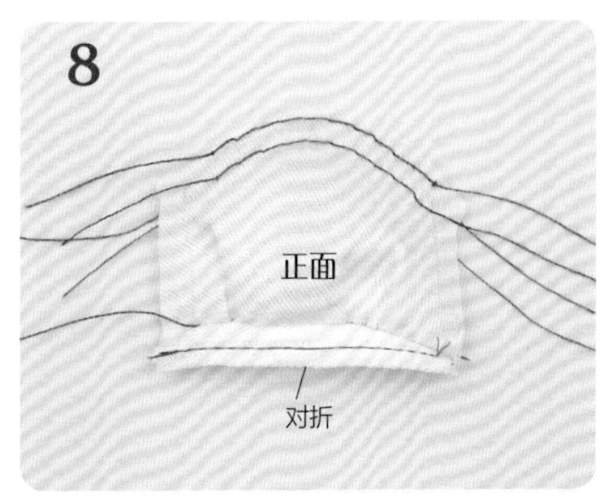
8
正面
对折

袖克夫缝份倒向袖片，用熨斗熨烫整理形状。

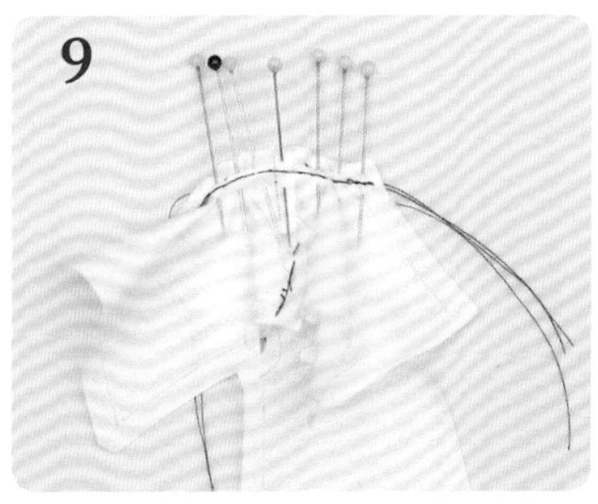
9

袖山与衣片的袖窿正面相对缝合。如图所示用珠针仔细固定后缝合。

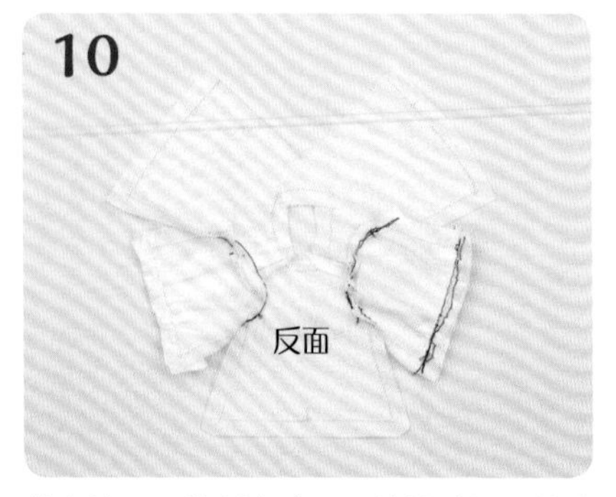
10
反面

缝合袖子。缝制完成后，将抽碎褶用的缝线拆除。

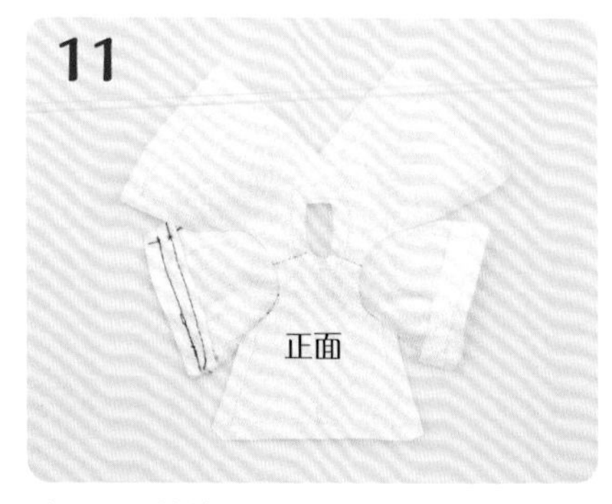
11
正面

从正面看的效果。

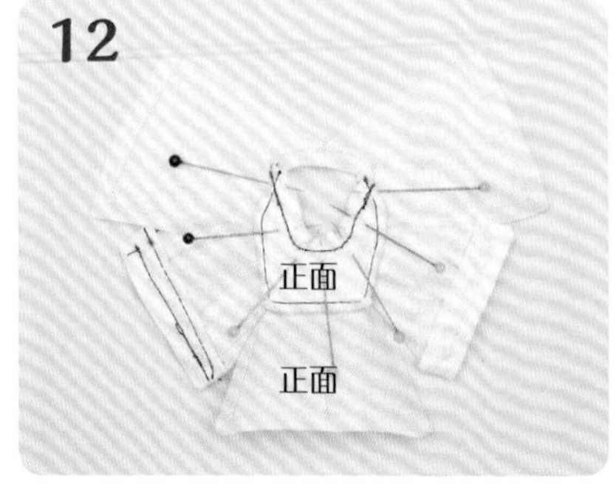
12
正面
正面

如图所示，将衣领用珠针固定后缝合。

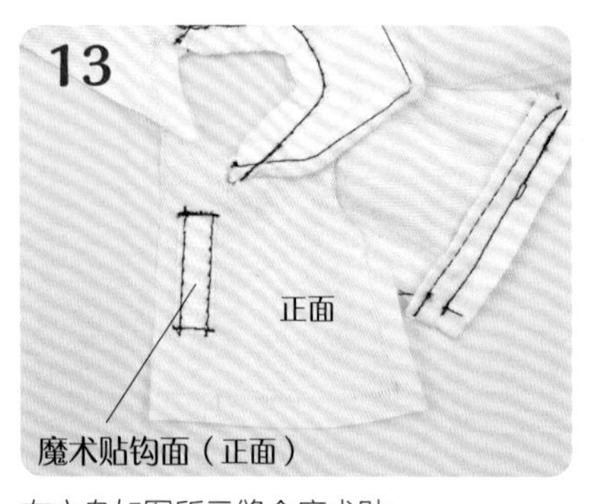
13
正面
魔术贴钩面（正面）

左衣身如图所示缝合魔术贴。

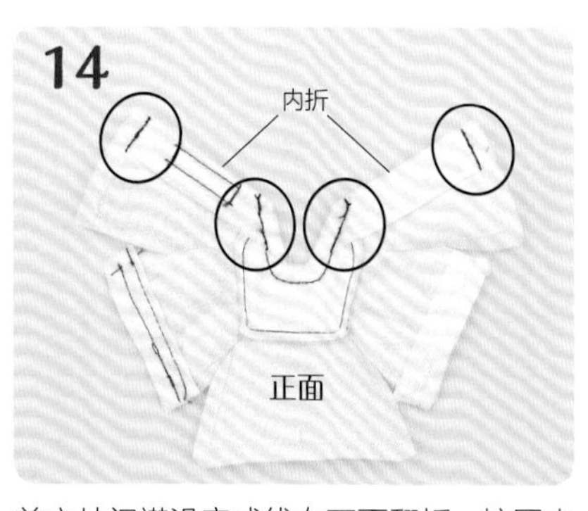
14
内折
正面

前衣片门襟沿完成线向正面翻折，按图中位置缝合。

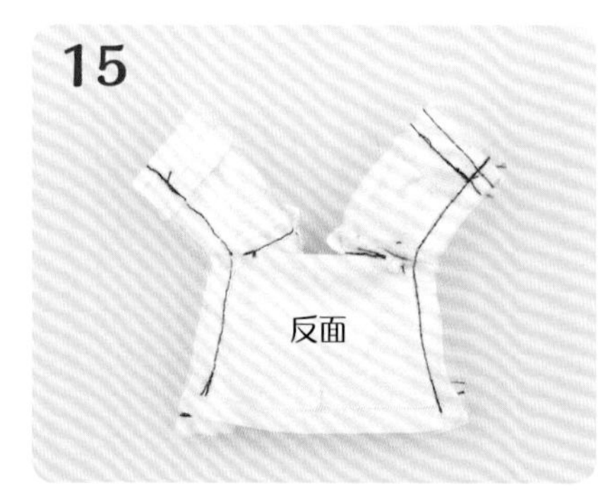
15
反面

侧缝、袖下线正面相对，缝合。

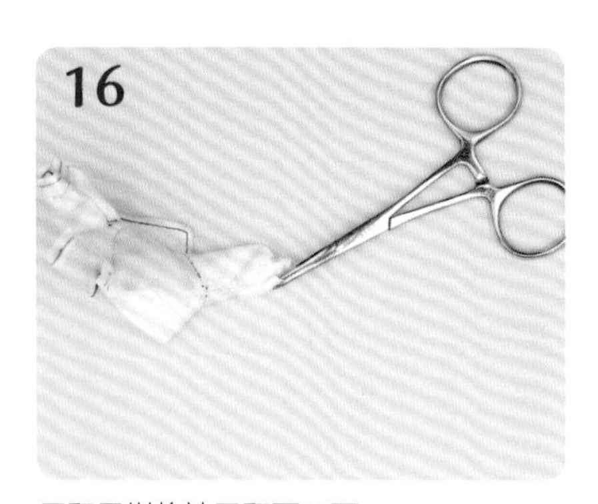
16

用翻里钳将袖子翻至正面。

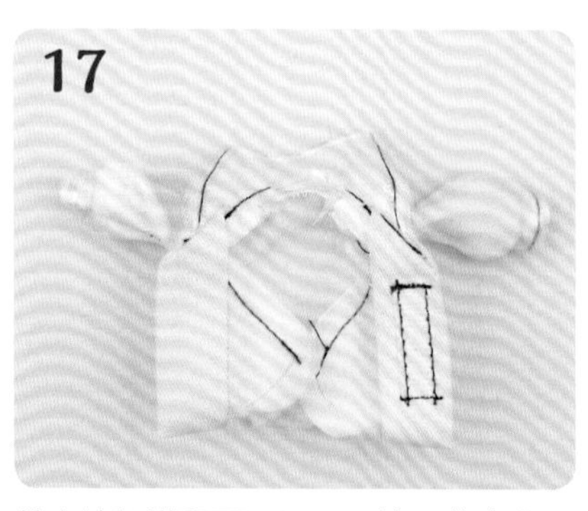
17

前衣片门襟翻至正面，用锥子将衣角顶出，最后用熨斗熨烫整理形状。

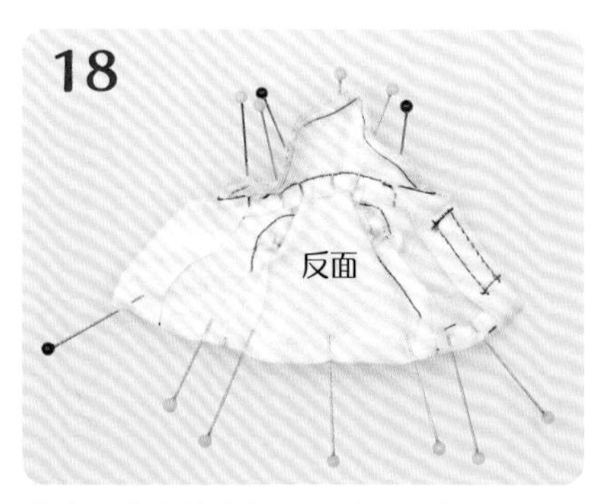
18
反面

底边沿完成线内折，用珠针固定。衣领缝份倒向衣身，用珠针固定。

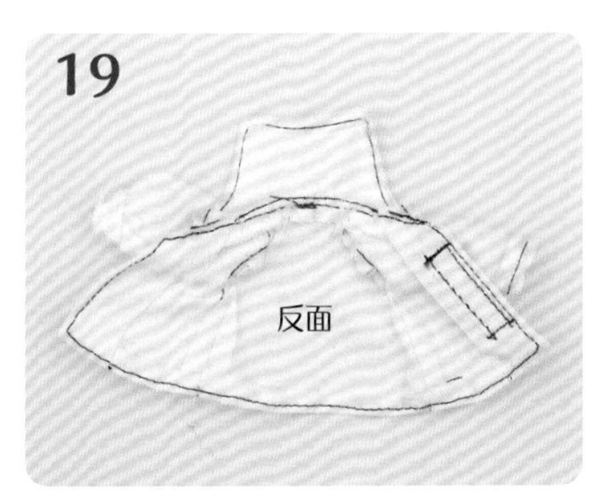
19
反面

将衣身四周缉缝一圈。

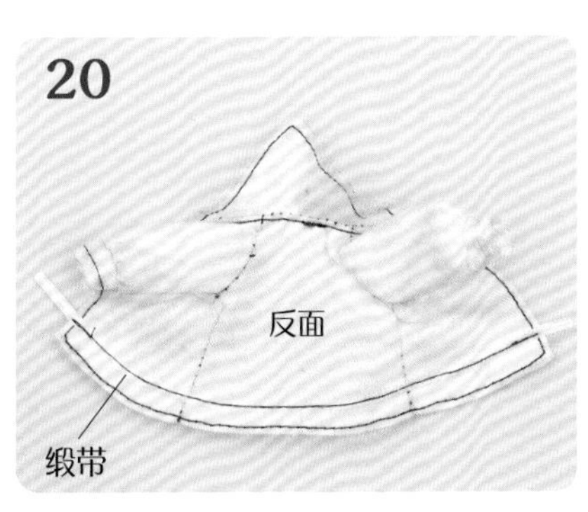
20
反面
缎带

缝合底边缎带。

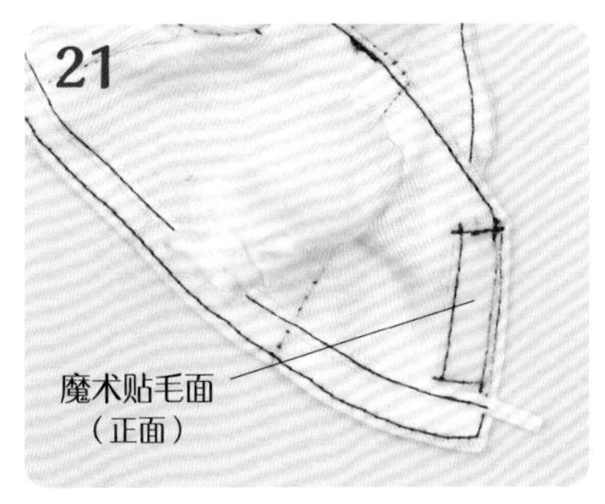
21
魔术贴毛面
（正面）

右衣身门襟如图所示缝合魔术贴。

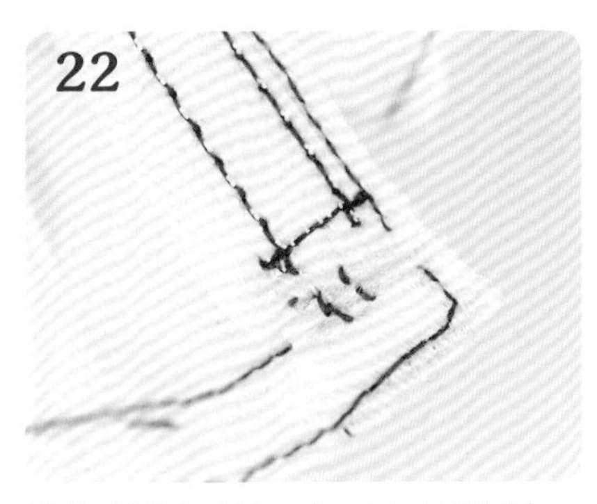
22

缎带尾端如图所示，向内折后手缝固定。

23

刺绣用缎带打蝴蝶结，并手缝固定。钉缝纽扣，水手服上衣制作完成。

要点 缝合小部件时

用缝纫机缝制缎带和魔术贴等小部件时，一边用锥子按着、一边用缝纫机缝合，就算是手指够不到的地方也能顺利地缝制。

要点 小蝴蝶结的材料

刺绣用缎带很柔软，没有太大的弹性，可以制作出漂亮的蝴蝶结。先用较长的缎带打蝴蝶结，然后将多余的部分剪掉，这样制作会比较容易。

✿ 制作五分短裤

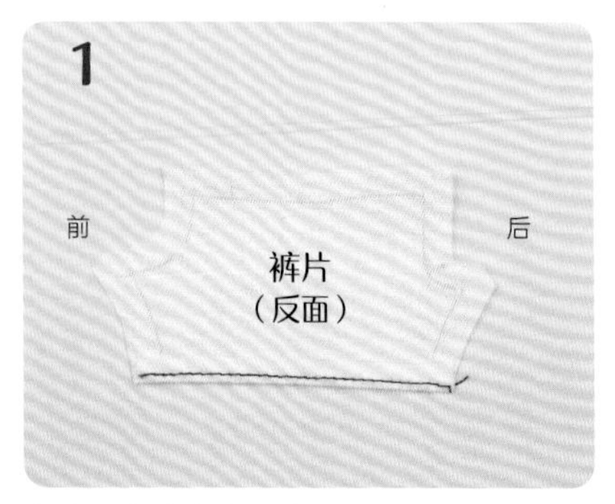
1
前
后
裤片
（反面）
底边沿完成线内折缝合。

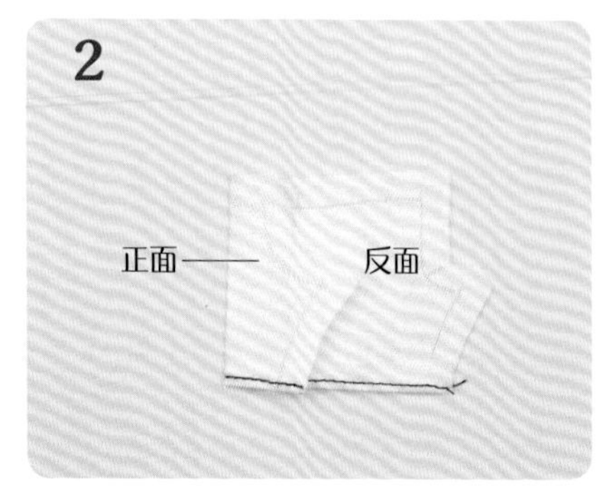
2
正面
反面
如图所示，用熨斗熨烫裤中线。左、右裤片一样。

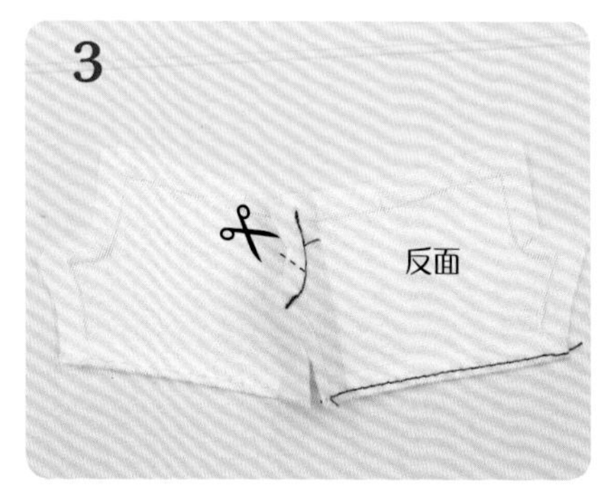
3
反面
将两裤片前上裆正面相对缝合。在缝份上打剪口。

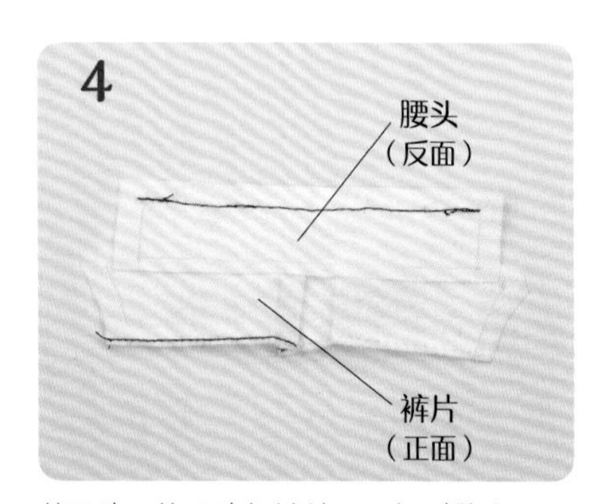
4
腰头
（反面）
裤片
（正面）
装腰头。将腰头与裤片正面相对缝合。

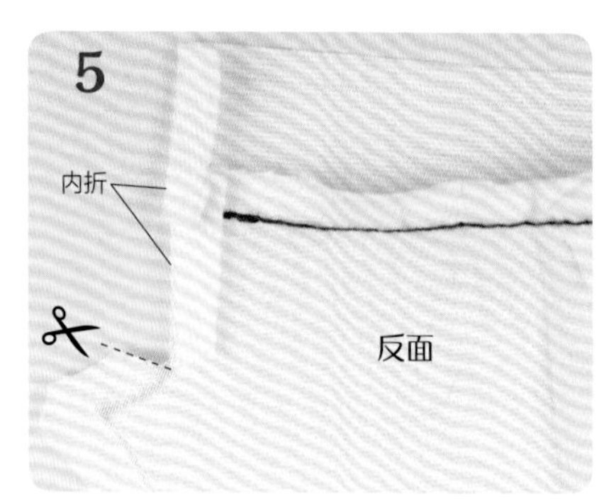
5
内折
反面
在后裤片上裆打剪口。将缝份倒向腰头一侧，如图所示将裤片和腰头两端内折。

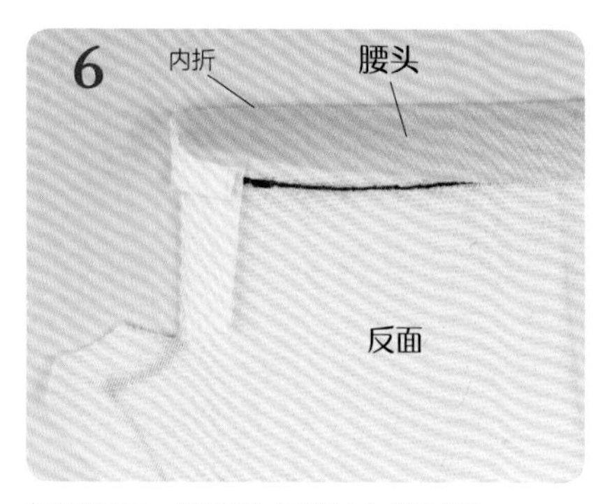
6
内折
腰头
反面
如图所示，将腰头向裤片内侧对折。

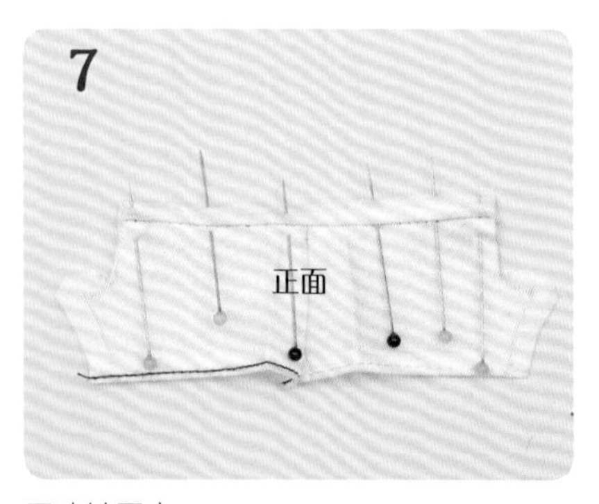
7
正面
用珠针固定。

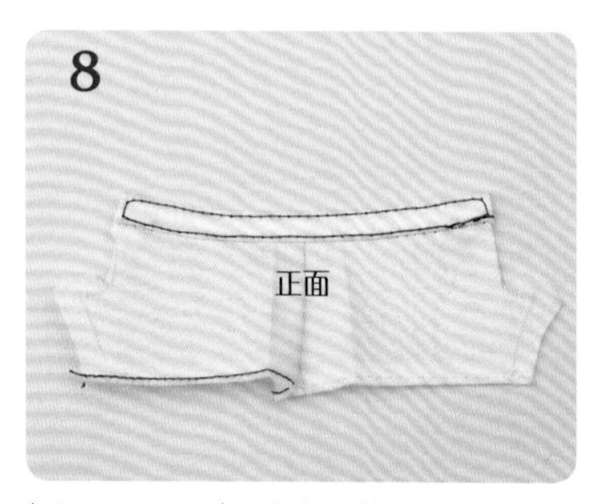
8
正面
如图所示，腰头一周缉明线。

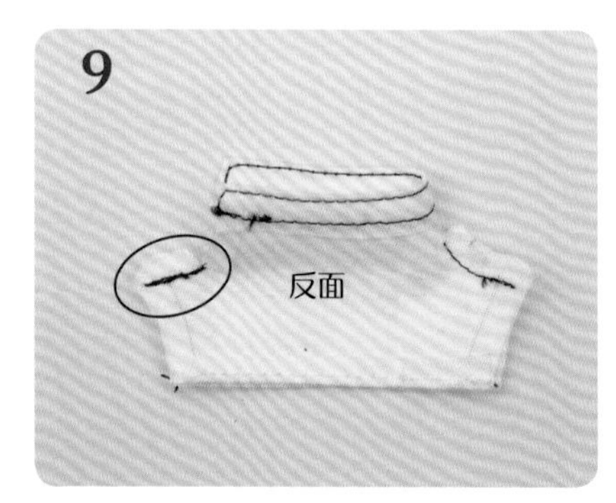
9
反面
将两裤片后上裆正面相对缝合，在缝份上打剪口。

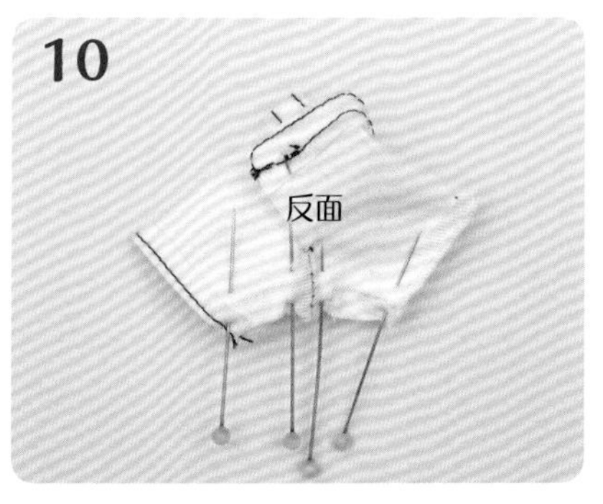
10
反面

在步骤 9 的基础上打开裤子，将裤下裆正面相对，用珠针固定。

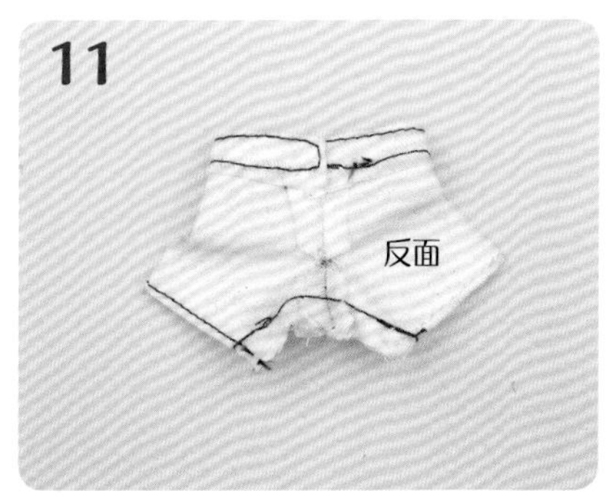
11
反面

缝合下裆缝。

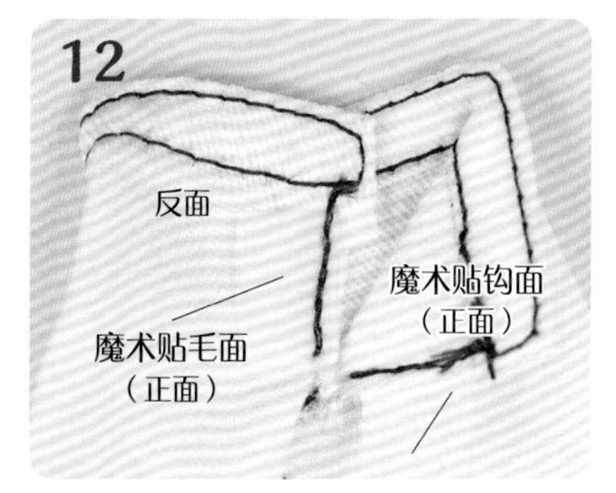
12
反面
魔术贴钩面
（正面）
魔术贴毛面
（正面）

如图所示，缝合魔术贴。翻至正面，五分短裤制作完成。

制作袜子

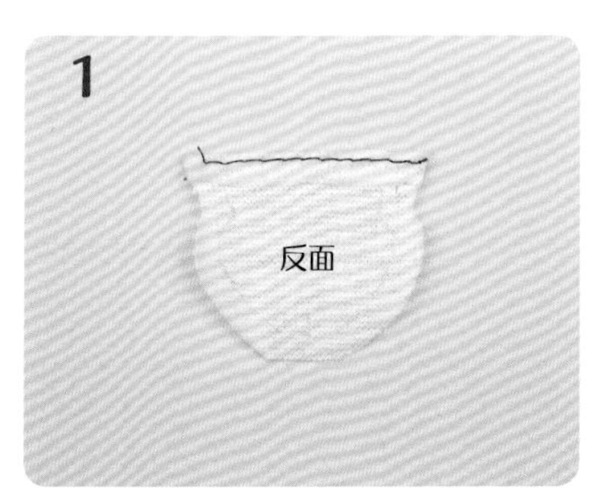
1
反面

袜口内折后缉缝。

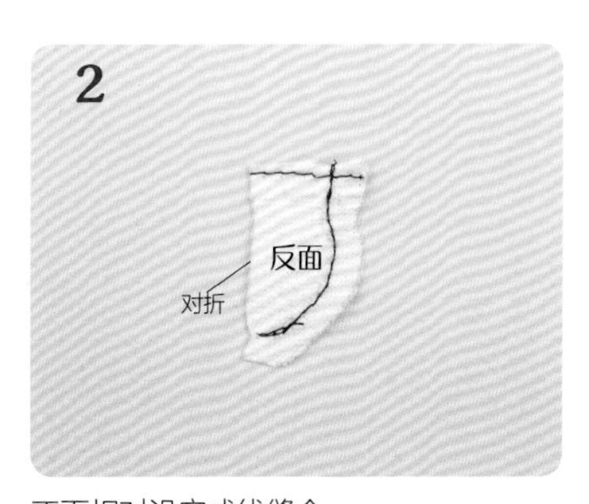
2
反面
对折

正面相对沿完成线缝合。

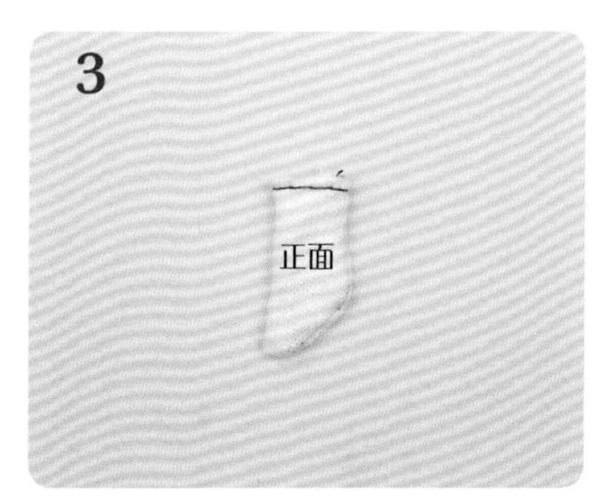
3
正面

缝份修剪至 3mm，翻至正面，袜子制作完成。

水手服 — 女孩 —

照片 →p.6
纸样 →p.104

连衣裙式的可爱水手服。除裙子之外的部分，都与男孩水手服制作方法相同。可以调整衣领和丝带的颜色，一定要试着做一件属于自己的水手连衣裙。

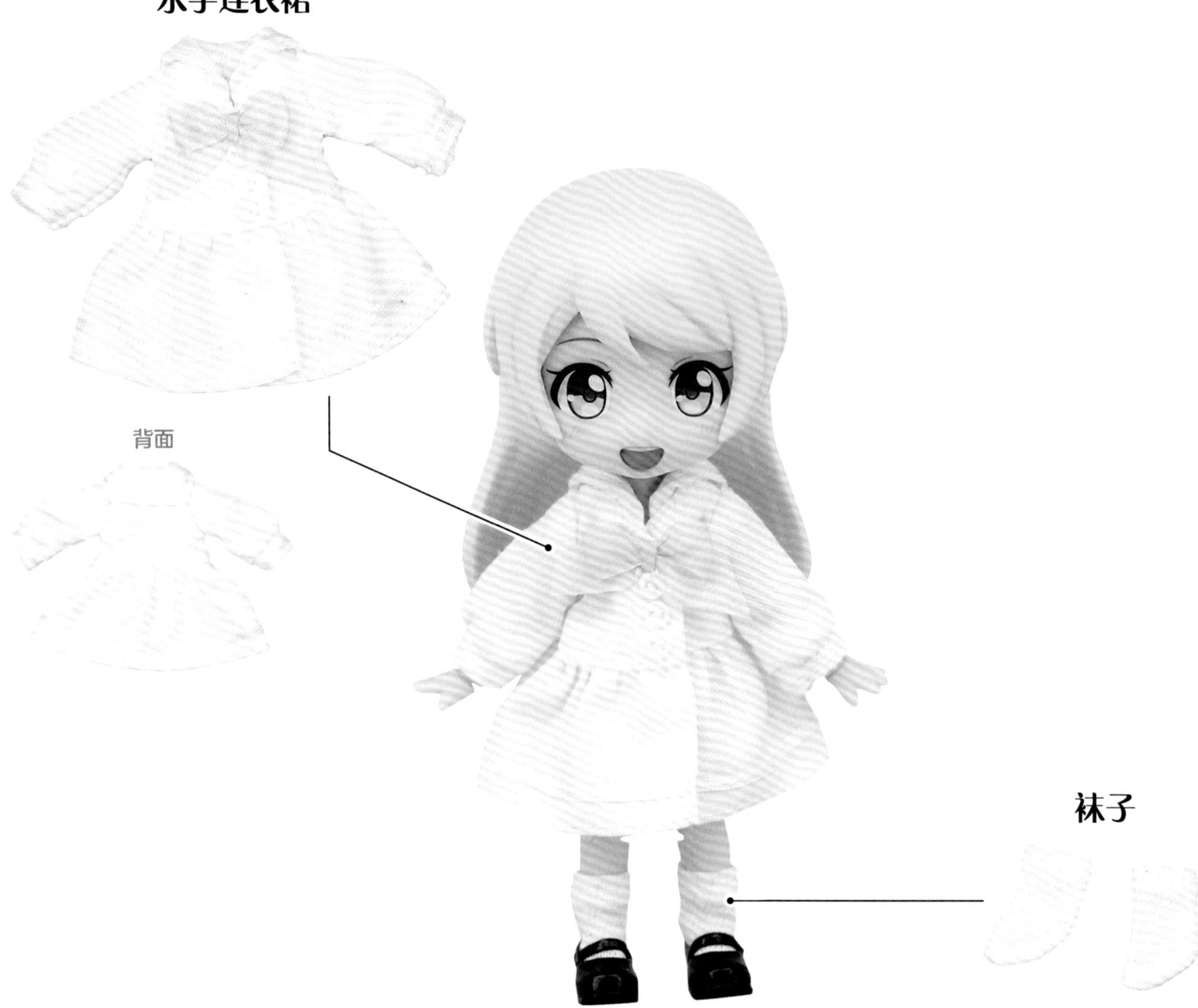
水手连衣裙
背面
袜子

材料

水手连衣裙

- 涤棉混纺巴宝莉布料（面布）…25cm×20cm
- 细棉布（领里布）…6cm×5cm
- 缎带（宽2mm）…40cm
- 纽扣（直径4mm）…3粒
- 缎带（刺绣用）…10cm
- 魔术贴…0.7cm×1.5cm

袜子

- 厚针织布…8cm×4cm

制作水手连衣裙

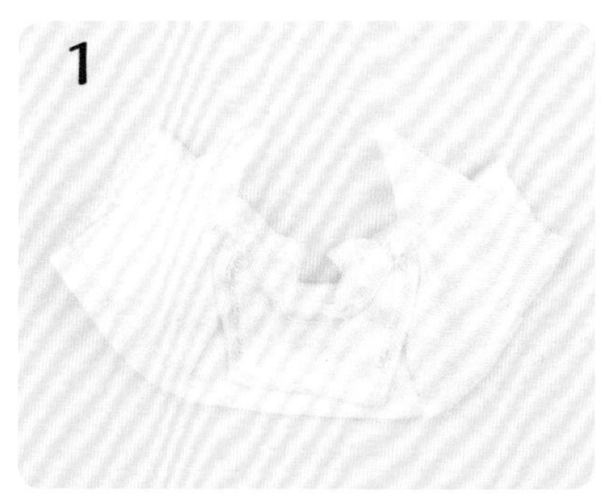
1

制作方法同**水手服·男孩**“制作水手服上衣”步骤 **1~12**(参见 p.41、42)。

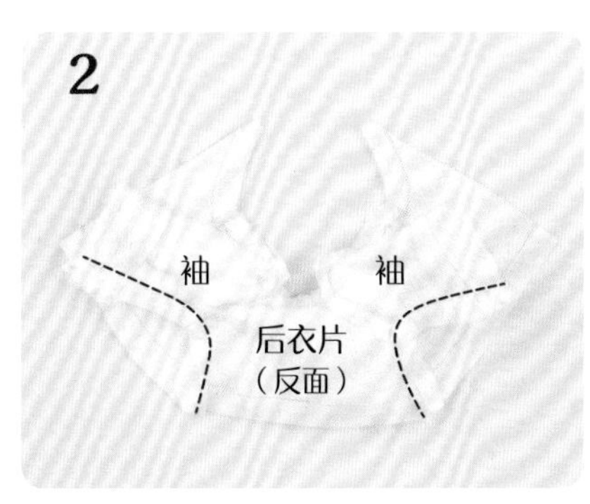
2
袖
袖
后衣片
（反面）

侧缝、袖下缝正面相对缝合。

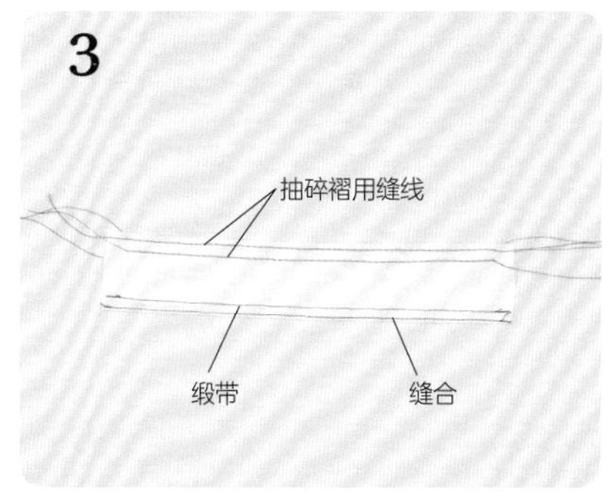
3
抽碎褶用缝线
缎带
缝合

制作裙子。底边沿完成线内折缉缝，缝合缎带。靠衣身一侧缝制两条抽碎褶用缝线。

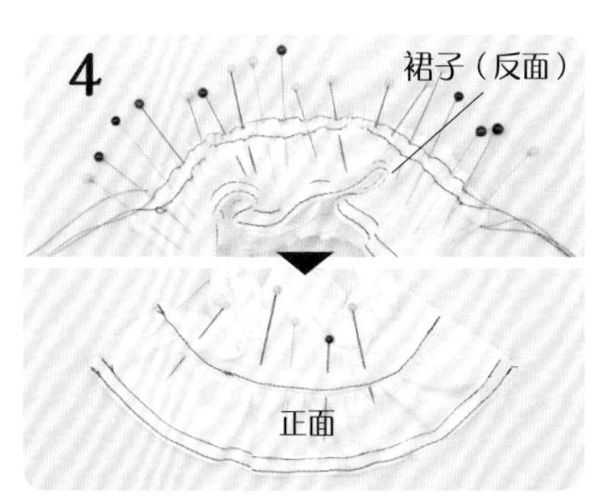
4
裙子（反面）
正面

裙子抽碎褶，将衣片与裙片正面相对缝合。之后裙片向下翻，缝份在衣身一侧并缉缝固定。

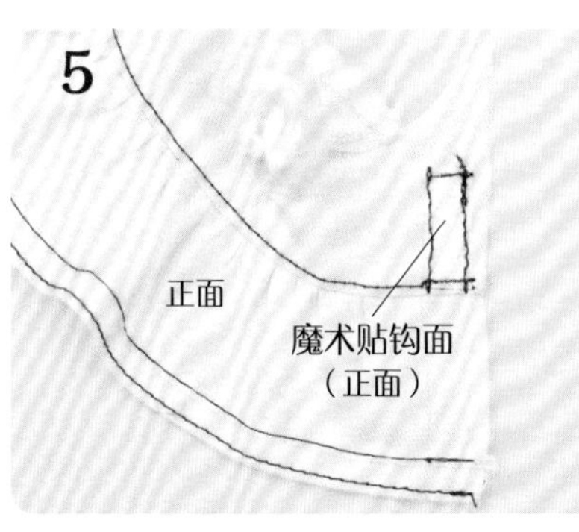
5
正面
魔术贴钩面
（正面）

如图所示，在右前衣片上缝合魔术贴。

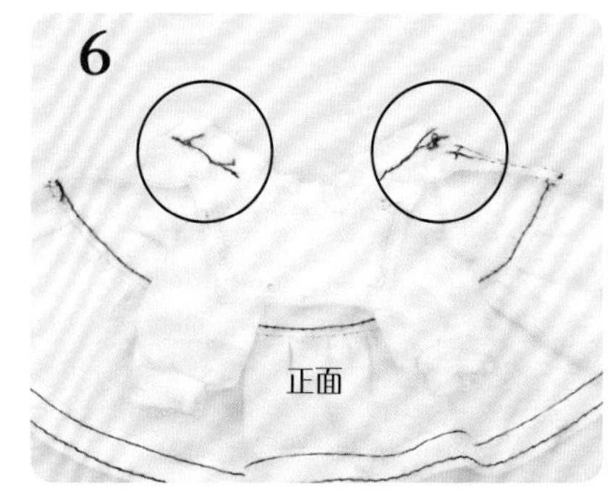
6
正面

衣身门襟沿完成线内折，正面相对盖住衣领并缝合。翻至正面，将角用锥子顶出，用熨斗熨烫整理形状。

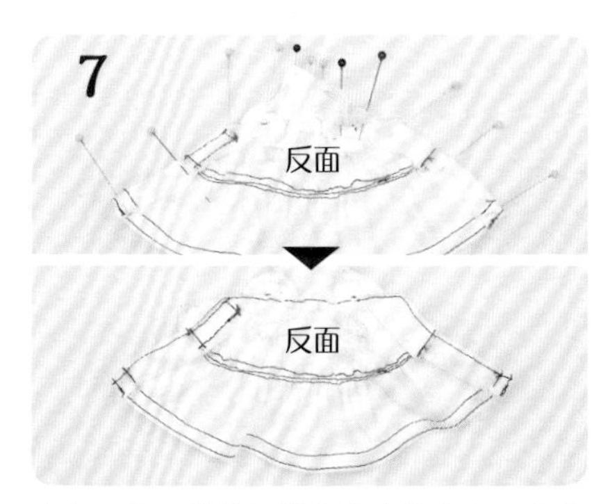
7
反面
反面

衣身和裙子的前门襟沿完成线内折，衣领缝份倒向衣身，用珠针固定。缝合前门襟和衣领。

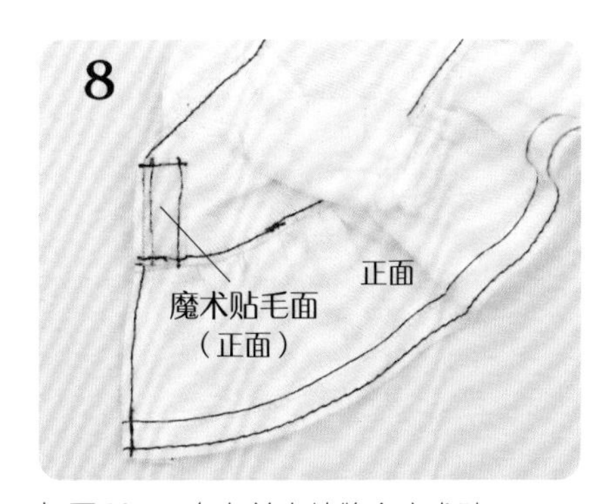
8
正面
魔术贴毛面
（正面）

如图所示，在左前衣片缝合魔术贴。

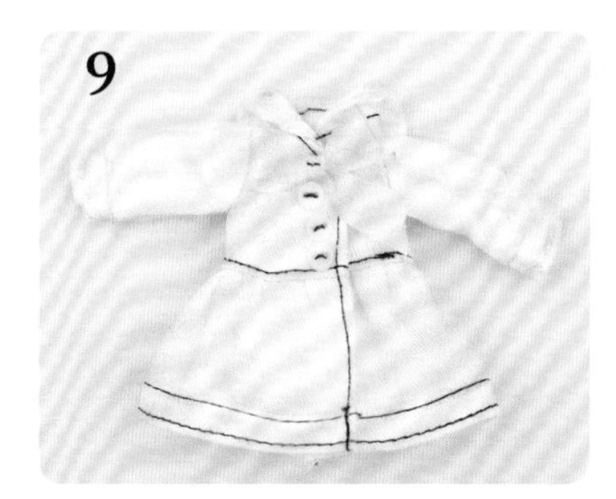
9

钉缝刺绣缎带蝴蝶结和纽扣，水手连衣裙制作完成。

制作袜子

制作方法同**水手服·男孩**“制作袜子”步骤 **1~3**(参见 p.45)。

哥特式洛丽塔 —男孩—

照片 → p.9
纸样 → p.106

带蕾丝的白色衬衫配上蝴蝶结或领结扣，南瓜裤的哥特式王子服。若想改变风格试着做这样的服装怎么样？立领衬衫意外地也很适合女孩子。

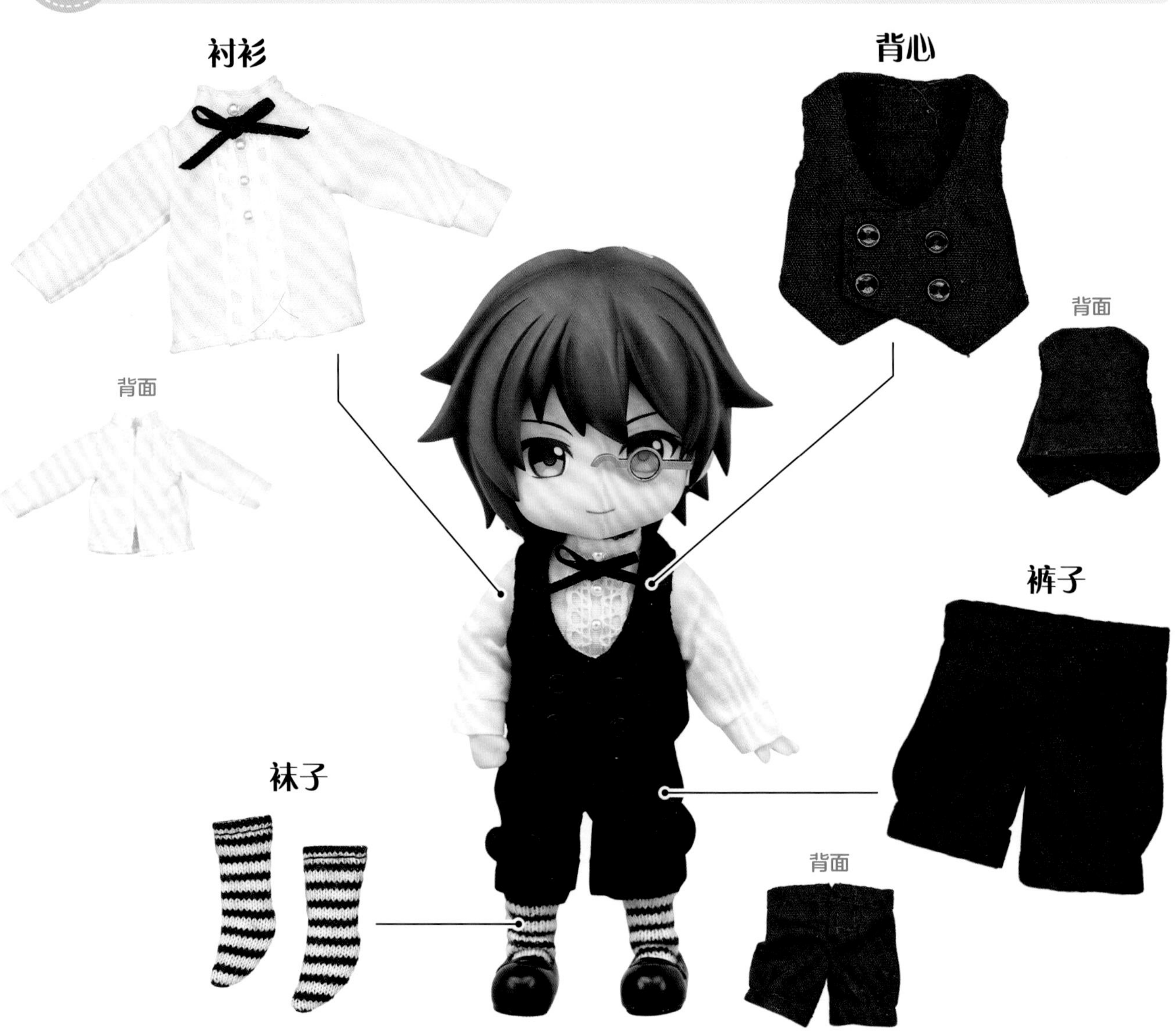
衬衫
背面
背心
背面
裤子
袜子
背面

材料

衬衫
- 平纹棉布…20cm×15cm
- 细棉布（领里布）…6cm×2cm
- 魔术贴…0.8cm×2.5cm
- 蕾丝（宽5mm）…10cm
- 珠子（直径1.5mm）…4粒
- 缎带（宽2mm）…8cm

背心
- 平纹棉布（面布）…18cm×8cm
- 细棉布（里布）…18cm×8cm
- 魔术贴…0.7cm×1cm
- 纽扣（直径4mm）…4粒

裤子
- 平纹棉布…20cm×10cm
- 魔术贴…0.8cm×1cm

袜子
- 厚针织布…8cm×5cm

※为了更容易辨认，改变了蕾丝的颜色。

制作衬衫

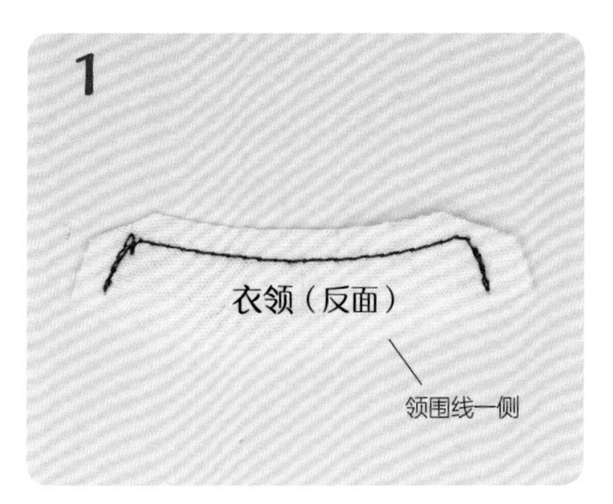
1
衣领（反面）
领围线一侧

制作衣领。布料和里料（细棉布）正面相对缝合，领围线一侧不缝。

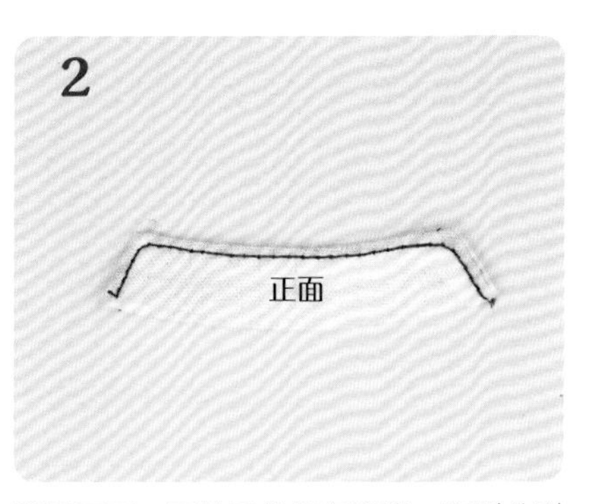
2
正面

翻至正面，用锥子将领角顶出。用熨斗熨烫整理形状，车缝固定，领围线除外。

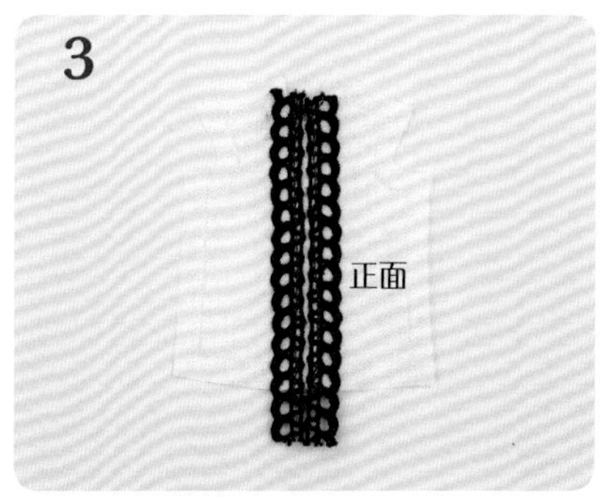
3
正面

在前衣片缉缝蕾丝。

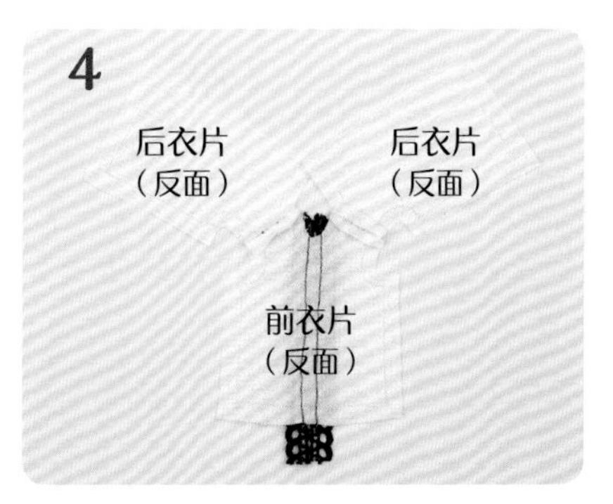
4
后衣片
（反面）
后衣片
（反面）
前衣片
（反面）

将前、后衣片的肩部正面相对，缝合肩缝。缝份分缝熨烫，剪去1/2。

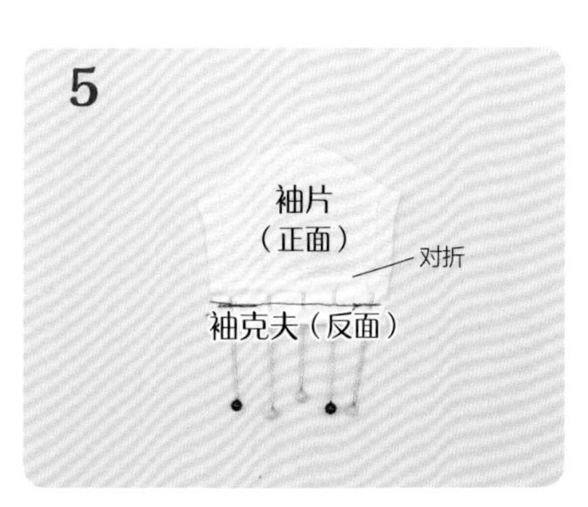
5
袖片
（正面）
对折
袖克夫（反面）

制作袖子。将袖克夫对折后，与袖片正面相对缝合。

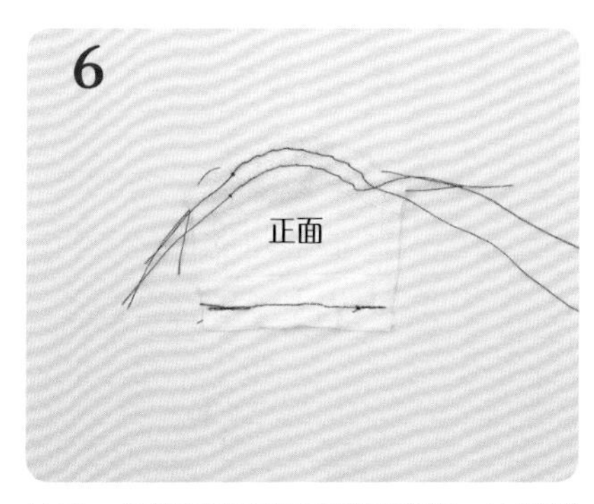
6
正面

袖山一侧缝制两条抽碎褶用缝线，抽拉缝线形成圆弧形。

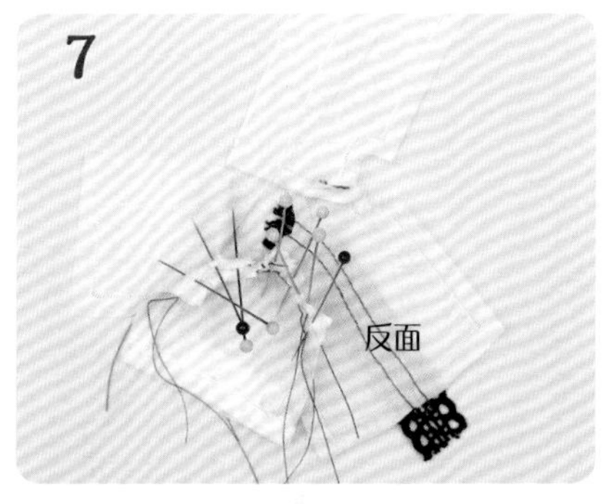
7
反面

将衣片与袖片正面相对，用珠针仔细固定后缝合。

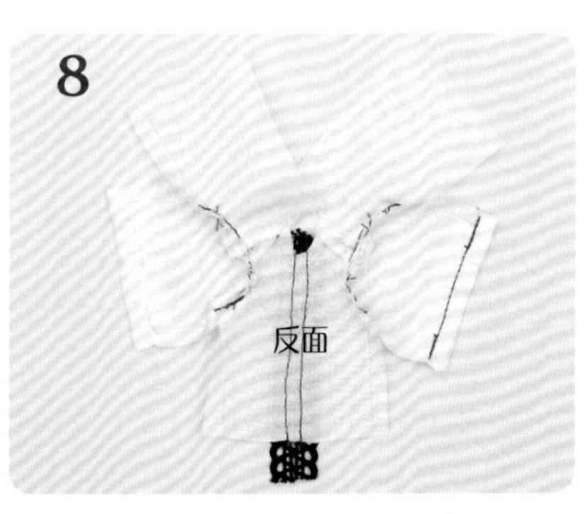
8
反面

装好袖子后，将抽碎褶用缝线拆除。

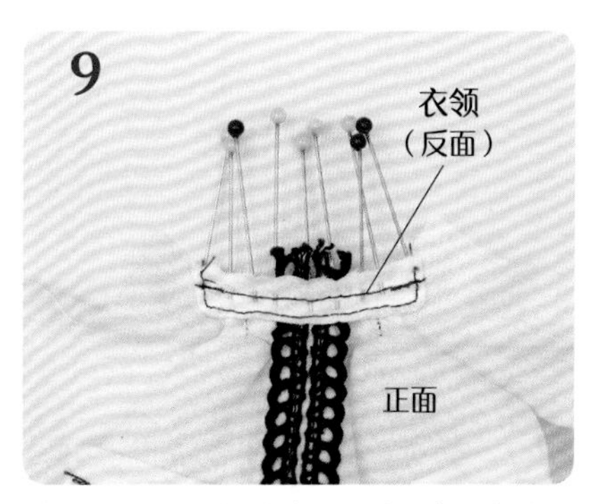
9
衣领
（反面）
正面

装衣领。衣领与衣身正面相对用珠针固定，缝合。

10
正面

衣领缝份倒向衣身，用珠针固定。在衣领正面缉明线固定。

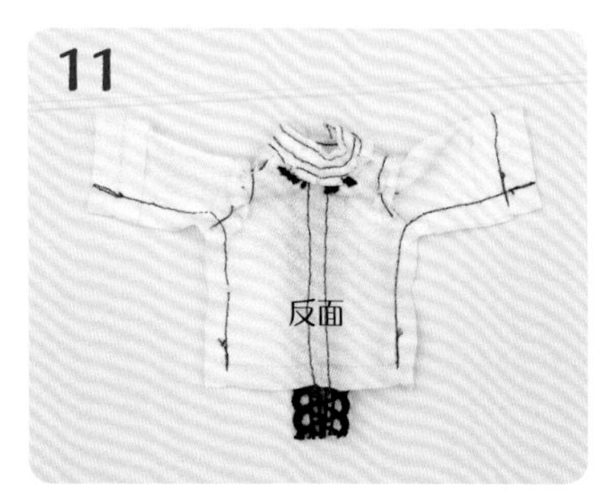
11
反面

缝合侧缝和袖下缝。

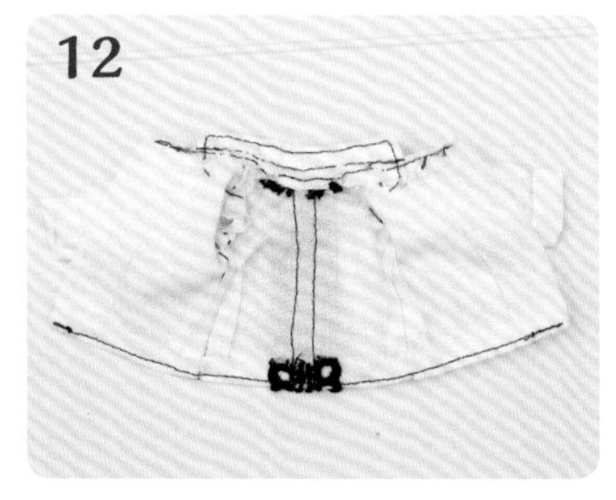
12

将袖子翻至正面。将底边和底边处的蕾丝沿完成线内折，缉缝。

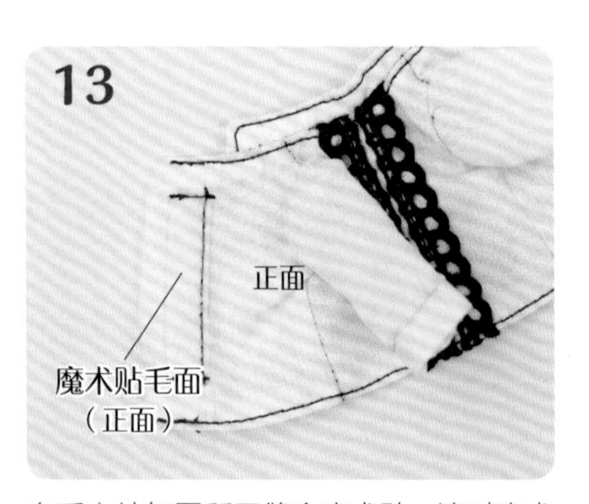
13
正面
魔术贴毛面
（正面）

右后衣片如图所示缝合魔术贴。这时魔术贴的左侧不缝合。

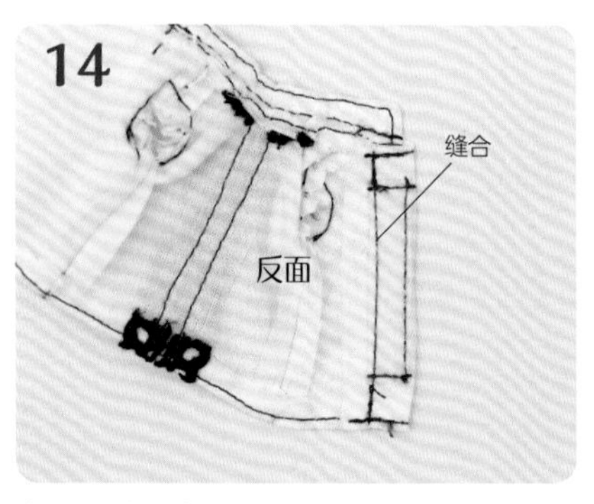
14
缝合
反面

右后衣片沿完成线内折、缝合。此时将步骤 **13** 中未缝合的魔术贴左侧一起缝合。

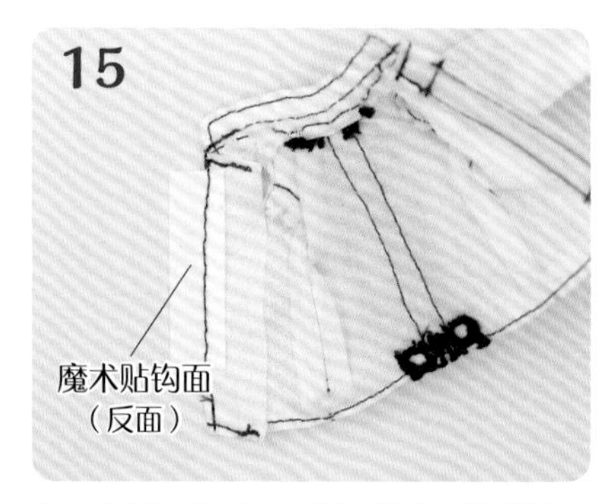
15
魔术贴钩面
（反面）

左后衣片沿完成线内折、缝合。魔术贴如图所示缝合。

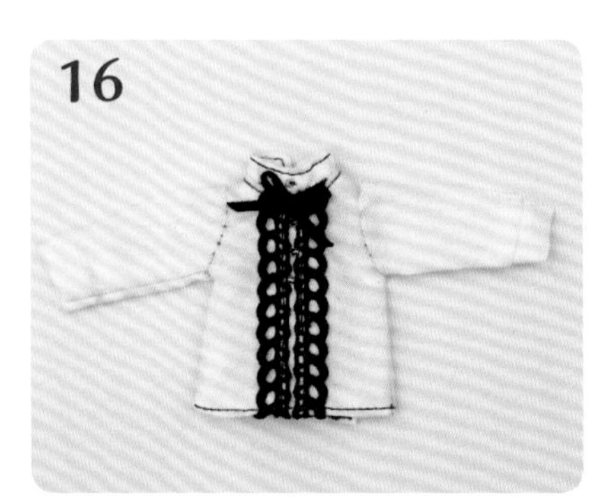
16

缎带打蝴蝶结后与珠子一起手缝固定，衬衫制作完成。

制作背心

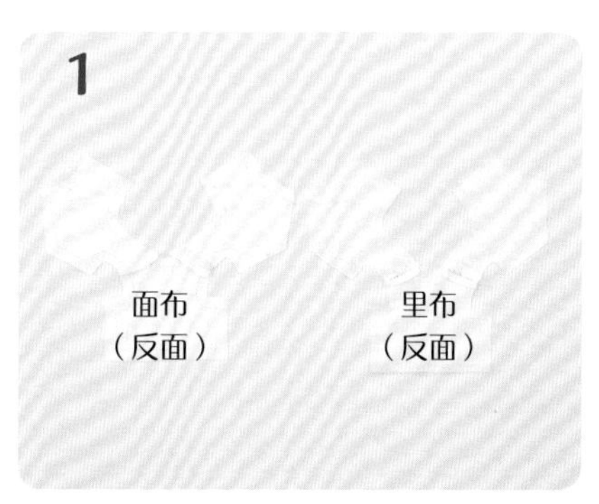
1
面布
（反面）
里布
（反面）

分别将面布与里布肩部正面相对，缝合。缝份分缝熨烫，并剪去1/2。

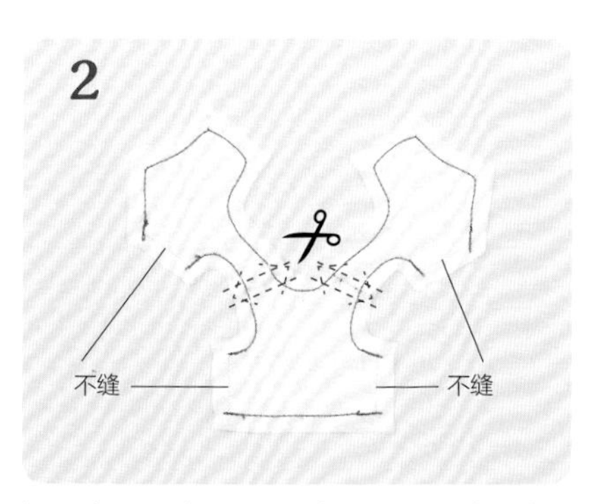
2
不缝
不缝

把面布和里布正面相对缝合。此时四处侧缝不缝合。修剪肩线缝份。

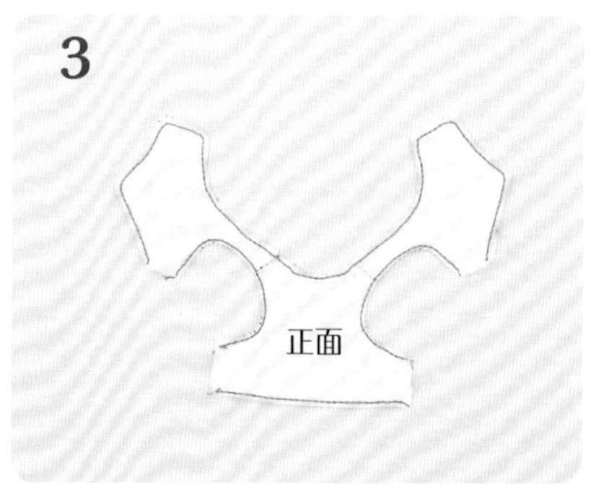
3
正面

从未缝合的侧缝伸入翻里钳，将背心翻至正面。用锥子将角顶出，熨斗熨烫整理形状，除侧缝之外的地方车缝固定。

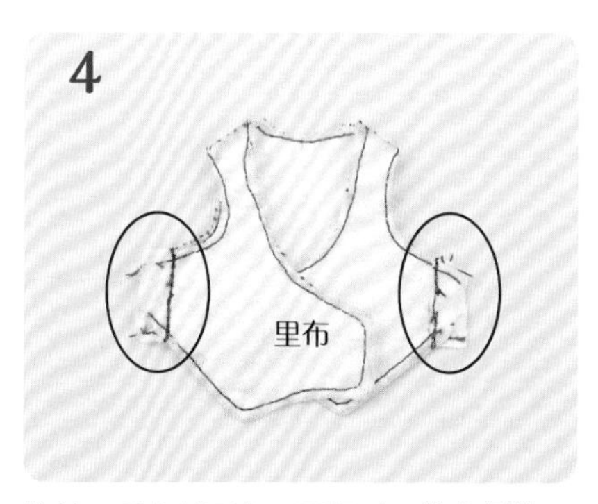
4
里布

将前、后衣片面布正面相对，缝合侧缝。

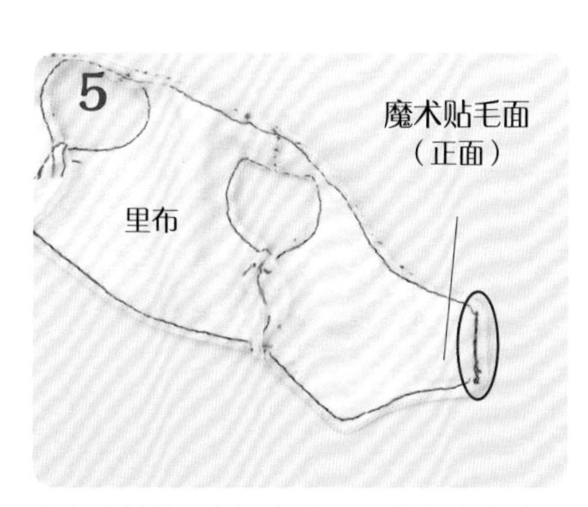
5
魔术贴毛面
（正面）
里布

在左衣片的里侧，如图所示缝合魔术贴。

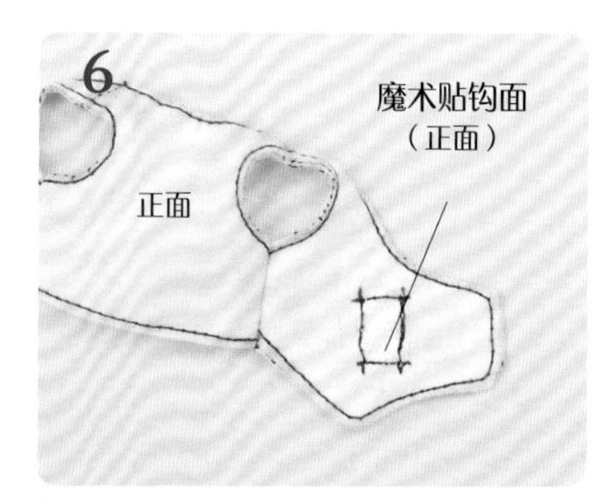
6
魔术贴钩面
（正面）
正面

在右衣片的正面，如图所示缝合魔术贴。

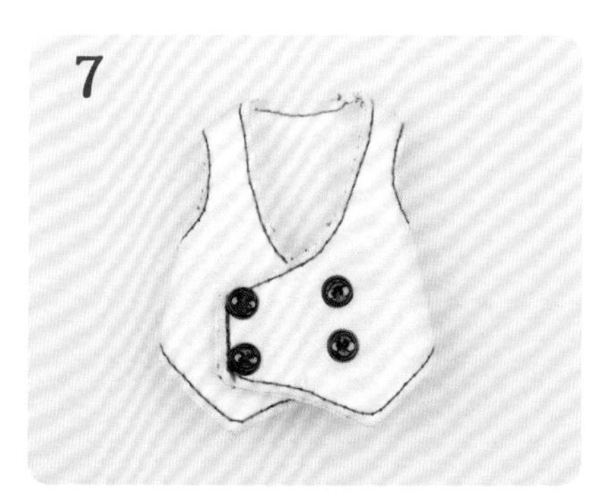
7

钉缝纽扣，背心制作完成。

要点 使用按扣也可以

难度升级，在背心魔术贴的位置安装按扣也是可以的。在左衣身缝制按扣的时候，为了表面不露出手缝线，只缝里布部分。

✿ 制作裤子

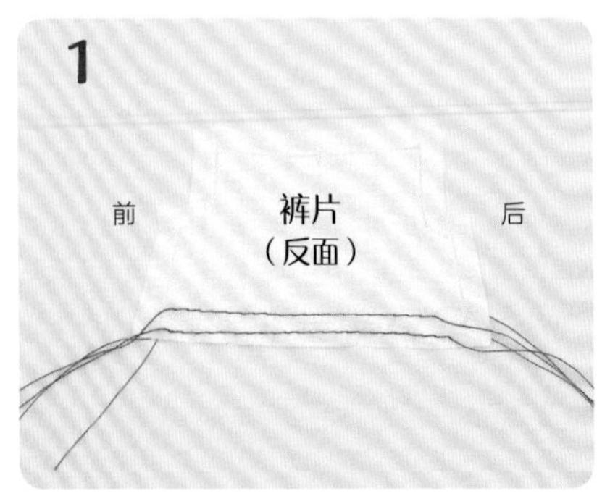
1
前
裤片
（反面）
后

在裤口缝两条抽碎褶用缝线。

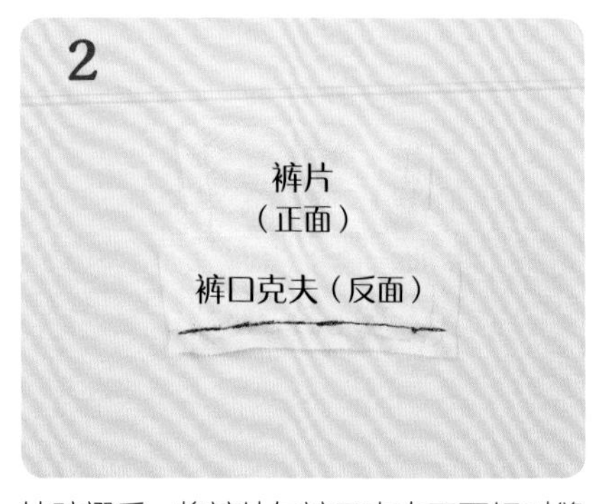
2
裤片
（正面）
裤口克夫（反面）

抽碎褶后，将裤片与裤口克夫正面相对缝合。缝好后将抽碎褶用缝线拆除。

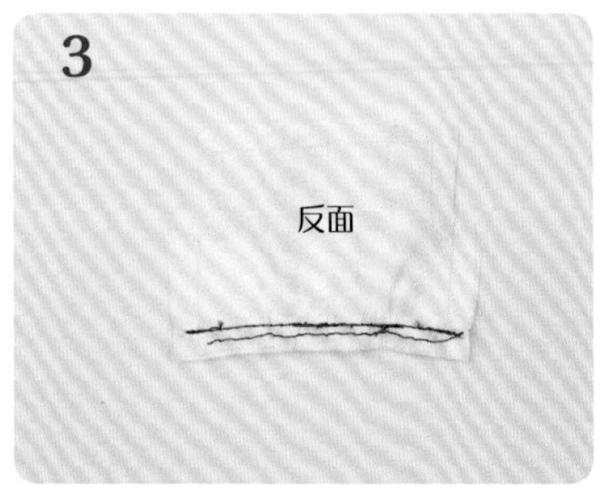
3
反面

从反面看的效果。

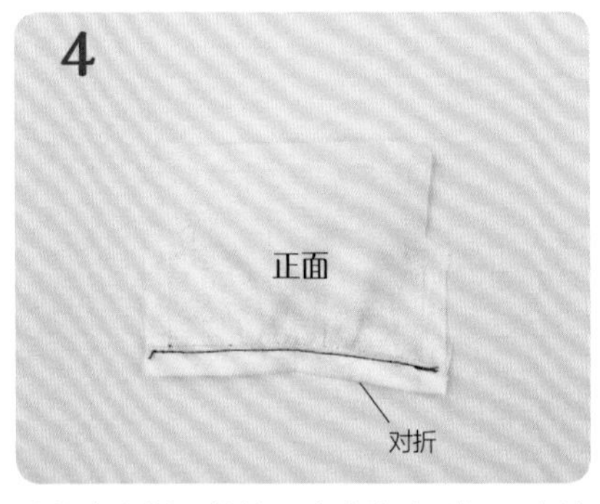
4
正面
对折

缝份向上倒，将裤口克夫向内对折。在裤口克夫上侧车缝固定。左、右裤片制作方法相同。

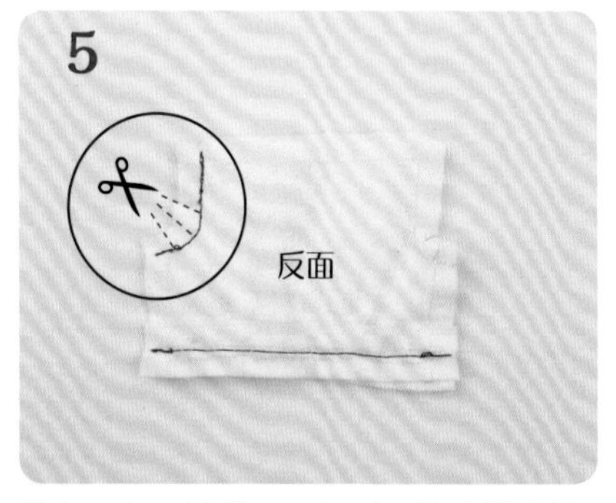
5
反面

将左、右两裤片正面相对，缝合前上裆。缝合完成后，在图中所示位置打剪口。

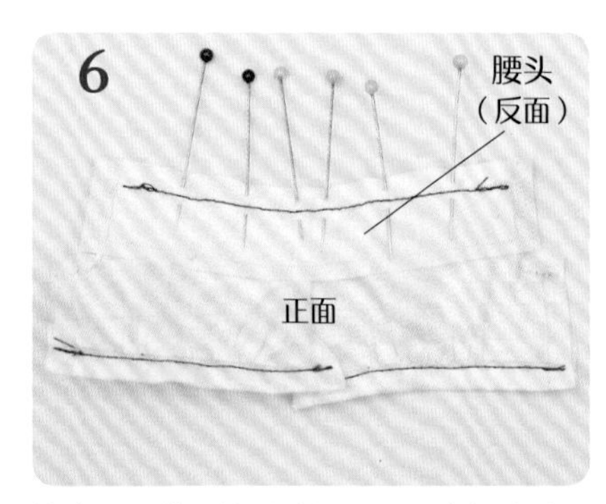
6
腰头
（反面）
正面

将步骤 **5** 缝合的裤片打开，腰头与裤片正面相对缝合。

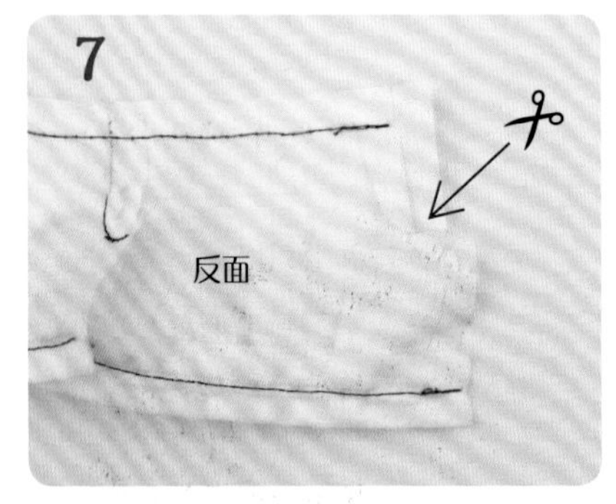
7
反面

在图中所示位置打剪口。

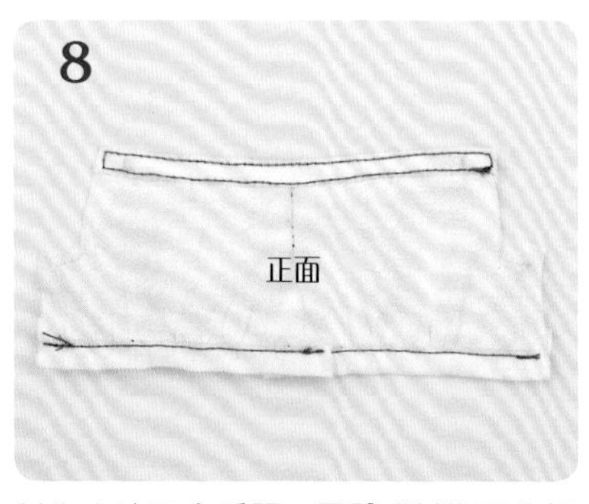
8
正面

制作方法同**水手服 · 男孩**“制作五分短裤”步骤 **5~8**(参见 p.44)，安装腰头。

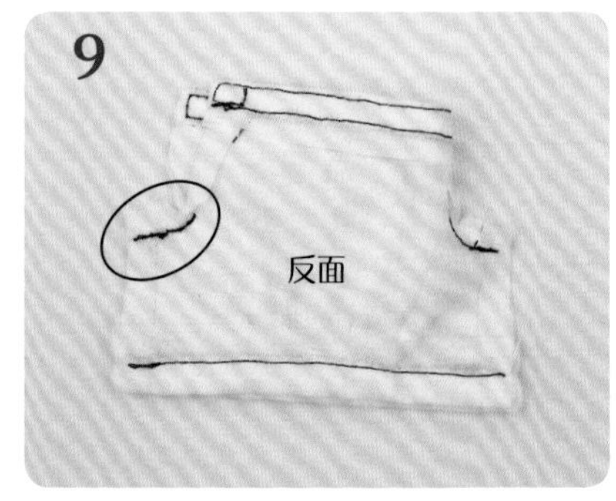
9
反面

左、右裤片正面相对，后上裆缝合至剪口为止。

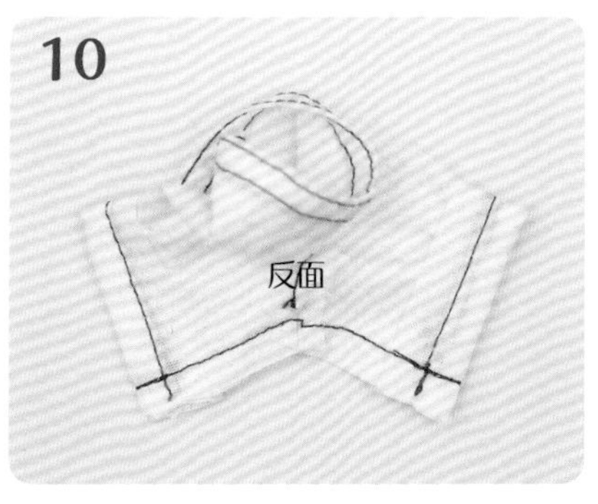
10
反面

将前、后裤片，正面相对缝合下裆线。

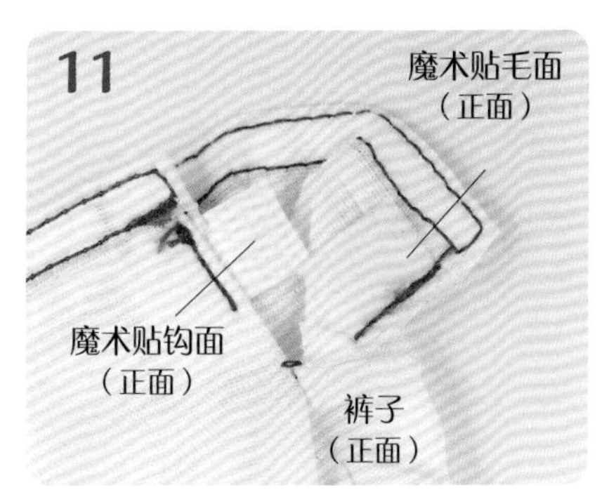
11
魔术贴毛面
（正面）
魔术贴钩面
（正面）
裤子
（正面）

如图所示缝合魔术贴，翻至正面，裤子制作完成。

制作袜子

制作方法同**水手服 · 男孩**“制作袜子”步骤**1~3**(参见 p.45）。

6

哥特式洛丽塔 — 女孩 —

照片 →p.9
纸样 →p.108

有丰富荷叶边和蕾丝的洛丽塔娃娃服。这次是采用纯黑色制作哥特式风格，如果改变布料的颜色、花纹也可以将服装变的可爱。因为服装上有很多碎褶和曲线，所以要用珠针仔细固定，或者预先用手缝假缝后再开始正式车缝。

连衣裙
背面
女式衬裤
背面
袜子

材料

连衣裙

- 平纹棉布…30cm×30cm
- 细棉布（领里布）…6cm×2cm
- 魔术贴……0.8cm×2.4cm
- 蕾丝（宽5mm）……30cm
- 珠子（直径1.5mm）…2粒
- 缎带（宽2mm）…30cm

女式衬裤

- 平纹棉布…17cm×6cm
- 魔术贴…0.8cm×1cm
- 松紧带（4筋）…15cm
- 蕾丝（宽5mm）……14cm

袜子

- 厚针织布…8cm×5cm

※为了更容易辨认，改变了蕾丝的颜色。

✿ 制作连衣裙

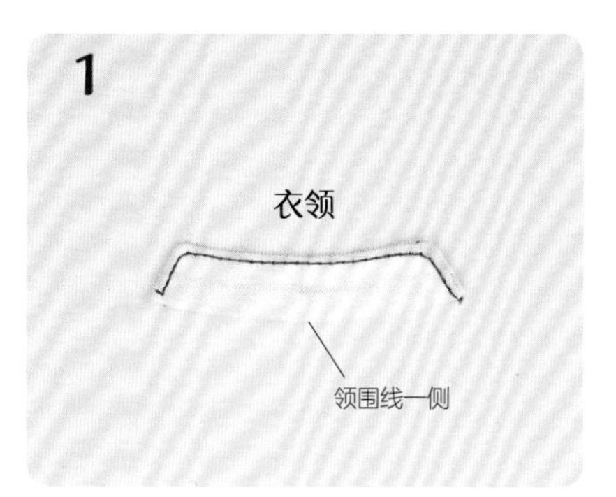
1
衣领
领围线一侧

制作衣领。制作方法同**哥特式洛丽塔・男孩**“制作衬衫”步骤**1**~**2**(参见 p.49)。

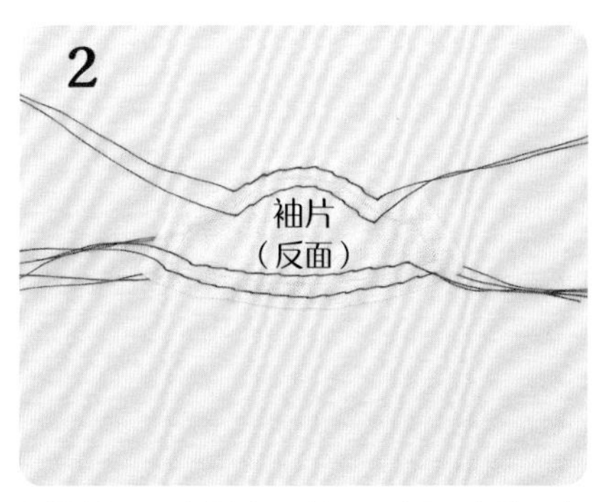
2
袖片
（反面）

制作袖子。在袖山和袖口一侧，车缝两条抽碎褶用缝线。

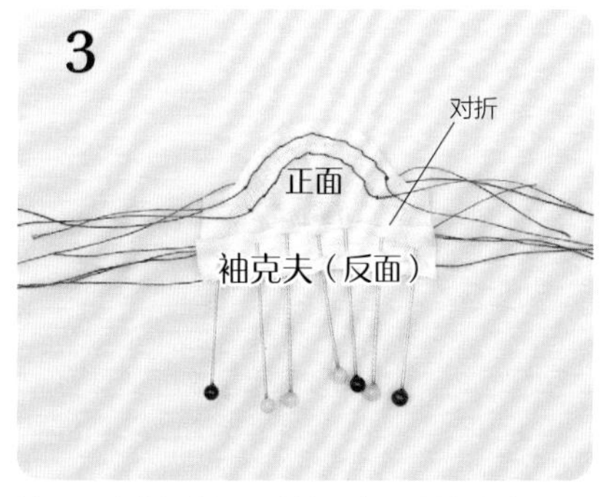
3
对折
正面
袖克夫（反面）

袖口一侧抽碎褶，并与对折的袖克夫正面相对，用珠针固定后缝合。

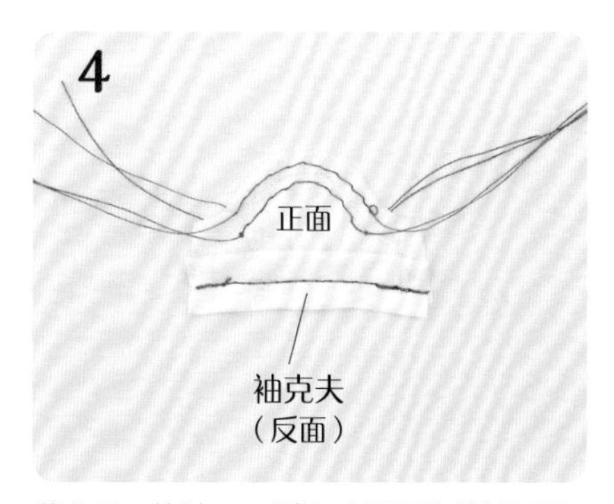
4
正面
袖克夫
（反面）

缝合后，将袖口一侧抽碎褶用的缝线拆除。

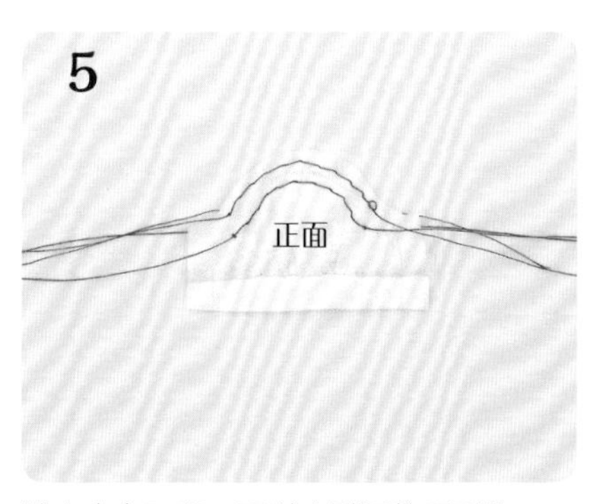
5
正面

袖克夫向下翻，用熨斗熨烫整理形状。

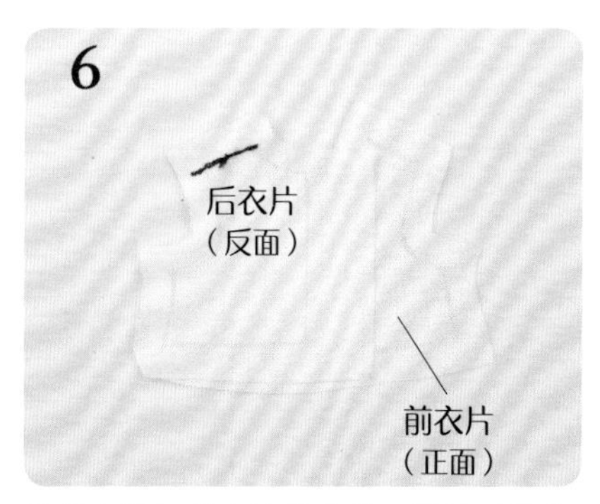
6
后衣片
（反面）
前衣片
（正面）

将前衣片与后衣片的肩线正面相对缝合，缝份分缝熨烫。左、右衣片同样缝合。

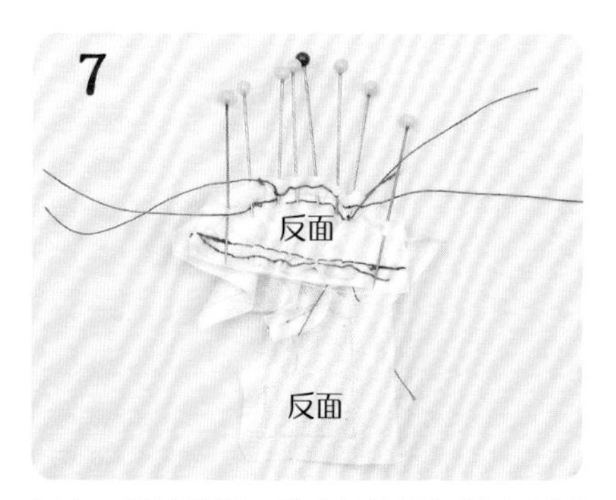
7
反面
反面

袖山一侧抽碎褶，将衣片袖窿与袖山正面相对，用珠针固定后缝合。缝合后将抽碎褶用缝线拆除。

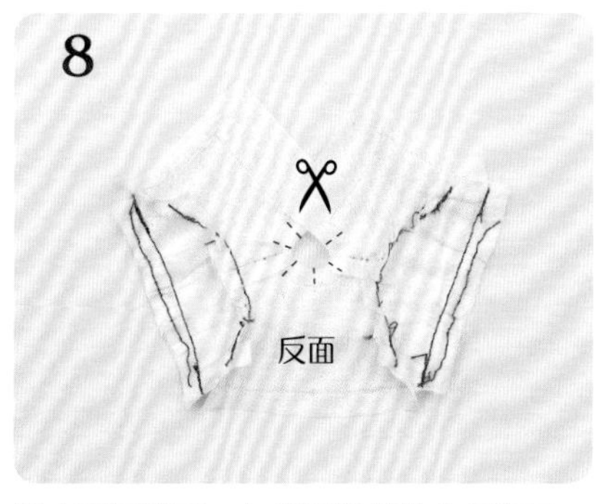
8
反面

缝合两只袖子。在领围线缝份上打剪口。

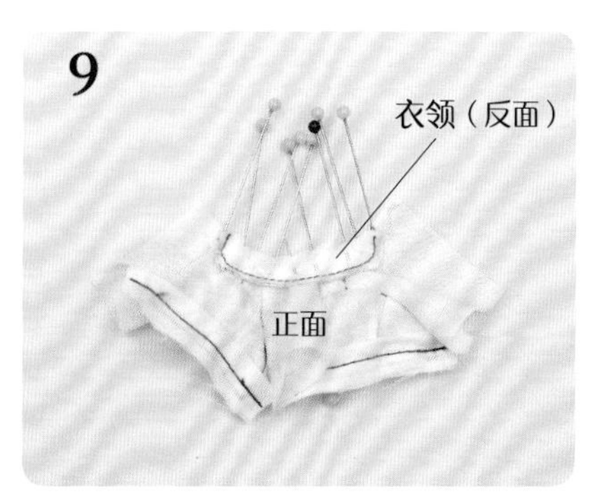
9
衣领（反面）
正面

装衣领。衣领与衣片正面相对，用珠针固定后缝合。

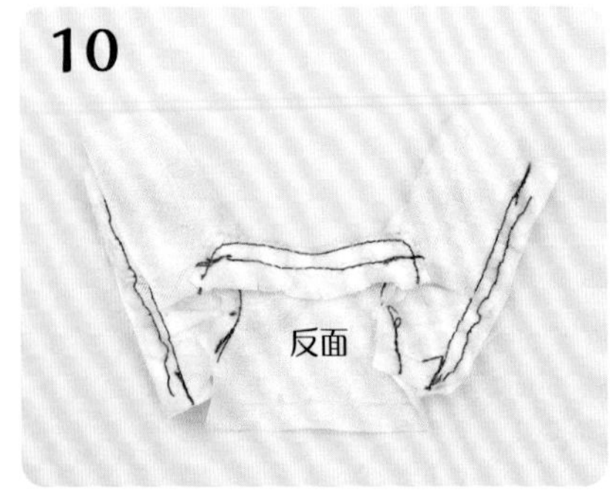
10
反面

缝合完成。

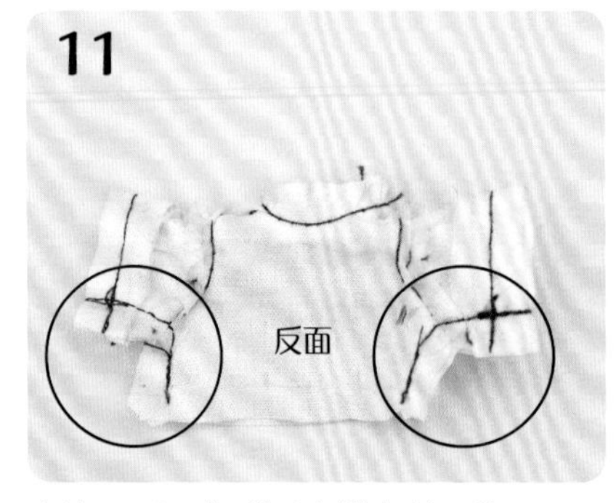
11
反面

衣片正面相对，缝合侧缝与袖下缝。

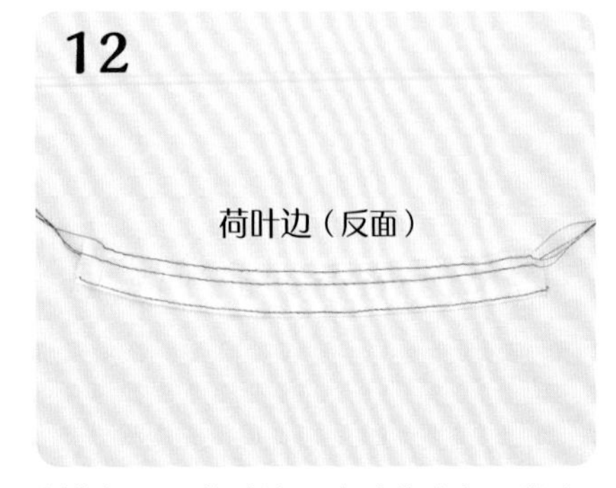
12
荷叶边（反面）

制作裙子。荷叶边沿完成线内折、缝合。荷叶边的上方车缝两道抽碎褶用缝线。

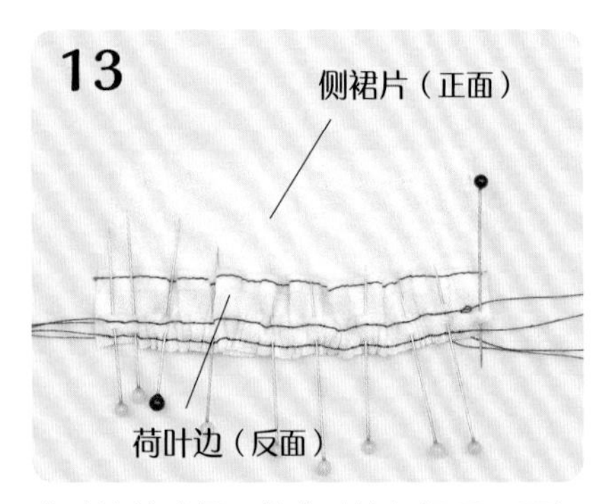
13
侧裙片（正面）
荷叶边（反面）

荷叶边抽碎褶。将荷叶边与裙子正面相对，用珠针固定后缝合。

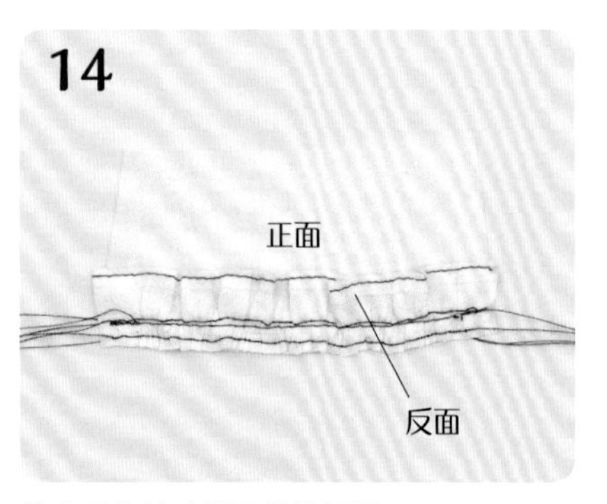
14
正面
反面

缝合后将抽碎褶用缝线拆除。

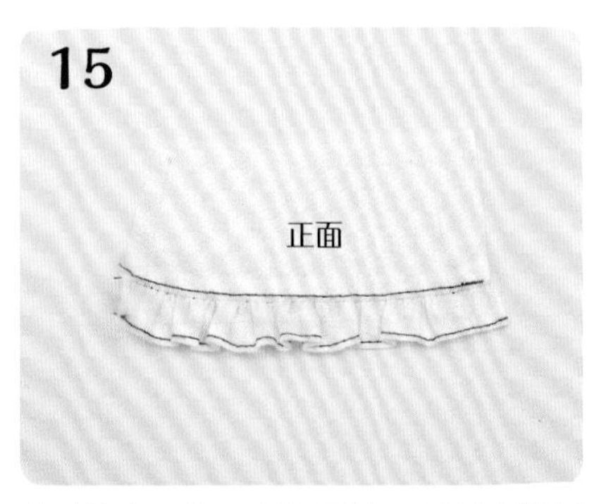
15
正面

荷叶边向下翻，在裙子的正面缉明线固定。左、右裙片同样缝制。

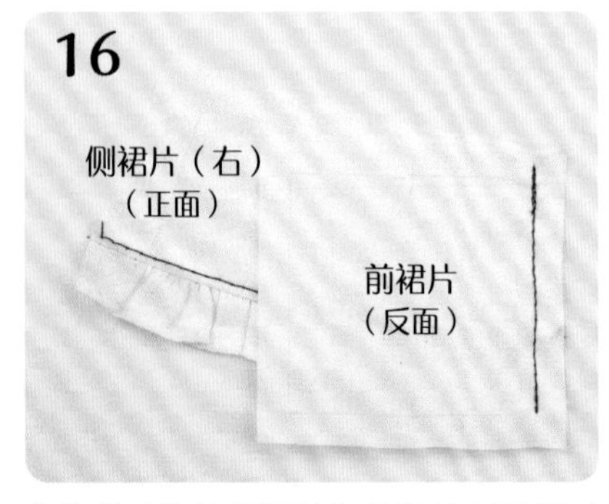
16
侧裙片（右）
（正面）
前裙片
（反面）

将带荷叶边的侧裙片与前裙片正面相对缝合。

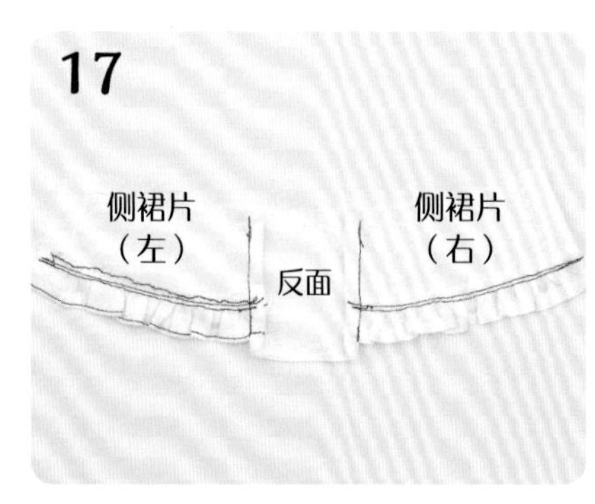
17
侧裙片
（左）
反面
侧裙片
（右）

左、右裙片同样对合后缝合。

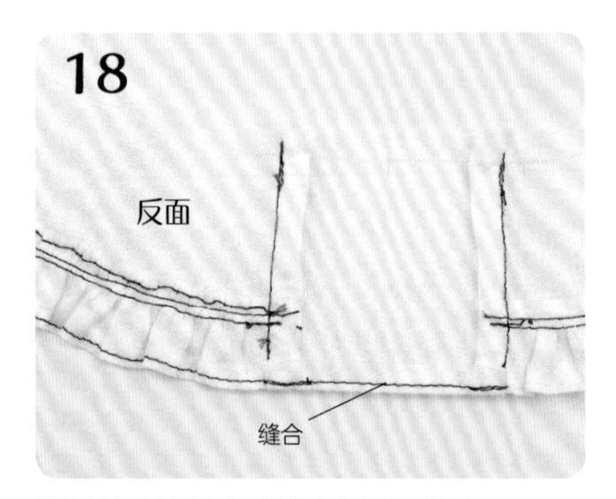
18
反面
缝合

前裙片底边沿完成线内折后，缝合。

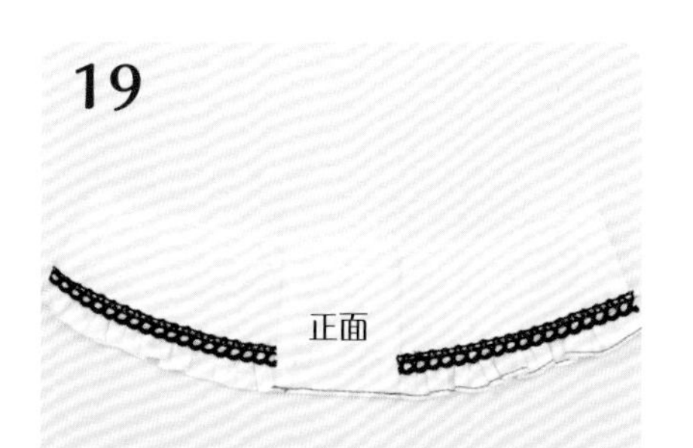
19
正面
在裙片与荷叶边交界处车缝蕾丝。

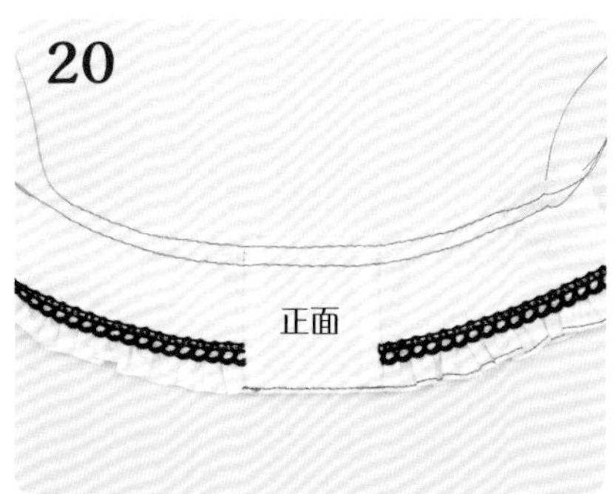
20
正面
在裙片上部车缝两条抽碎褶用缝线。

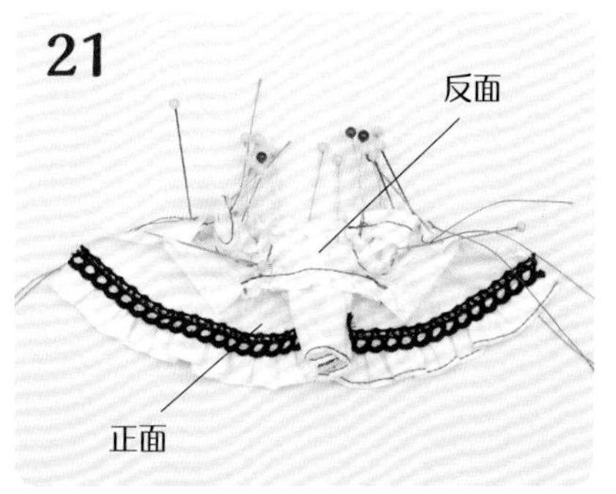
21
反面
正面
裙片上部抽碎褶，并与衣身正面相对用珠针固定，缝合。

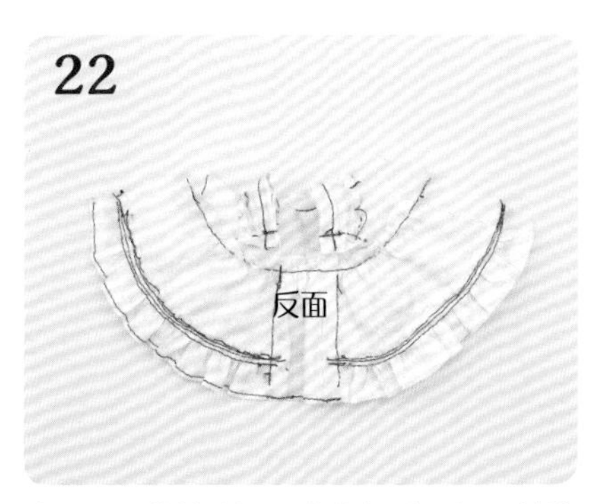
22
反面
缝合后，将抽碎褶用缝线拆除。裙子的缝份倒向衣身。

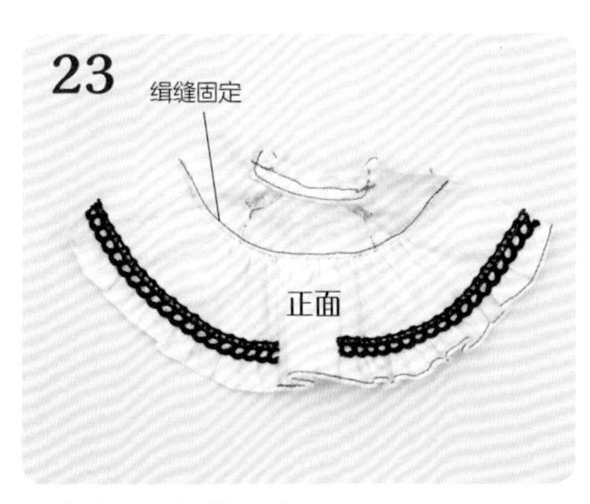
23
缉缝固定
正面
在衣身正面缉缝固定。

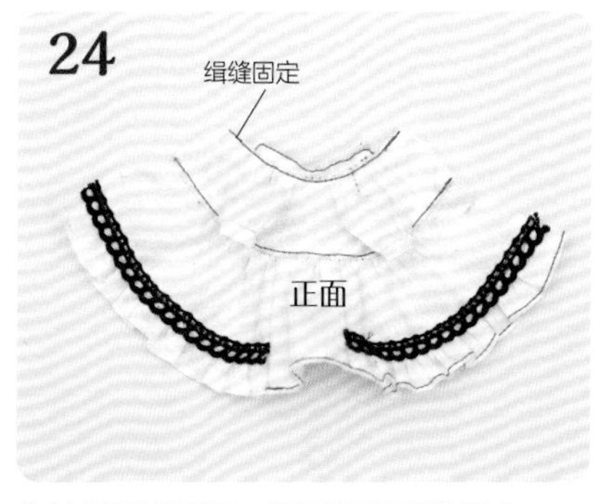
24
缉缝固定
正面
将袖子翻至正面。领围线缉明线固定。

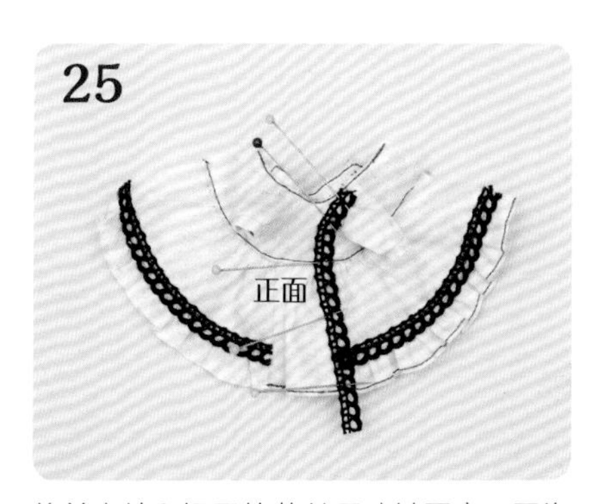
25
正面
将前衣片和裙子的蕾丝用珠针固定。因为是立体部位，所以不适合缝纫机缝合，改为手工缝制。

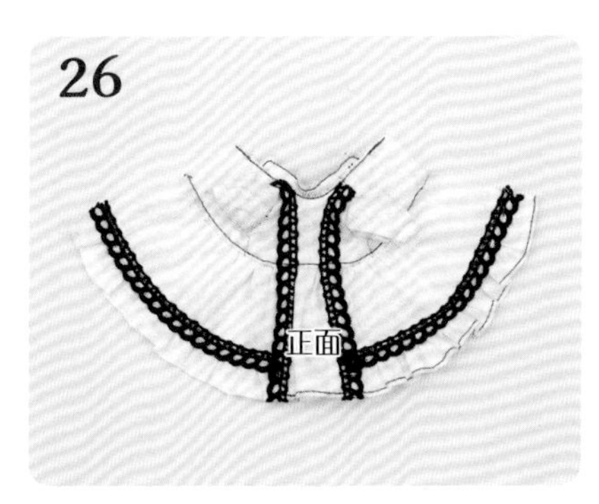
26
正面
左、右裙片同样缝制。

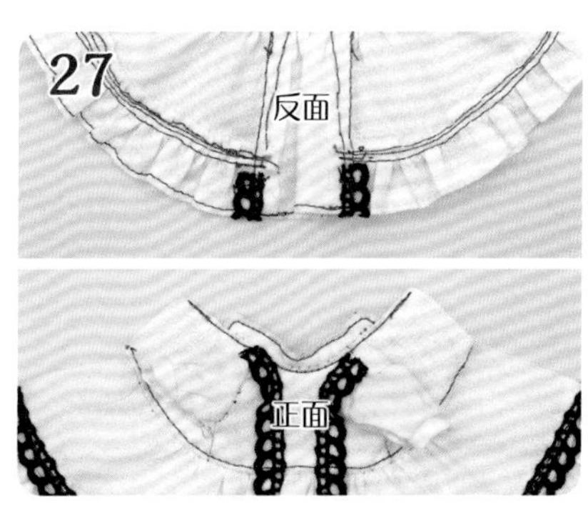
27
反面
正面
将底边剩余蕾丝内折，手缝固定。肩部的蕾丝，在前后肩缝的位置剪断。

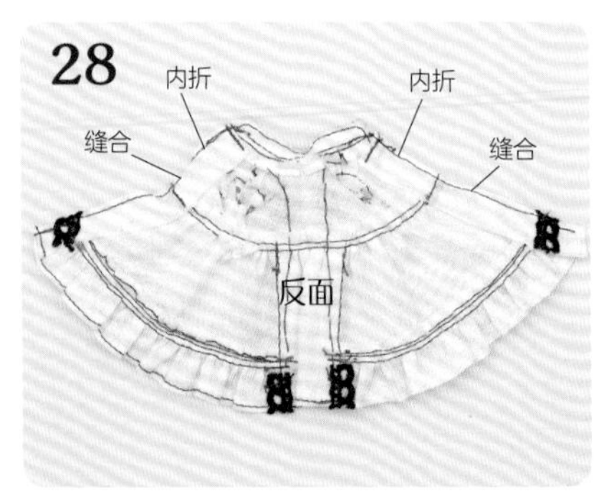
28
内折
内折
缝合
缝合
反面

后衣片的两端沿完成线内折，缝合。

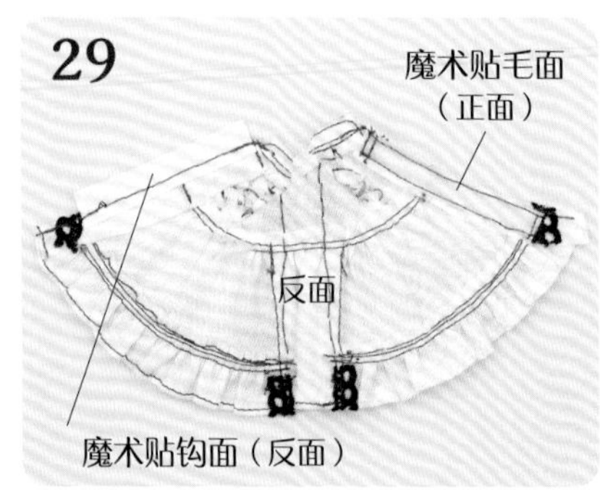
29
魔术贴毛面
（正面）
反面
魔术贴钩面（反面）

如图所示缝合魔术贴。

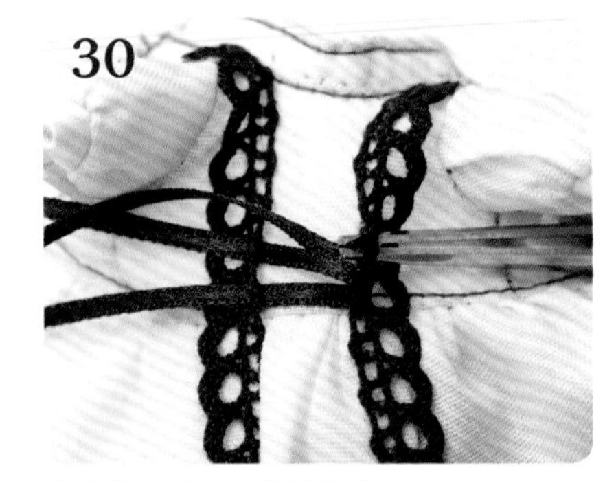
30

将缎带穿过前衣片蕾丝的孔。

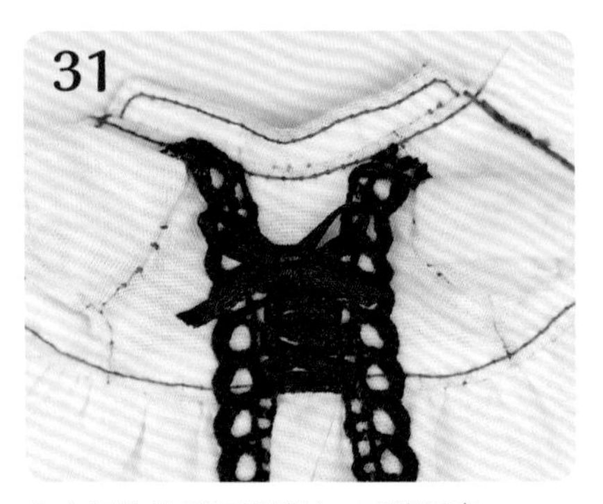
31

在合适的位置打蝴蝶结，手缝固定。

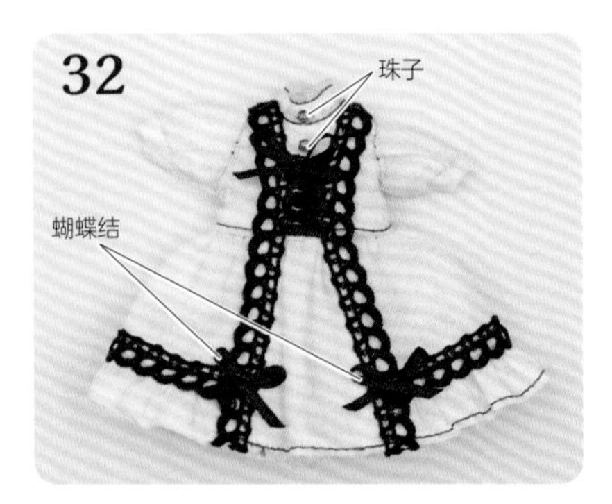
32
珠子
蝴蝶结

底边上用缎带打蝴蝶结，前衣片钉缝珠子，连衣裙制作完成。

要点 如何让服装造型看起来更好？

腰围比较纤细是黏土人的体型特点。为了让这件连衣裙看起来有腰身，可以在蕾丝的位置上下功夫。将前身蕾丝在腰部的缝合位置更靠近前中心线，使中心距离较窄，蕾丝呈 X 字型，给人以腰身纤细的感觉。

制作女式衬裤

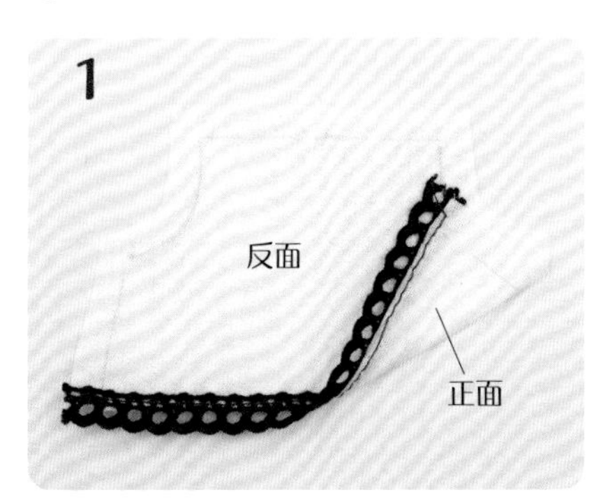
1
反面
正面

在裤口处缉缝蕾丝。

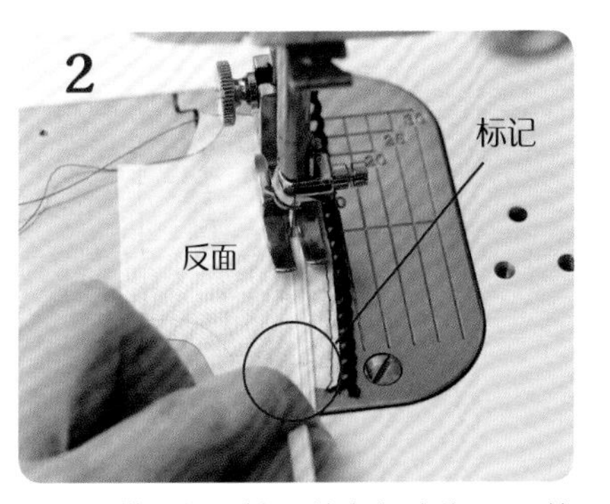
2
标记
反面

装松紧带。从开始之处在长度为 4cm 的位置做标记，将标记与完成线相合，一边拉松紧带一边缝合。

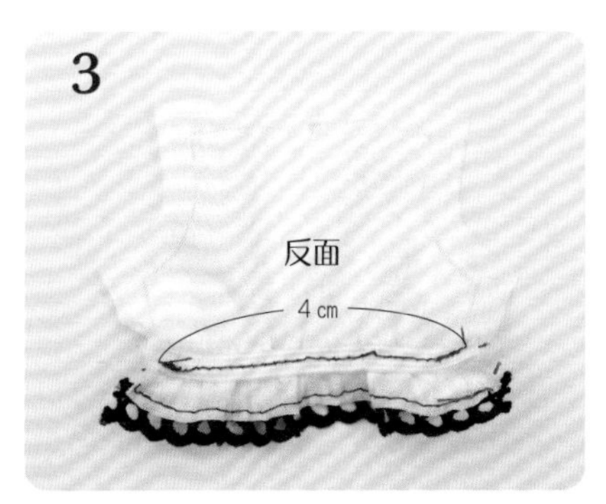
3
反面
4 cm

缝合完成。左、右裤片同样缝制。

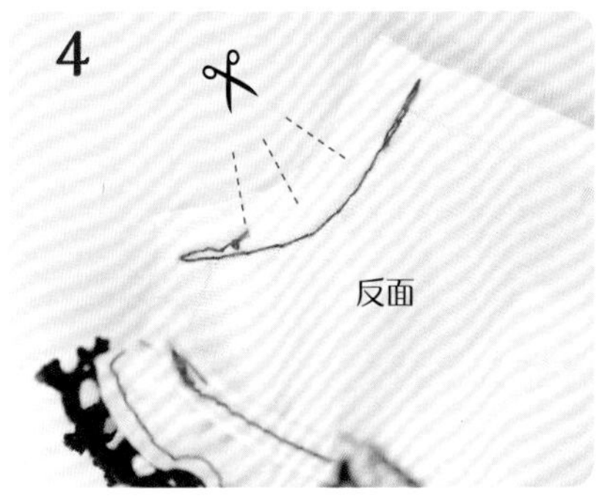
4
反面

将左、右裤片正面相对，缝合上裆缝。在上裆缝份上打剪口。

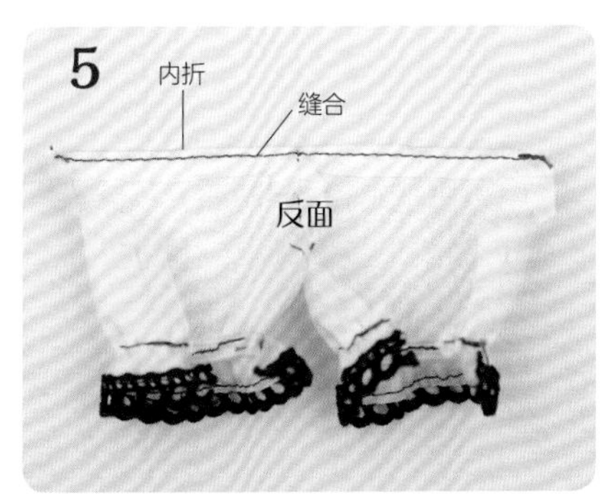
5
内折
缝合
反面

将步骤 **4** 缝合的裤片打开，腰围线沿完成线内折，缝合。

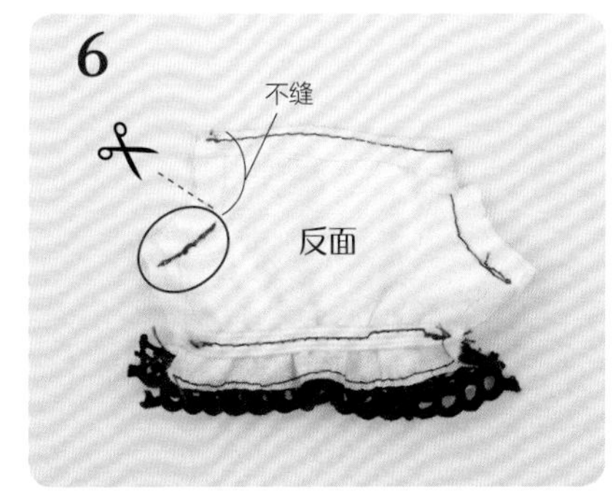
6
不缝
反面

将两裤片正面相对，缝合另一侧上裆缝。此时在缝合魔术贴位置留出 1cm 不缝。打剪口。

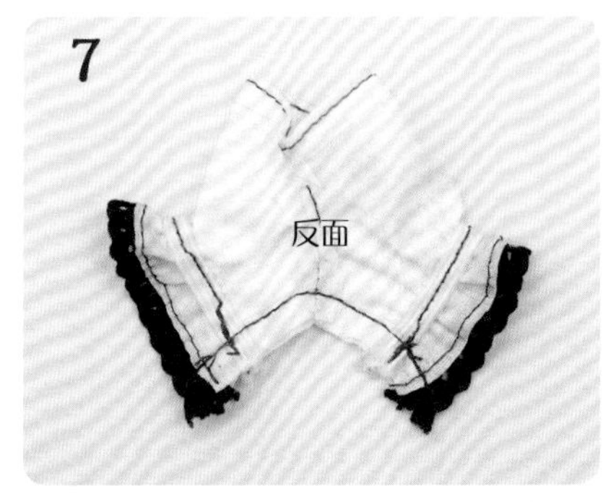
7
反面

将步骤 **6** 缝合的裤片打开，正面相对缝合下裆缝。

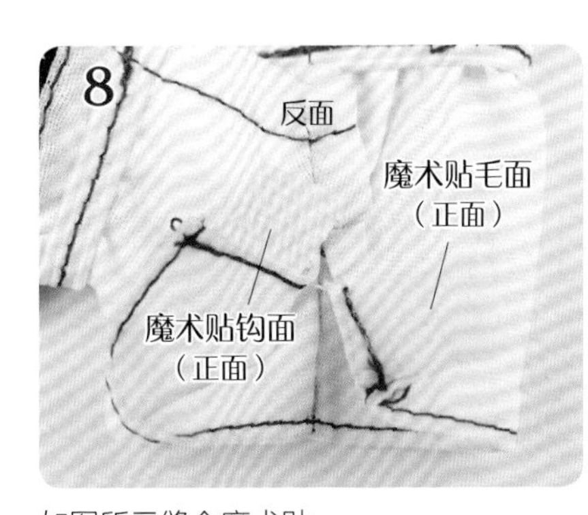
8
反面
魔术贴毛面
（正面）
魔术贴钩面
（正面）

如图所示缝合魔术贴。

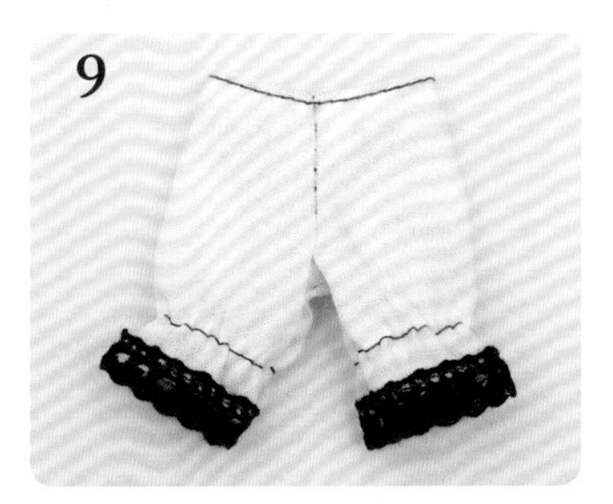
9

翻至正面，女式衬裤制作完成。

制作袜子

制作方法同**水手服 · 男孩**“制作袜子”步骤 **1~3**（参见 p.45）。

巫女

照片 →p.10
纸样 →p.110

白色上衣、红色褶裥裙是传统派巫女风格。由于和服的直线缝很多，所以推荐给初学者。应用手缝的部位也很多，请慢慢地仔细制作。裙子的褶裥，按照纸样进行折叠。

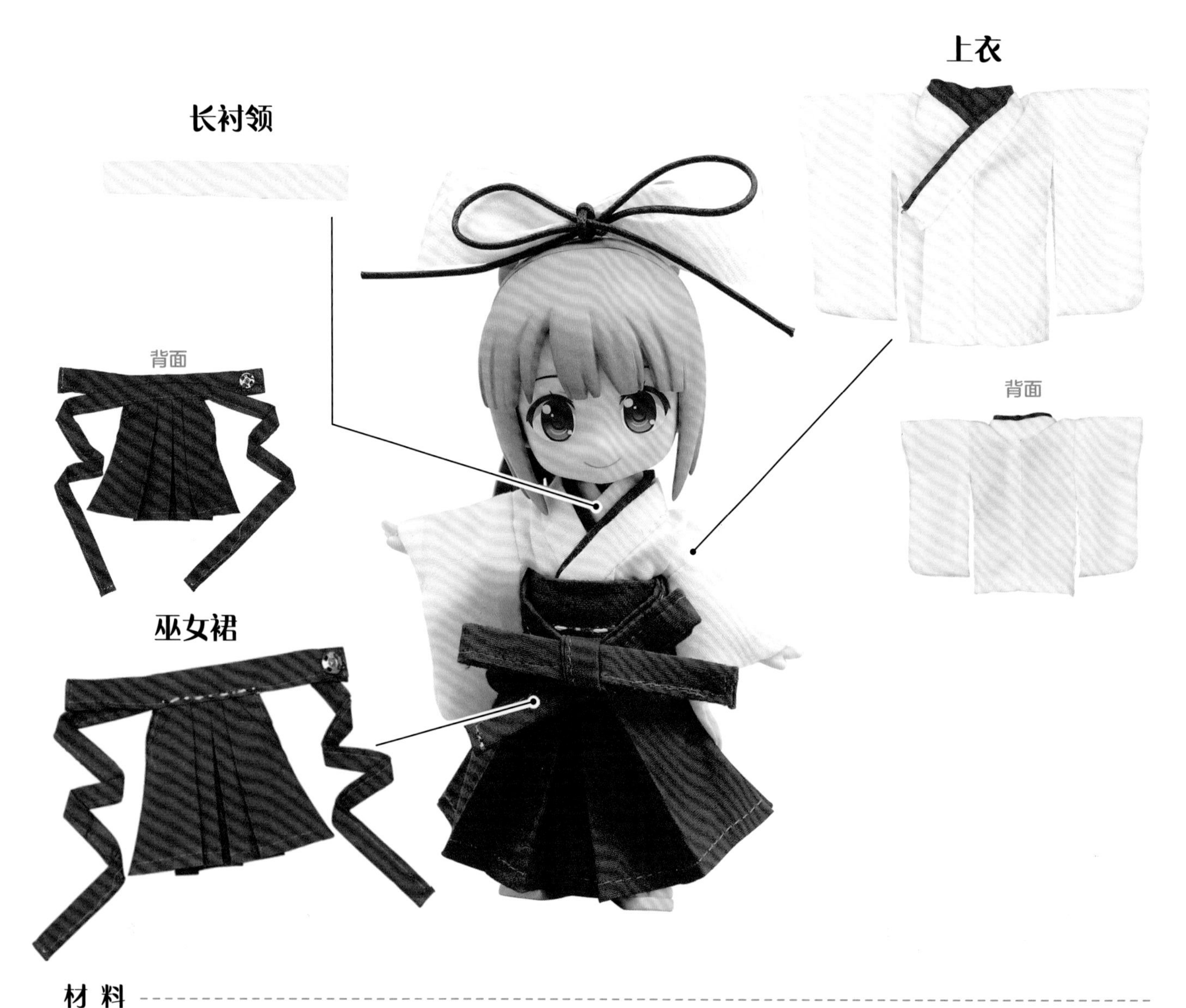

上衣
长衬领
背面
背面
巫女裙

材料

上衣

- 平纹棉布…25cm × 20cm
- 平纹布（红色衬领）…15cm × 2cm

长衬领

- 平纹棉布…8cm × 2.5cm

巫女裙

- 平纹布…34cm × 20cm
- 刺绣线（白色）…适量
- 按扣（直径5mm）…1组

制作上衣、长衬领

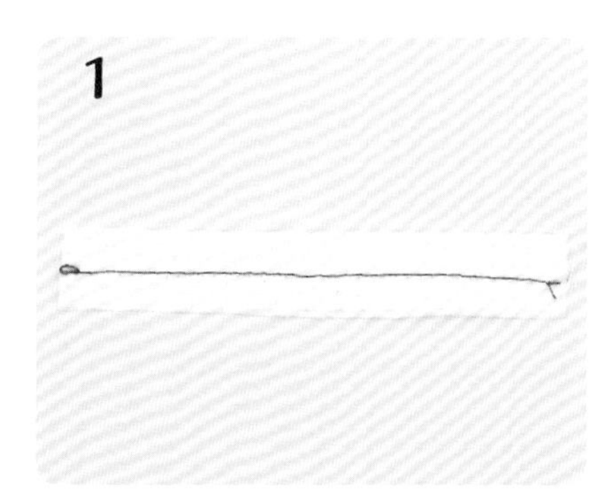
1

制作长衬领。将布料对折后在中间车缝。缝制在上衣上的，红色衬领也同样缝制。

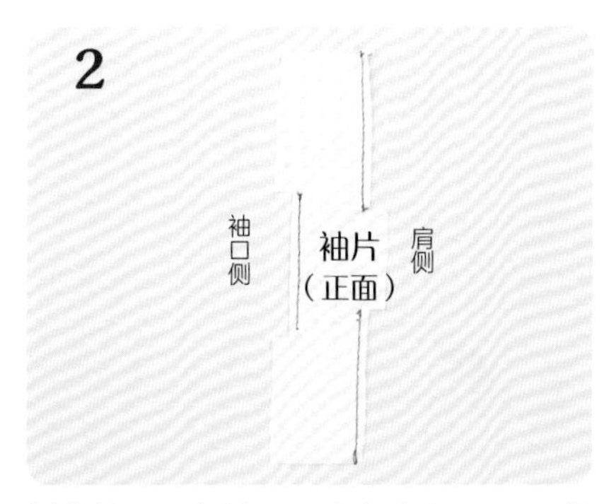
2
袖口侧
袖片
（正面）
肩侧

制作袖子。在袖口和肩部各打0.5cm的剪口。向内折叠，缝合。左右对称，另一侧袖子同样缝制。

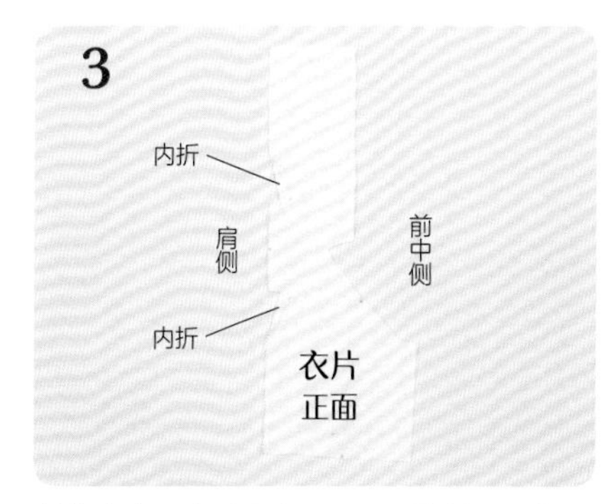
3
内折
肩侧
前中侧
内折
衣片
正面

制作衣身。在肩部打0.5cm的剪口，如图所示斜着向内折叠，用布用黏合剂固定。左右衣片对称，另一侧衣片同样缝制。

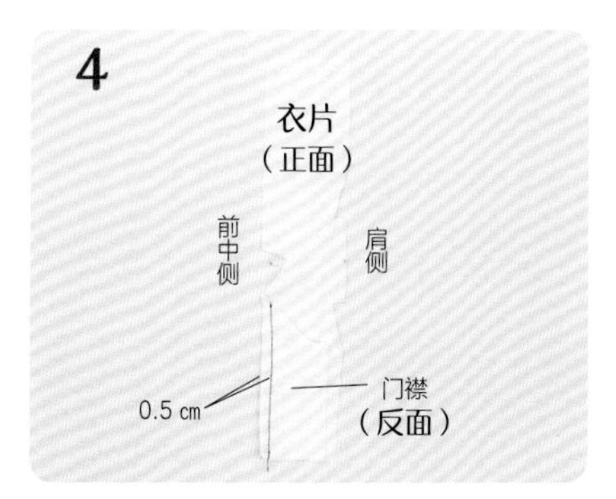
4
衣片
（正面）
前中侧
肩侧
0.5 cm
门襟
（反面）

制作衣身门襟。按照纸样上指定的折线向正面折叠，在距折线0.5cm处缝合。

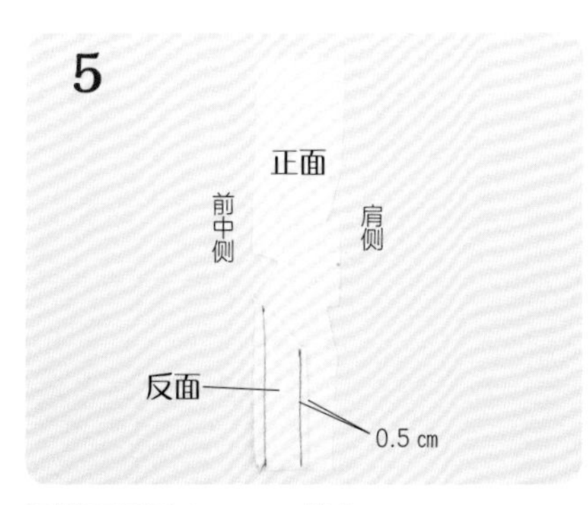
5
正面
前中侧
肩侧
反面
0.5 cm

门襟再折叠0.5cm，缝合。

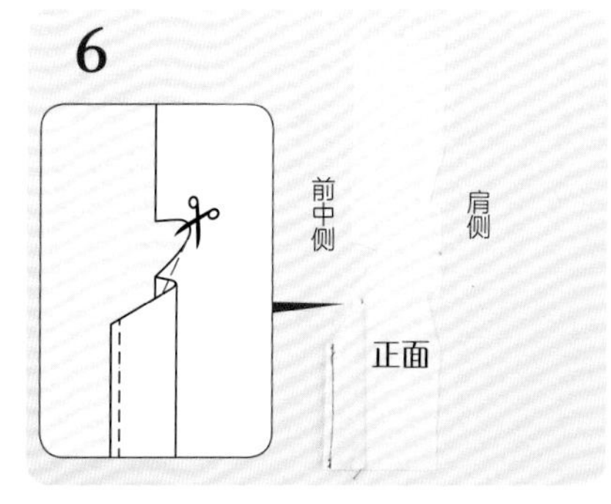
6
前中侧
肩侧
正面

将步骤**4**折叠处向另一侧倒，用熨斗压烫。斜着将领口上部剪掉。左右衣片对称，另一侧衣片的门襟同样缝制。

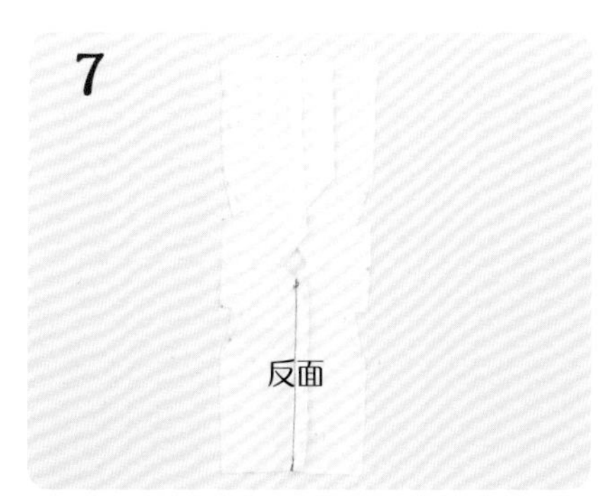
7
反面

将左、右衣片正面相对，缝合后中线，缝份倒向一侧。

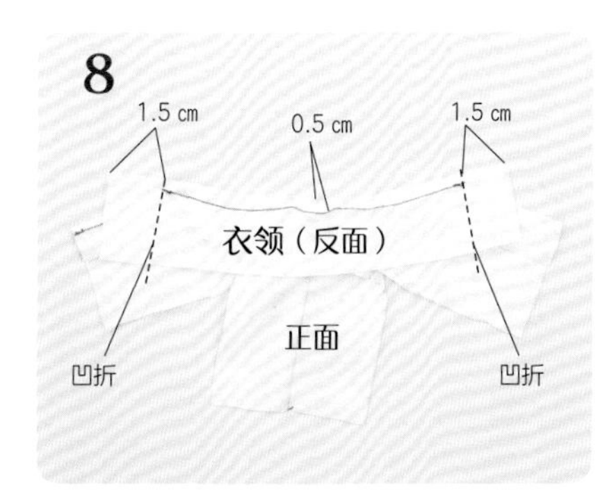
8
1.5 cm
0.5 cm
1.5 cm
衣领（反面）
正面
凹折
凹折

将衣领与衣片正面相对，用珠针固定，在领围线向内0.5cm处缝合。两端预留1.5cm不缝，向内折叠。

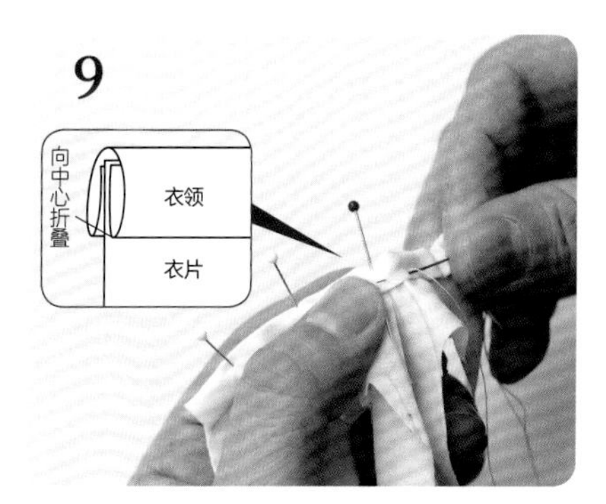
9
向中心折叠
衣领
衣片

将衣领包住衣片领围线，遮住衣身的门襟部分。将缝份向内折叠，用珠针固定，手工缝合。

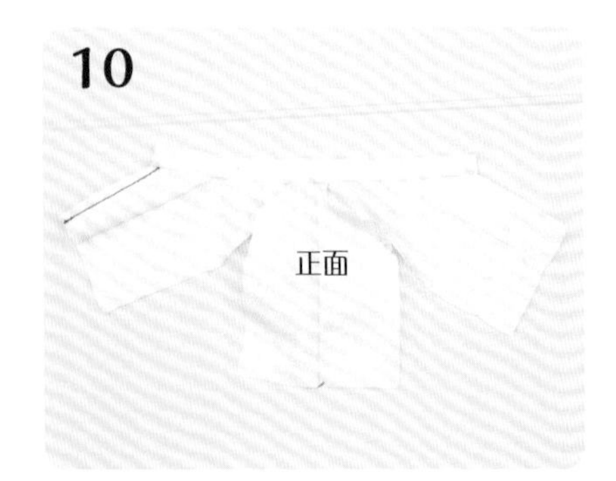
10
正面

缝制完成。

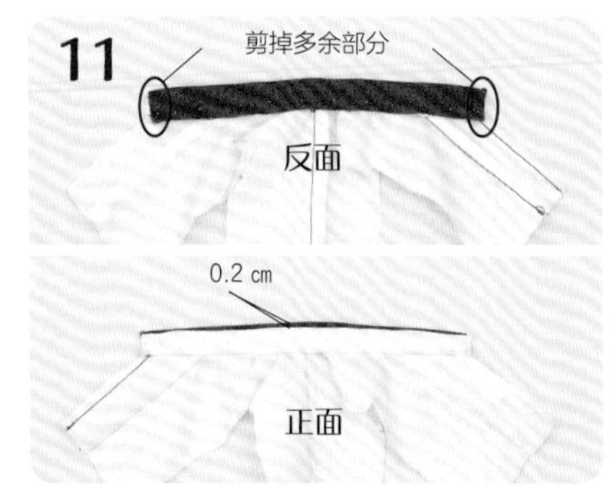
11
剪掉多余部分
反面
0.2 cm
正面

将步骤 **1** 制作的红色衬领与衣身手缝缝合，缝制过程中正面不要露出缝线。将两端多余部分剪掉。从正面看红色衬领能看到 0.2cm。

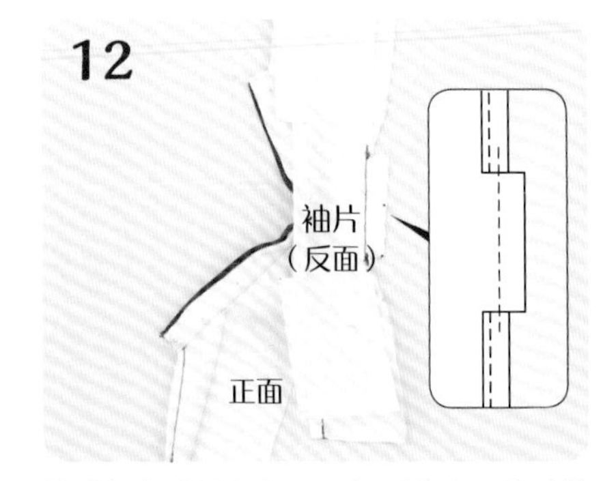
12
袖片
（反面）
正面

袖片与衣片的肩部正面相对缝合。此时将步骤 **2** 完成的缝线向内 0.1cm 处缝合。

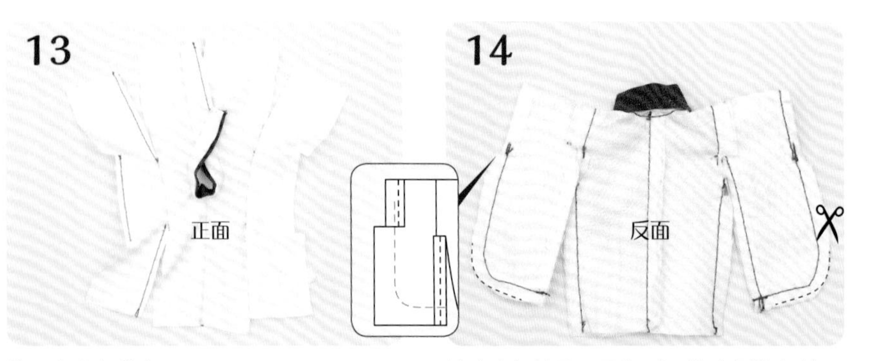
13
正面
14
反面

将两个肩部缝合。

将衣身与袖子正面相对，缝合侧缝与袖下缝。此时在步骤 **2** 向内 0.1cm 处缝合。修剪袖子缝份。

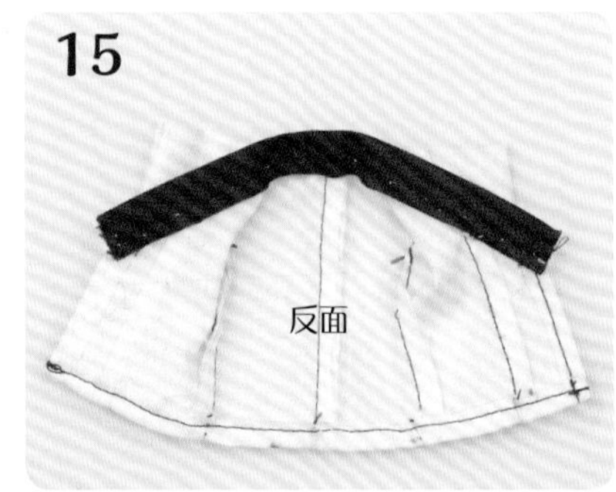
15
反面

翻至正面，绢缝上衣底边，上衣制作完成。

✿ 制作巫女裙

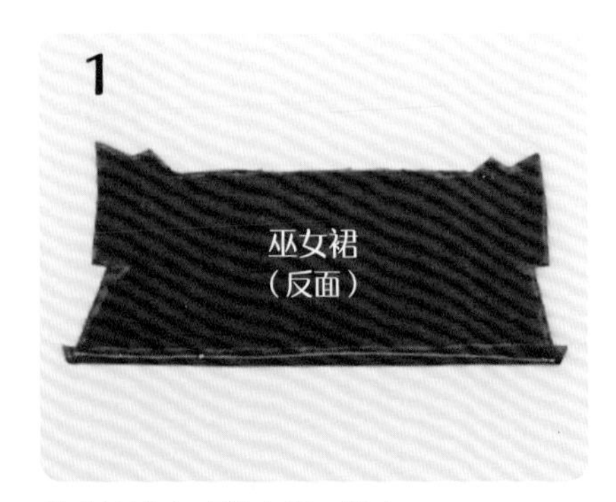
1
巫女裙
（反面）

将底边沿完成线内折、缝合。

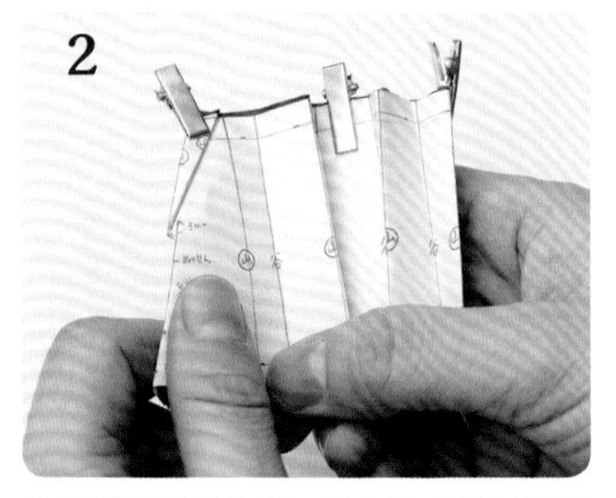
2

将纸样复制后剪下，用夹子或珠针等固定在裁好的布料上。用熨斗按指定折痕熨烫。

3
右边在上
正面

熨烫完成。将左右两边的一端最先向内折叠，整体就会很好折叠。中心以右边在上的方式重叠。

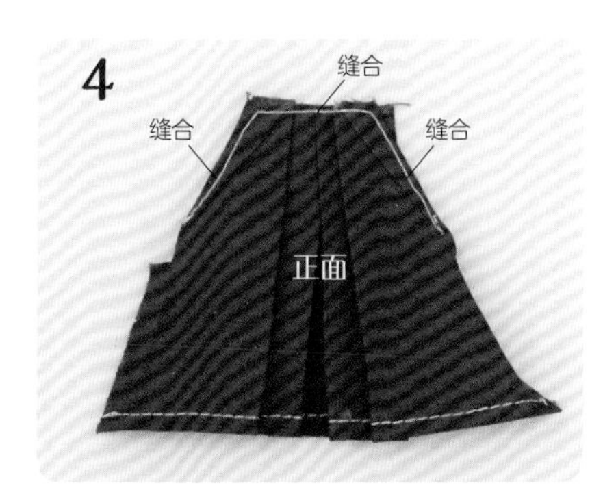
4
缝合
缝合
缝合
正面

裙片两侧扣上部车缝固定。

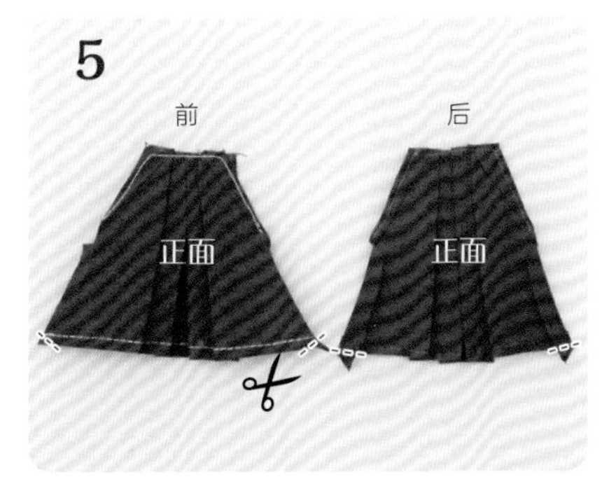
5
前
后
正面
正面

前后两裙片的制作方法一样。折叠褶裥时，将底边两端露出来的部分修剪整齐。

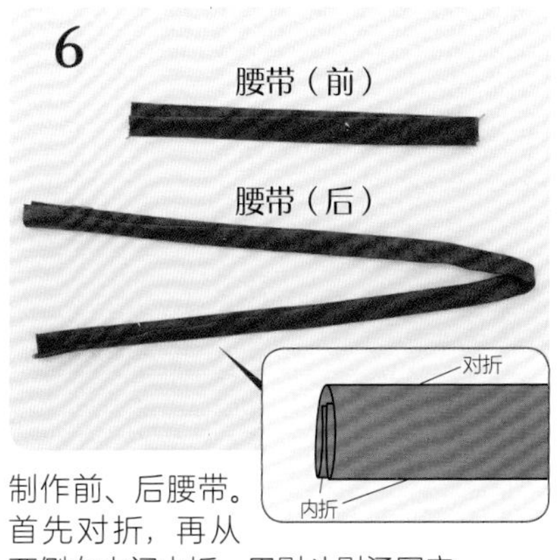
6
腰带（前）
腰带（后）
对折
内折

制作前、后腰带。首先对折，再从两侧向中间内折。用熨斗熨烫固定。

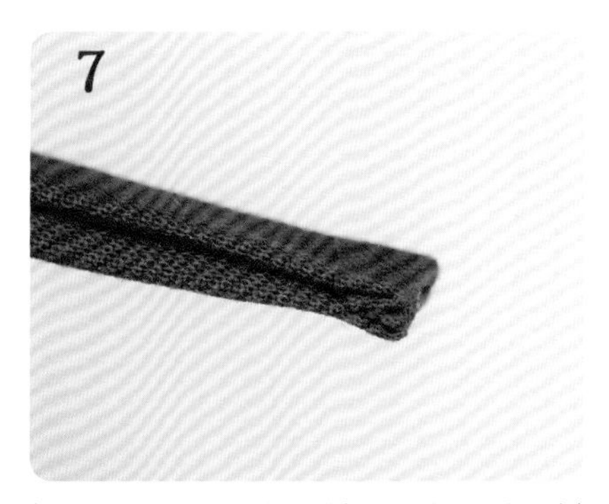
7

如图所示折叠腰带两端。用布用黏合剂固定。

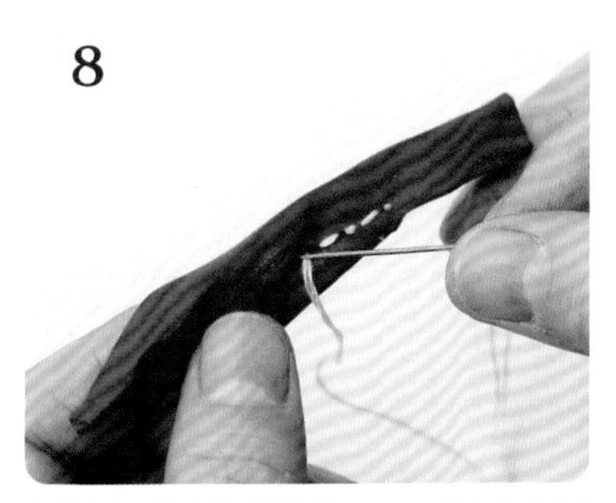
8

在前侧腰带上加装饰线。用6根白色刺绣线，在正面手缝明线。

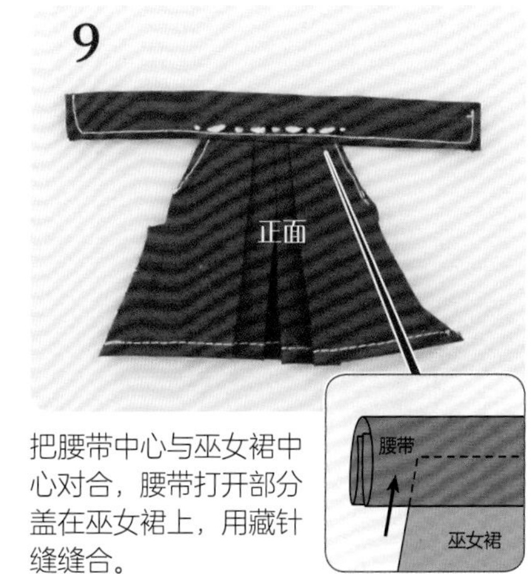
9
正面
腰带
巫女裙

把腰带中心与巫女裙中心对合，腰带打开部分盖在巫女裙上，用藏针缝缝合。

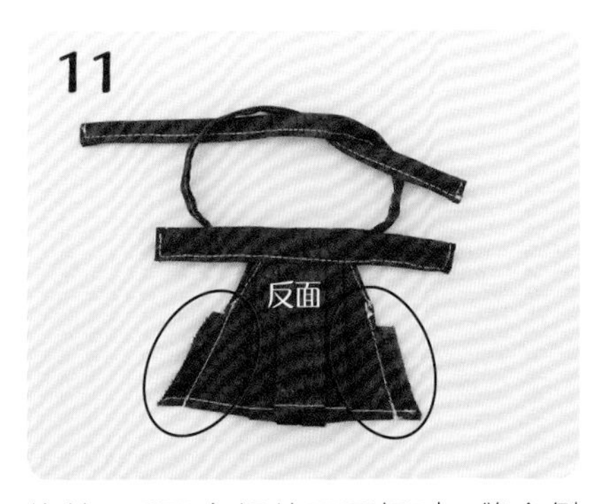
11
反面

后裙片的腰带与巫女裙以同样方法缝制。

将前、后巫女裙片正面相对，缝合侧缝。如图所示，在步骤4缝合的位置向内0.1cm处开始缝合。

12
正面

翻至正面，前腰带如图所示手缝按扣。巫女裙制作完成。

8

和服 — 男孩 —

照片 → p.10
纸样 → p.114

这是一款便装和服。和服选择布料时最好能平衡和服图案与腰带图案的比例关系。无论哪种，都不推荐没有厚度的薄布料。通常情况下，男款和服是不使用长衬领的，但是为了达到更好的摄影效果，加入了长衬领。腰带的结与后中线稍微错开一些，就更有和服的感觉了。

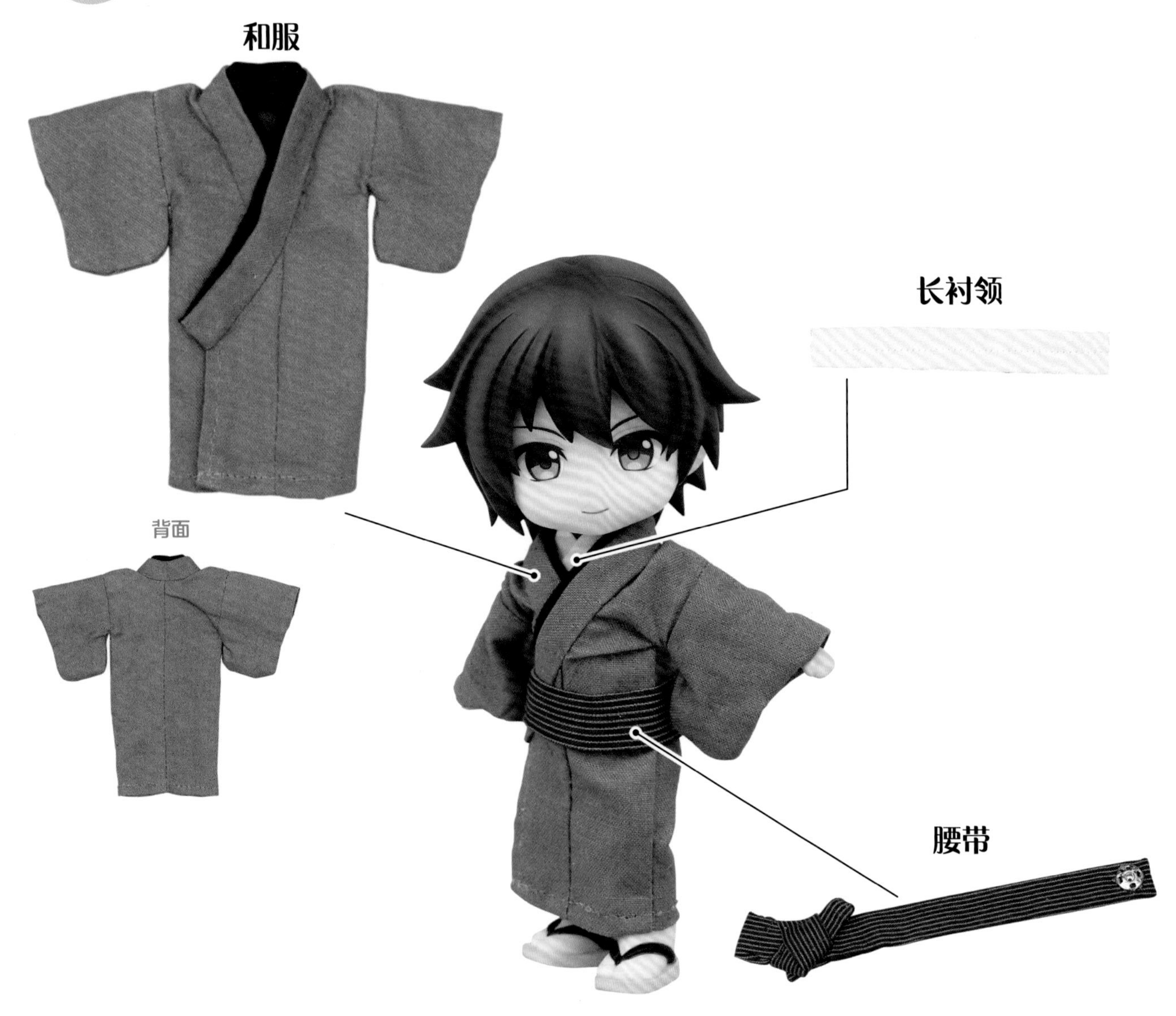
和服
背面
长衬领
腰带

材料

和服
- 平纹布（和服用）…30cm × 20cm
- 平纹布（黑色衬领）…16cm × 2cm

长衬领
- 平纹棉布…8cm × 2.5cm

腰带
- 平纹棉布…15cm × 10cm
- 按扣（直径5mm）…1组

★ 穿衣用裹腹带
- 毛毡布…8cm × 2cm

制作和服、长衬领

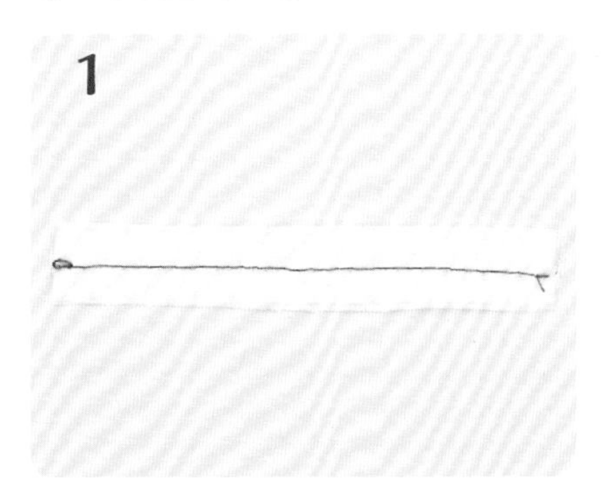
1

长衬领和黑色衬领的制作方法同**巫女**“制作上衣、长衬领”步骤 **1**(参见 p.61)。

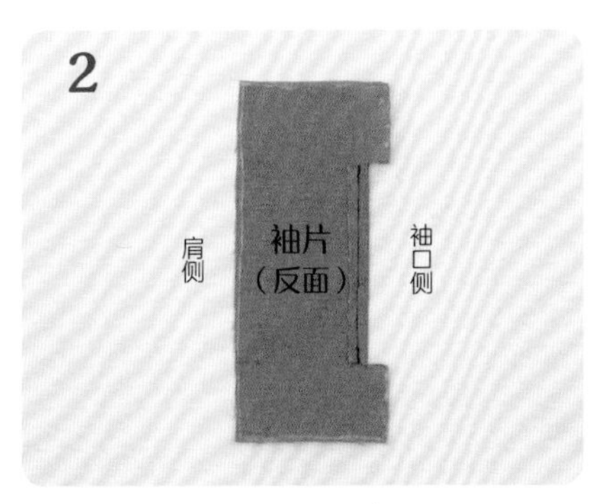
2
肩侧
袖片
（反面）
袖口侧

制作袖口。在袖口侧的指定位置打 0.5cm 剪口，剪口向内折叠缝合。左、右袖片对称，另一侧袖子同样缝制。

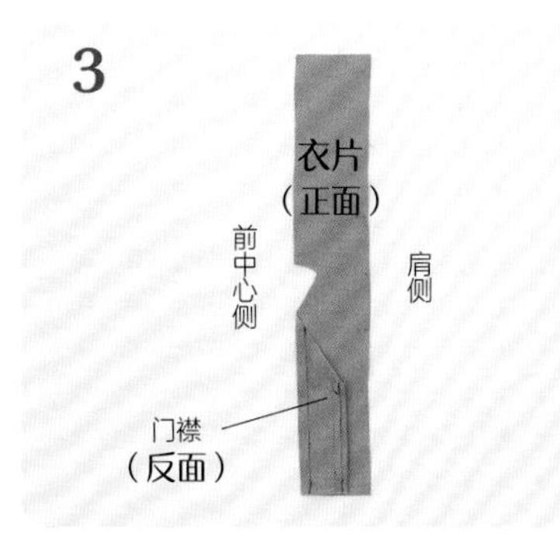
3
衣片
（正面）
前中心侧
肩侧
门襟
（反面）

制作衣身门襟。制作方法同**巫女**“制作上衣”步骤 **4~6**(参见 p.61)。左右衣片对称，以同样方法制作另一侧衣片。

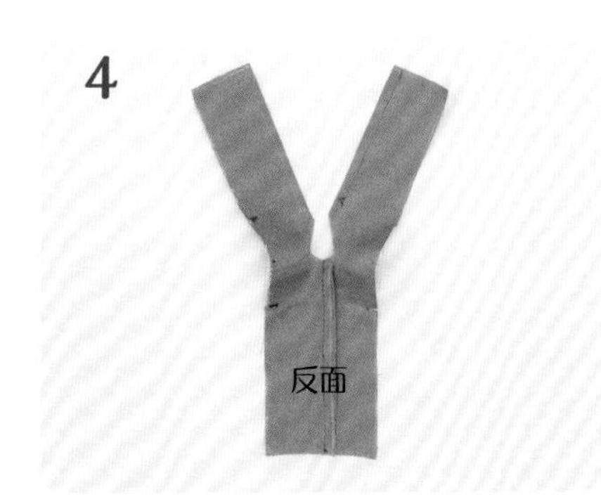
4
反面

左、右衣片正面相对，缝合后中心线。

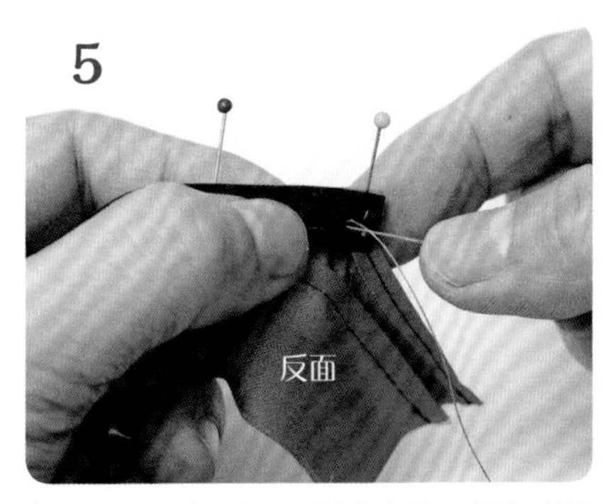
5
反面

装衣领、黑色衬领。制作方法同**巫女**“制作上衣”步骤 **8~11**(参见 p.61、p.62)。

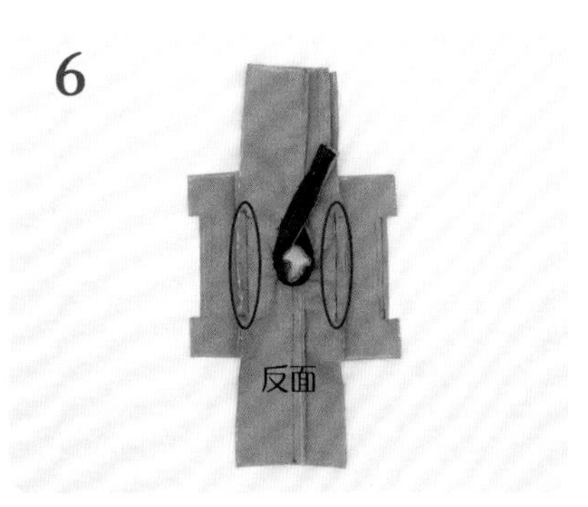
6
反面

衣身与袖片正面相对，缝合左、右两边肩缝。

7
反面

衣身和袖子正面相对，缝合侧缝。

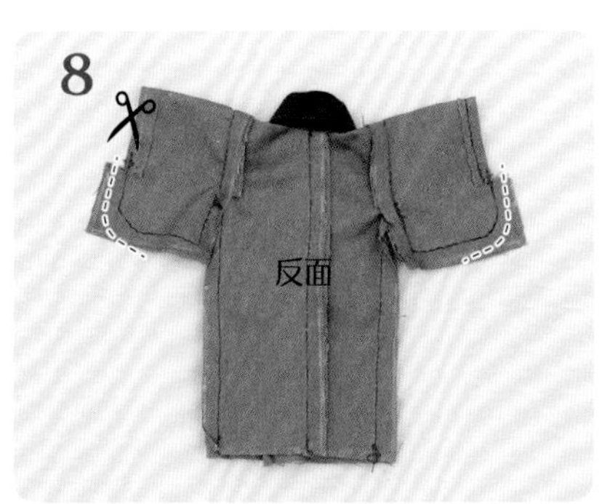
8
反面

缝合袖子。缝份修剪成圆弧形。在步骤 **2** 缝合的位置向内 0.1cm 处缝合(与**巫女**“制作上衣”步骤 **14** 相同。男款和服一直缝合到侧缝)。

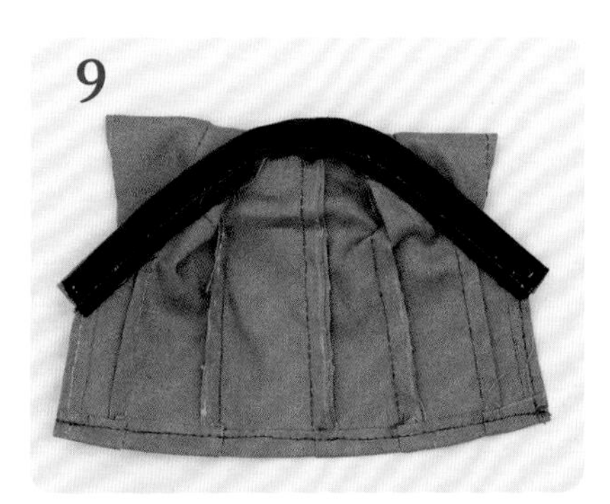
9

翻至正面，底边沿完成线内折缝合，和服制作完成。

✿ 制作腰带

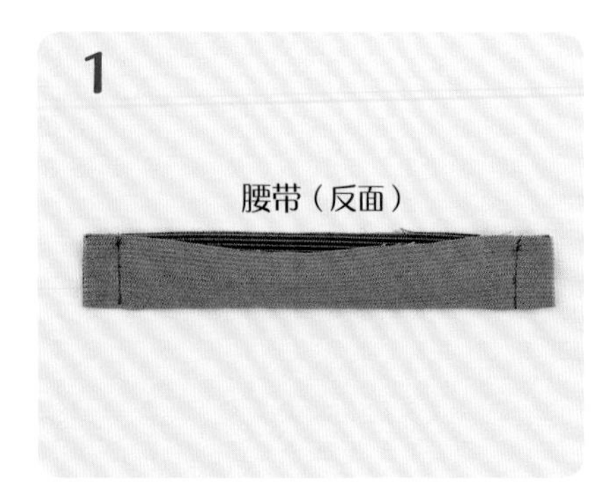
1
腰带（反面）

将布料对折，腰带两端用缝纫机缝合。

2

翻至正面，再将腰带两侧向内对折。用熨斗按压熨烫。

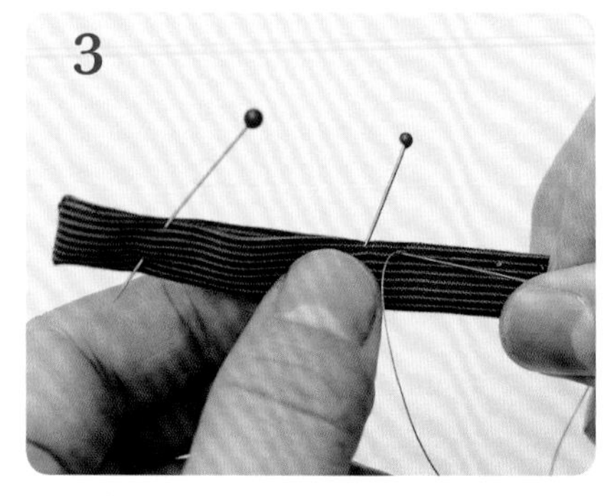
3

开口处用珠针固定，然后手工缲缝固定。

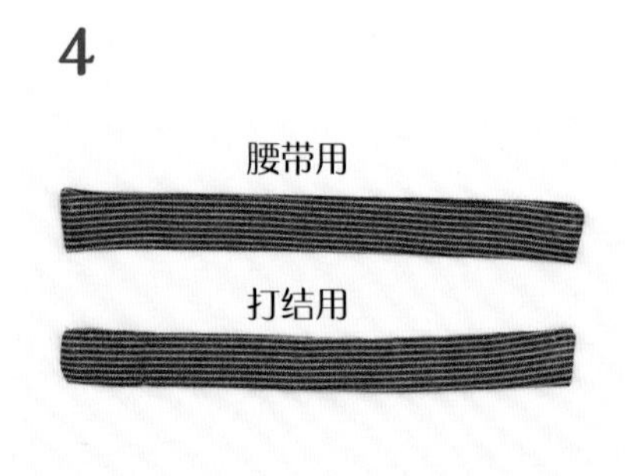
4
腰带用
打结用

同时制作两根腰带。一根是打结用，另一根是腰带用。

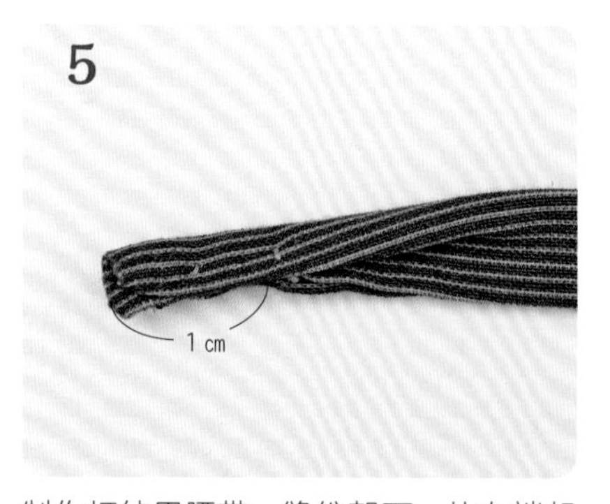
5
1 cm

制作打结用腰带。缝份朝下，从左端起1cm处对折，手缝固定。

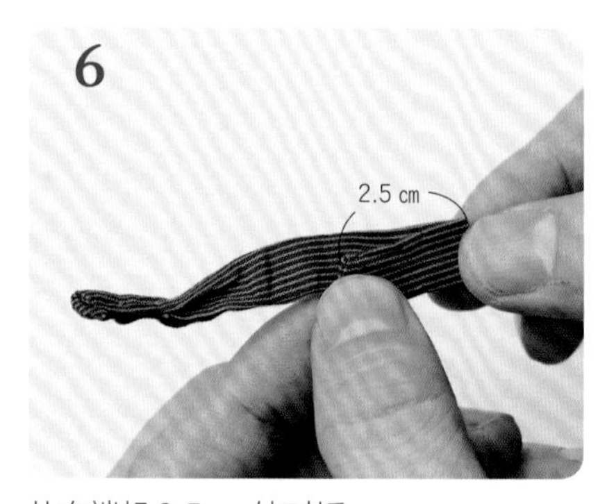
6
2.5 cm

从右端起2.5cm处对折。

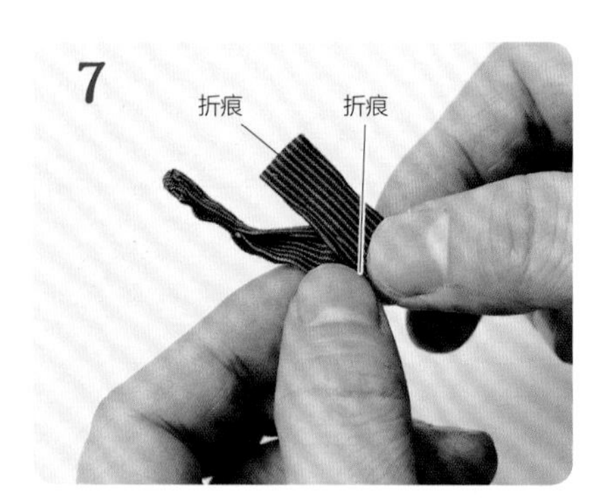
7
折痕
折痕

斜着向上折叠。

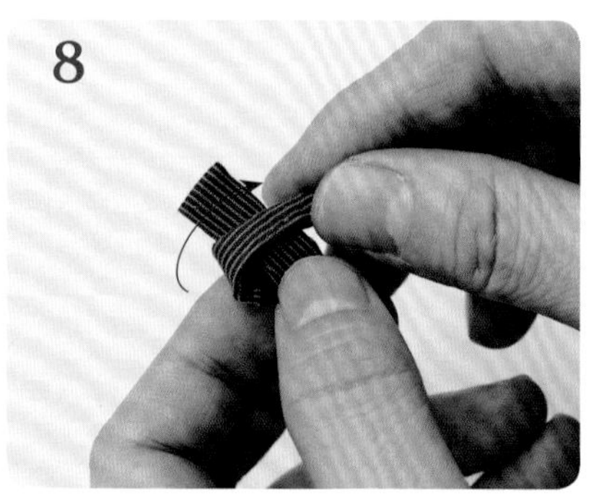
8

将左端盖在上面。为了防止折叠时移动，可以用大拇指按住。

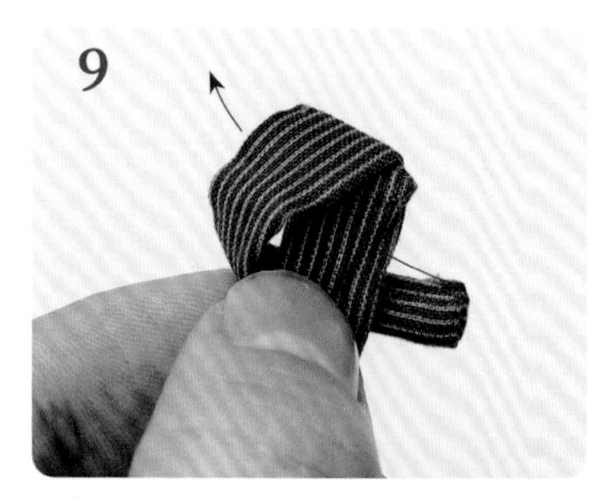
9

腰带翻转到另一侧。将步骤**8**盖在上面的细腰带部分，从圈中穿过去。如果用手指穿困难的话，可以使用镊子。

10
为了不让结散开，可手缝或者用布用黏合剂固定。

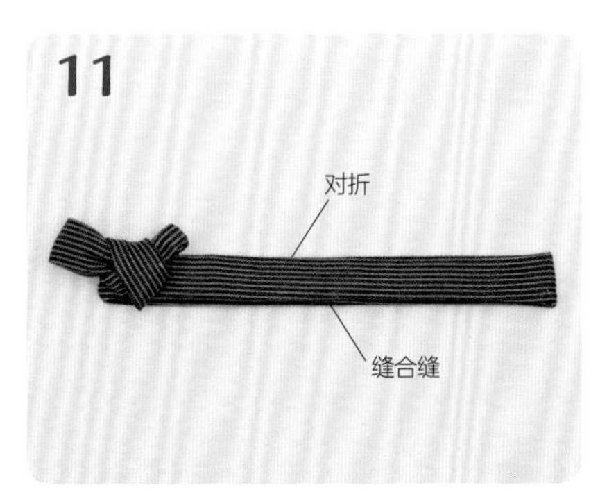
11
对折
缝合缝
腰带结手缝固定。男款腰带，在步骤3的基础上，缝合缝向下一些。

12
在如图所示的位置手缝按扣，腰带制作完成。

要点 穿搭的诀窍

在男模特穿和服时，可在和服内侧用毛毡布包裹腹部，这样穿着更加好看。书后（参见 p.115）附有纸样。

要点 更换布料与零部件

腰带也可以用1cm宽的彩带代替。因为彩带有各种各样的图案，可以选择自己喜欢的来制作。另外，女款腰带也可以更换腰带的配件和布料。

和服 — 女孩 —

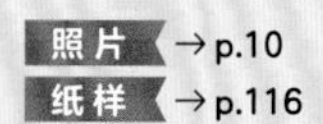

照片
纸样

→p.10
→p.116

这是一款带有玫瑰图案和蕾丝腰带的华丽长袖和服。在使用大图案的布料时，需要先考虑图案的位置然后裁剪。腰带采用蕾丝和蝴蝶结，使用配饰腰带，能成为时尚和服风。

长袖和服
背面
长衬领
腰带

材料

长袖和服

- 平纹棉布…30cm×30cm
- 平纹布（红色衬领）…15cm×2cm
- 绉绸（袖内使用）…12cm×8cm

长衬领

- 平纹棉布…8cm×2.5cm

腰带

- 缎纹布…25cm×15cm
- 蕾丝（宽 3cm）…10cm
- 缎带（宽 3mm）…12cm
- 珠饰…1 个
- 按扣（直径 5mm）…1 组

✿ 制作长袖和服、长衬领

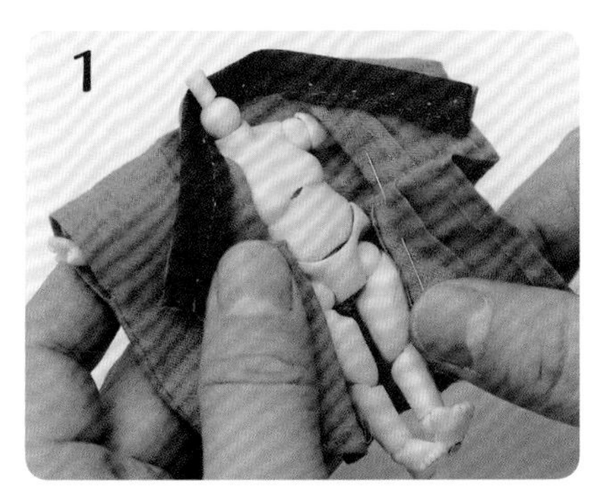
1

制作方法同**巫女**“制作上衣、长衬领”步骤 **1~15** (参见 p.61、p.62)。将和服穿在娃娃上，在合适的位置内折门襟贴边。

2

将衣服用熨斗熨平。手缝固定。

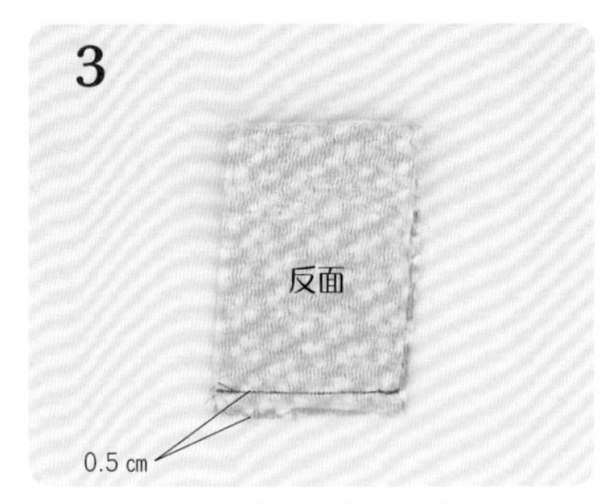
3
反面
0.5 cm

制作内袖。按纸样将裁好的布料正面相对折叠，在边缘从下往上 0.5cm 处缝合。

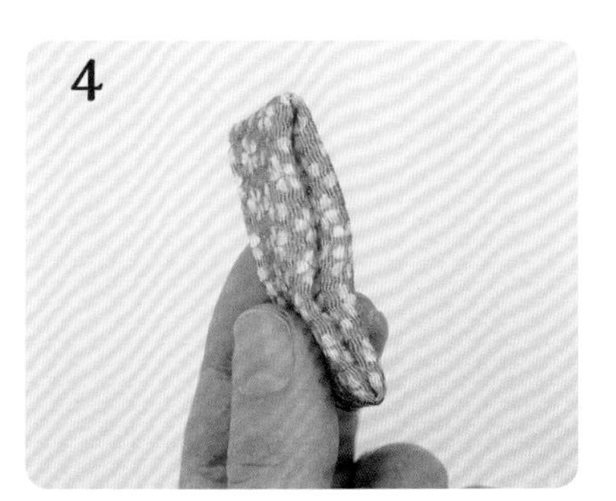
4

翻至正面，再纵向向内对折。

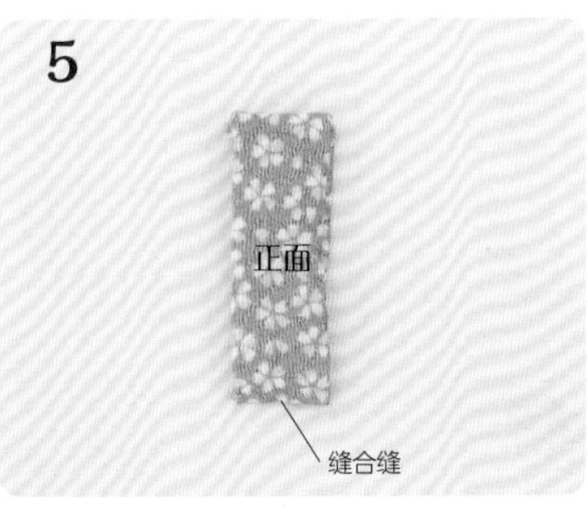
5
正面
缝合缝

内袖正面效果。

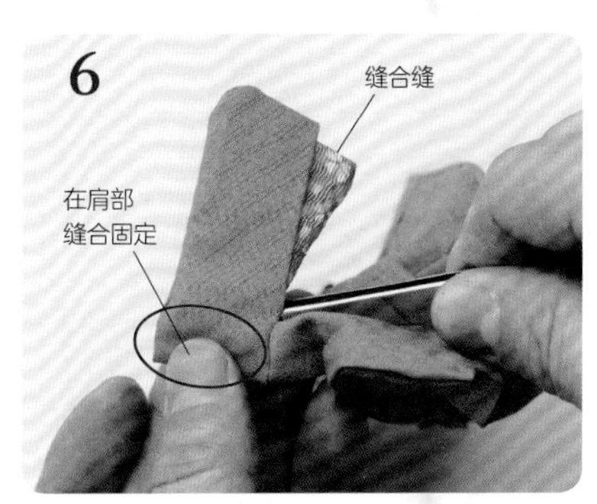
6
缝合缝
在肩部
缝合固定

用镊子将内袖塞进和服长袖中，从袖下缝处开始露出 0.5cm 左右，手缝固定，但正面不能露出线迹。

✿ 制作腰带

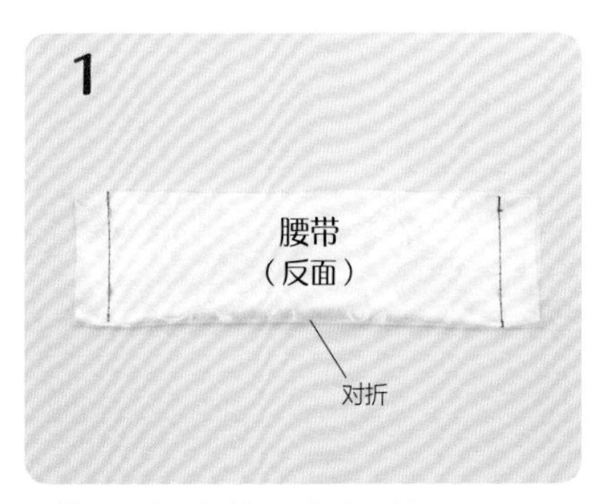
1
腰带
（反面）
对折

腰带正面相对对折，缝合两端。

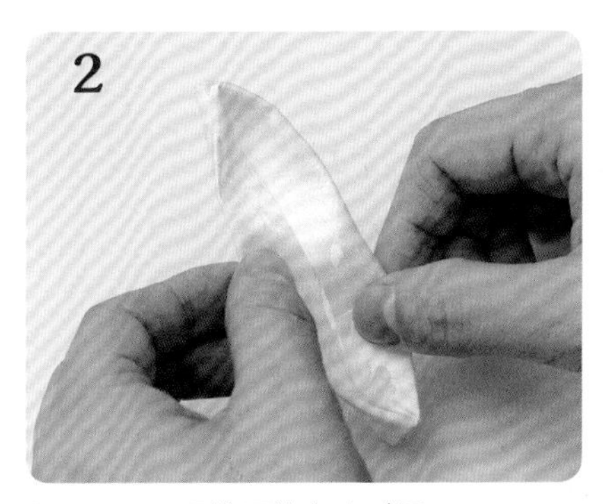
2

翻至正面，再将两边向内对折。

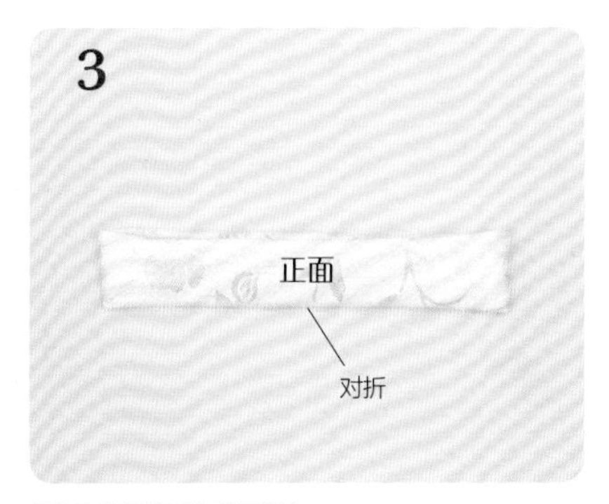
3
正面
对折

用熨斗熨烫整理形状。

4

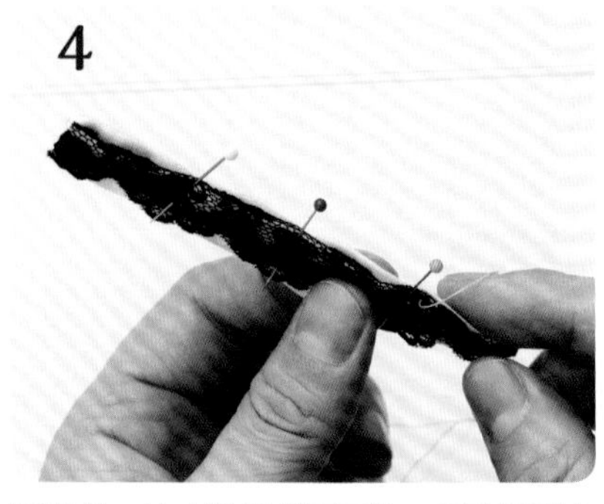

把蕾丝一边夹进腰带开口处，用珠针固定后手工缝合。

5

蝴蝶结用
腰带用

以同样方法制作两根腰带，一根腰带用，另一根蝴蝶结用。

6

蝴蝶结中间用

将蝴蝶结中间用的布料折三折，然后熨烫压平。

7

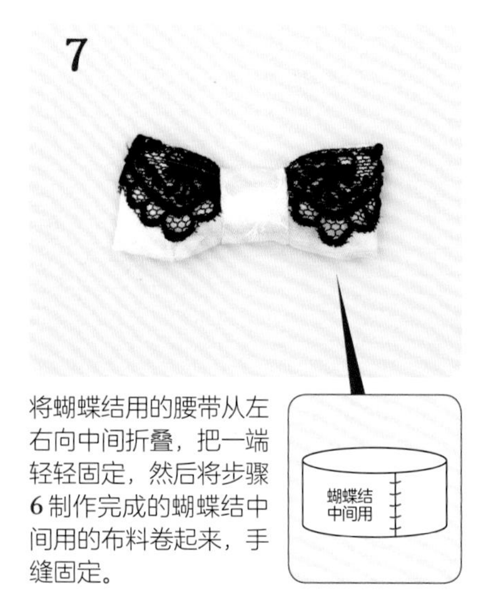
蝴蝶结
中间用

将蝴蝶结用的腰带从左右向中间折叠，把一端轻轻固定，然后将步骤6制作完成的蝴蝶结中间用的布料卷起来，手缝固定。

8

安装腰带上的蝴蝶结。将装饰腰带的蝴蝶结和珠饰用布用黏合剂固定于腰带中部的缎带上，再手缝固定。

9

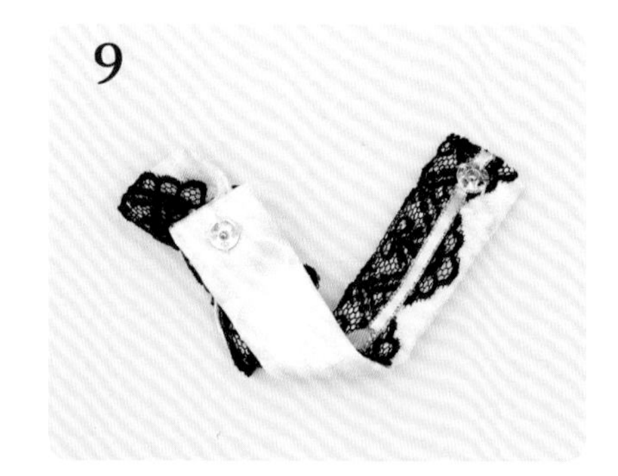

如图所示钉缝按扣，腰带制作完成。

缲缝

和服有很多需要手工缝制的地方，而且需要采用正面不露线迹的缝法。这里介绍一种“缲缝”方法，可以使正面的缝线看起来不那么明显。

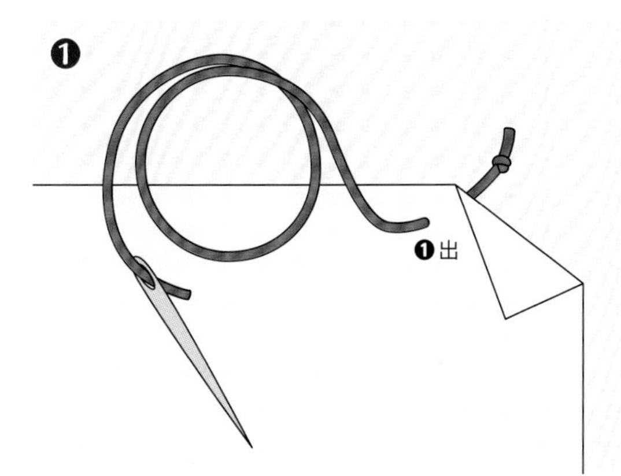
❶
❶出

将线结藏在不显眼的地方，从布料背面出针。

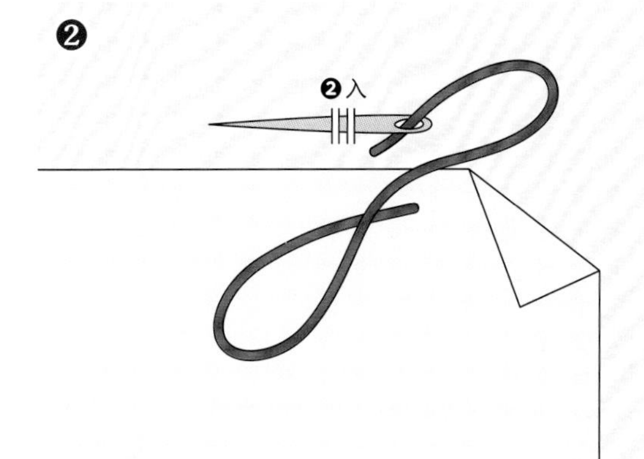
❷
❷入

挑起正面的一二根纱线。

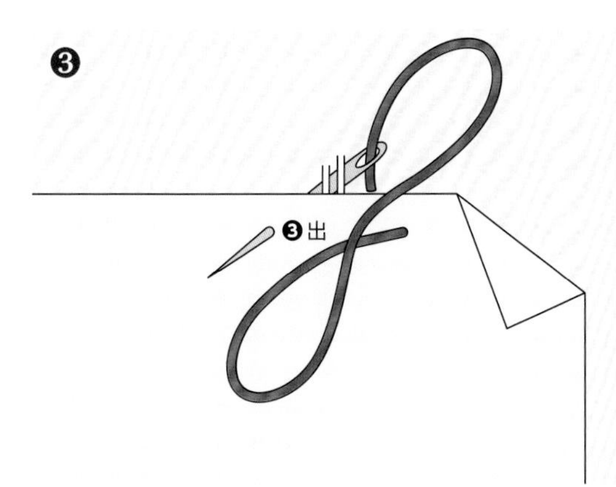
❸
❸出

再从背面出针。

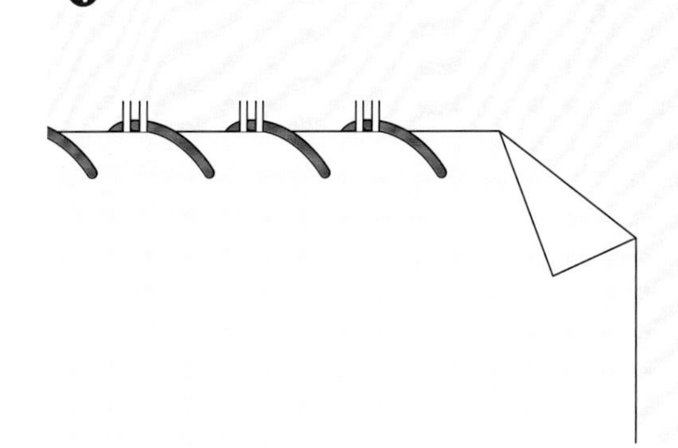
❹

重复步骤❷和步骤❸。

10

牛仔 — 男孩 —

照片 → p.13
纸样 → p.118

牛仔服饰缉明线，颜色显眼会更具有真实感。虽然牛仔服饰零部件较多，但认真制作的话也不会很难。还可以制作适合于任何头型的帽子。若改变帽子与插肩袖 T 恤的颜色会更可爱。

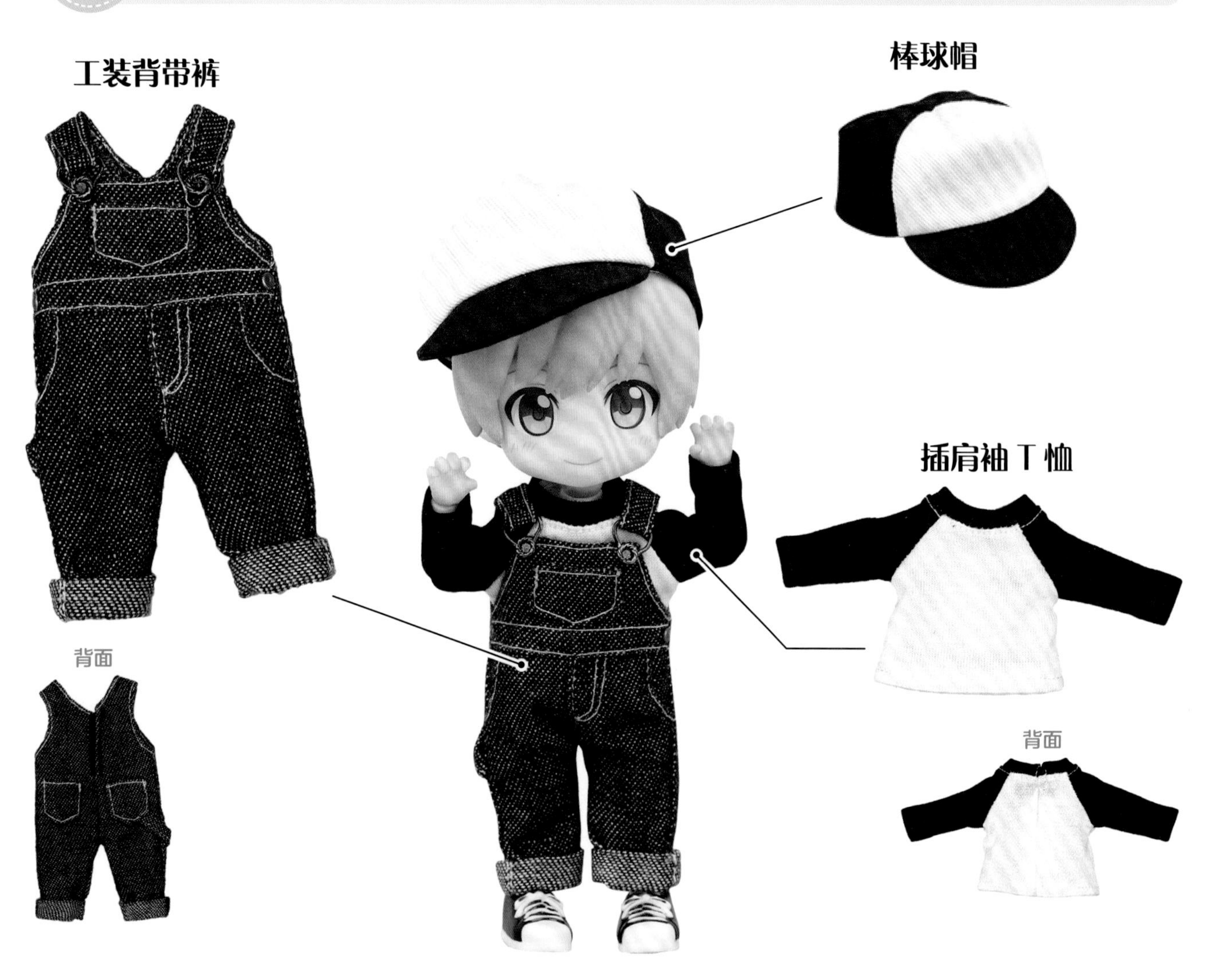
工装背带裤
背面
棒球帽
插肩袖 T 恤
背面

材料

工装背带裤

- 牛仔布（6 盎司）…20cm × 20cm
- 魔术贴…0.8cm × 2cm
- 三角扣（8mm）…2 个
- 纽扣（直径 3mm，带扣脚）…2 粒
- 烫钻（直径 2.5mm）…2 粒

插肩袖 T 恤

- 平纹针织布（白）…15cm × 10cm
- 平纹针织布（黑）…13cm × 10cm
- 魔术贴…0.8cm × 3.5cm

棒球帽

- 葛城厚斜纹布（黑）…20cm × 10cm
- 葛城厚斜纹布（白）…8cm × 7cm
- 黏合衬…1.5cm × 16cm
- 纽扣（直径 5mm）…1 粒

制作工装背带裤

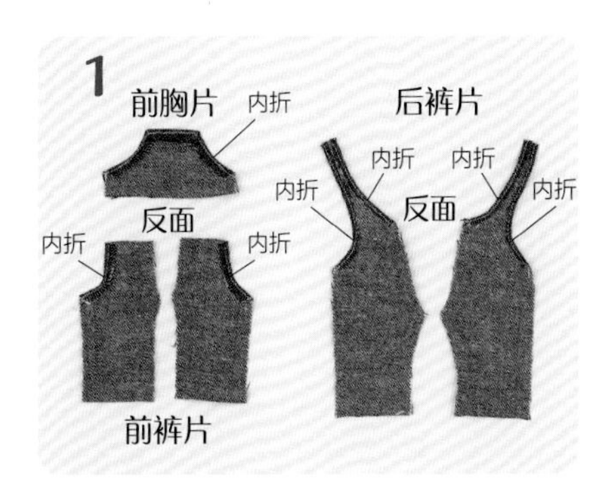
1
前胸片
内折
后裤片
内折
内折
内折
内折
反面
反面
内折
内折
前裤片

裁剪前胸片和前、后裤片，如图所示沿完成线内折后缝合布边。

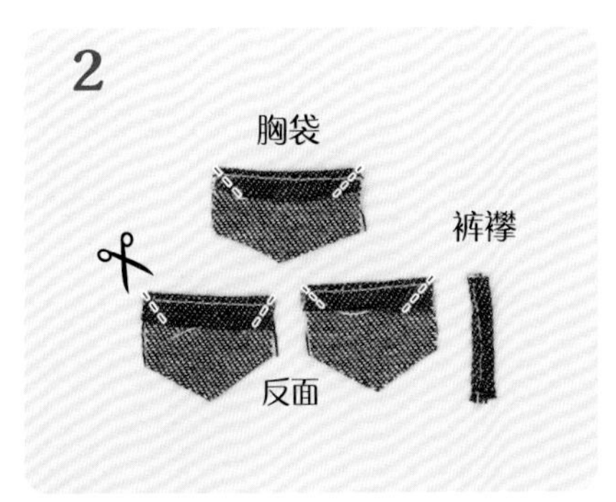
2
胸袋
裤襻
反面

前胸袋和后侧口袋沿完成线内折缝合。裁剪缝份的边角。裤襻的边缘向内四折后缉明线。

3
反面

左、右前裤片正面相对，缝合前上裆缝。

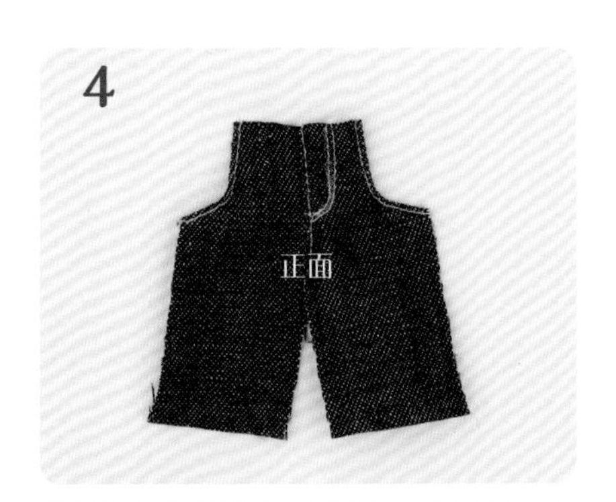
4
正面

缝份倒向左前裤片，打开左、右裤片。在裤片前上裆的位置车缝固定，并如图所示缉明线。

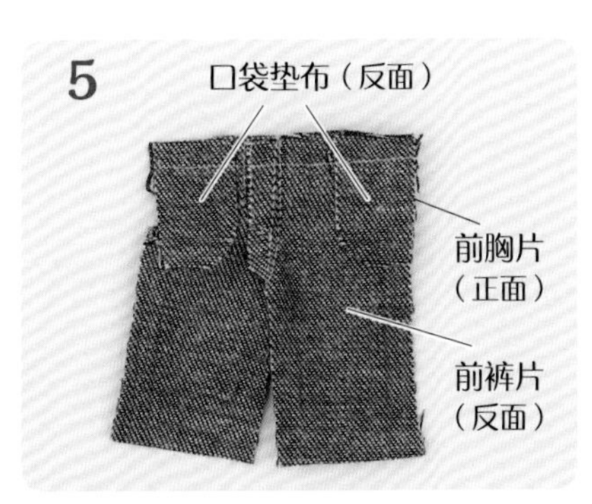
5
口袋垫布（反面）
前胸片
（正面）
前裤片
（反面）

口袋垫布与前裤片口袋位置对合，前胸片与前裤片正面相对，缝合腰线部位。

6
反面
正面

步骤 5 的缝合效果。

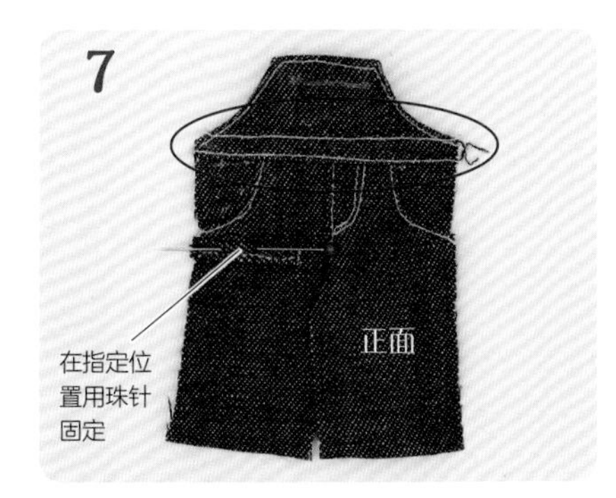
7
在指定位
置用珠针
固定
正面

将腰线缝份倒向裤片，前胸片正面向上。在腰部车缝固定，并缉明线。裤襻在右前裤片指定位置用珠针固定。

8
缝合
正面
反面

左、右后裤片分别与步骤 7 的前裤片正面相对，缝合侧缝。

9

将后裤片缝份修剪 1/2(参见 p.21)。

10
正面

打开后裤片，用熨斗熨烫平整，车缝固定。

11
正面

缝合前胸袋、后裤口袋。沿完成线内折，熨烫成制作形状。用布用黏合剂粘合后缉明线。

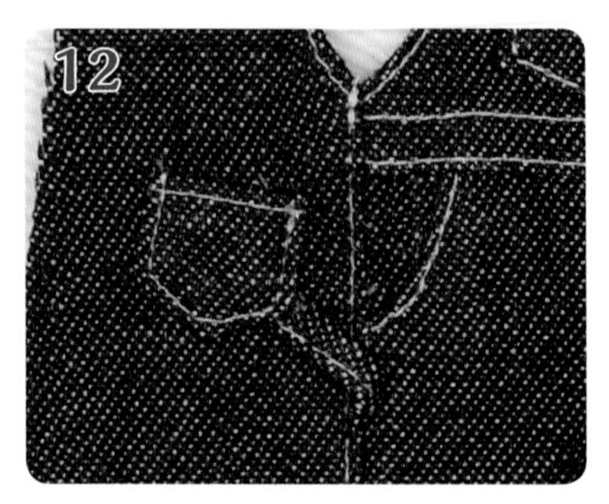
12

右裤片裤襻的一端置于右后侧口袋中缝合。

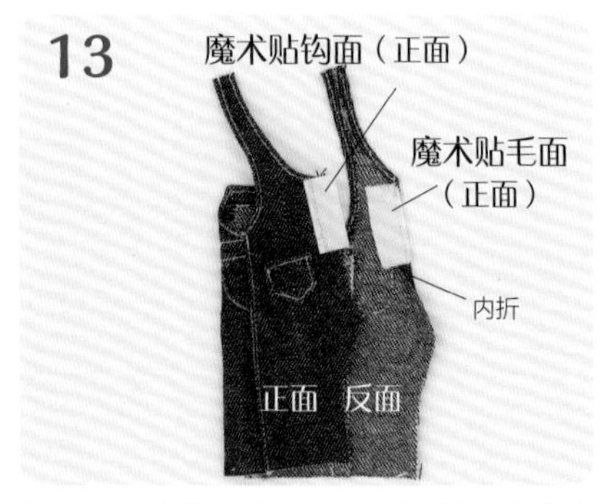
13
魔术贴钩面（正面）
魔术贴毛面
（正面）
内折
正面
反面

如图所示安装魔术贴。右后裤片沿完成线内折。

14
反面

后裤片上裆缝正面相对缝合。

15
三折

裤脚口向外折三折，缝合下裆缝。

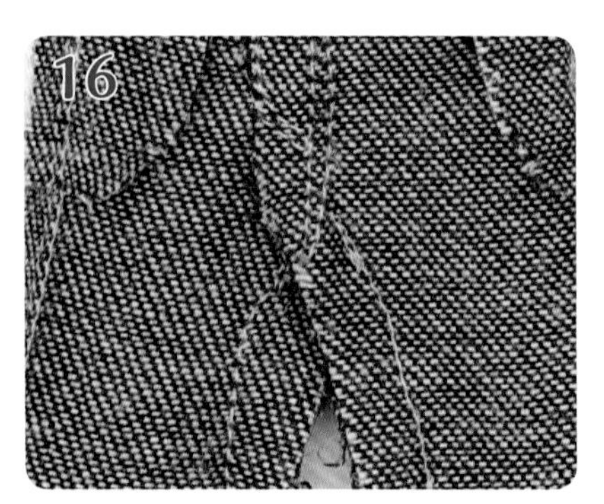
16

步骤 **15** 缝合下裆缝时，应避开缝份缝合（参见 p.21）。

17

手缝安装后裤片肩带的三角扣。这里要使用尖嘴钳将三角扣弯曲。

18
纽扣
烫钻

安装纽扣与烫钻，牛仔背带裤制作完成。

✿ 制作插肩袖 T 恤

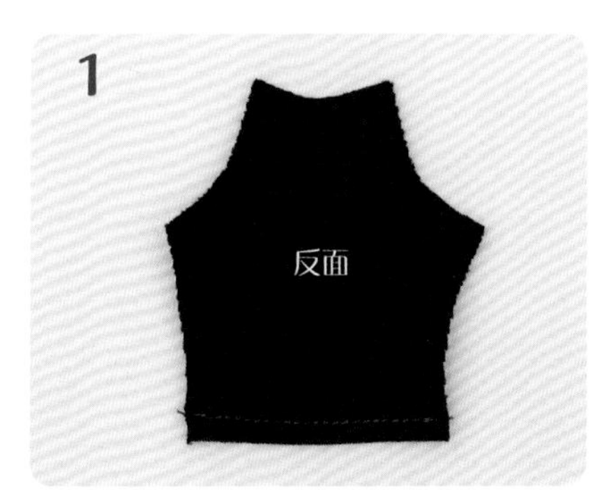
1
反面

制作袖子。将袖口内折缝合，另一侧袖片同样制作。

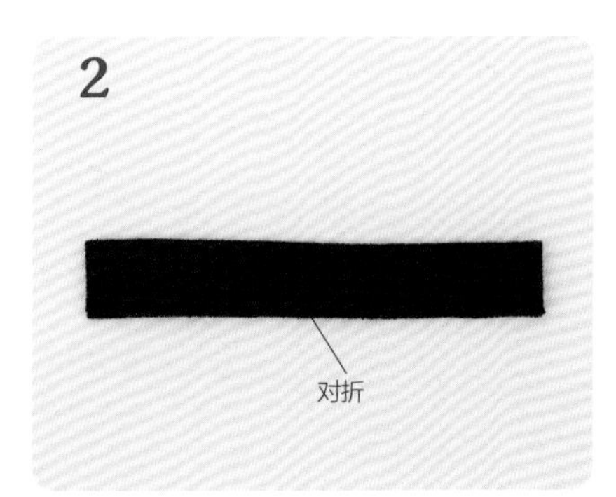
2
对折

领口边对折后，熨斗按压熨烫。

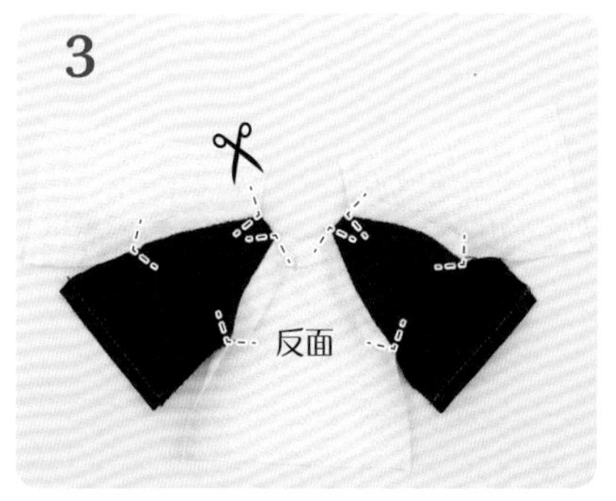
3
反面

前后衣片与袖片正面相对，缝合肩缝。缝份分缝熨烫，剪掉缝份边角。

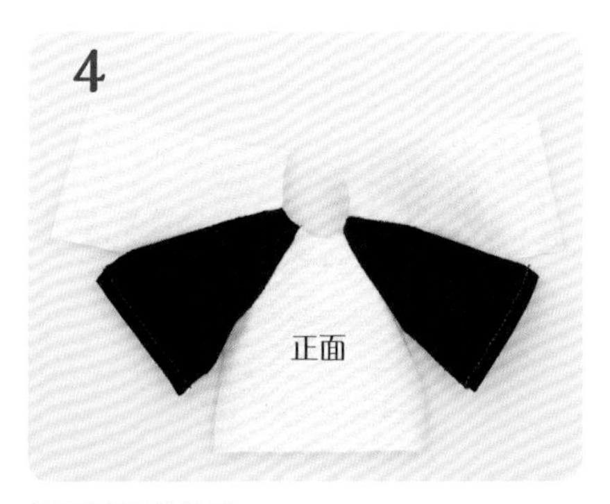
4
正面

从正面看的效果。

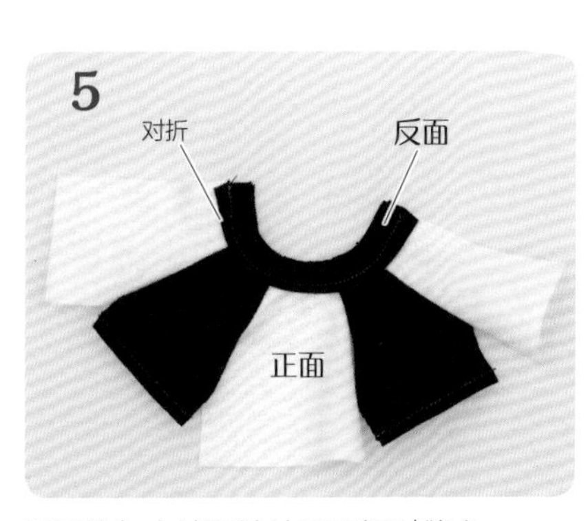
5
对折
反面
正面

领口边与衣片和袖片正面相对缝合。

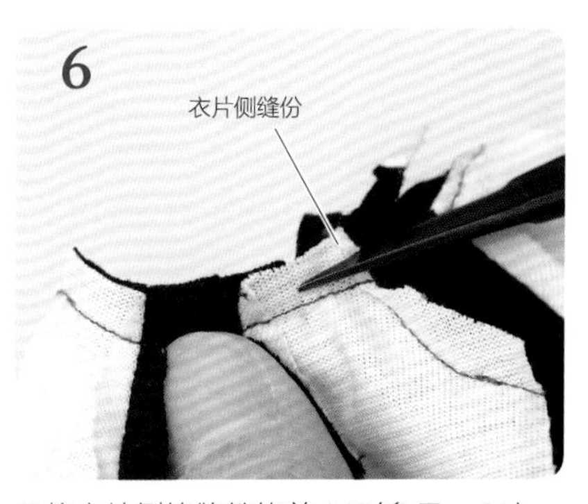
6
衣片侧缝份

只将衣片侧的缝份修剪 1/2(参见 p.21)。

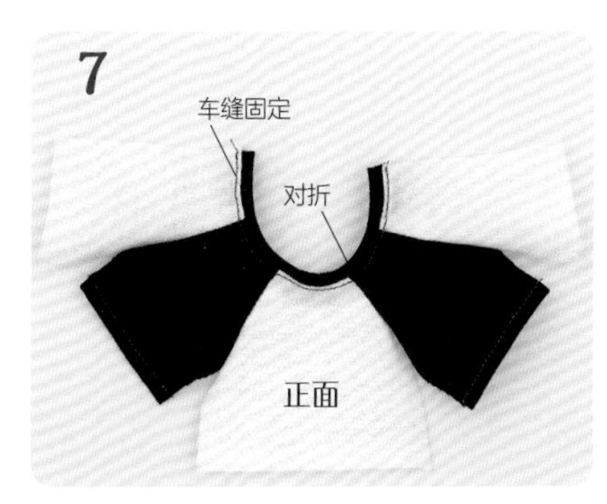
7
车缝固定
对折
正面

缝份倒向衣片侧，领口边向上翻起。从正面车缝固定。

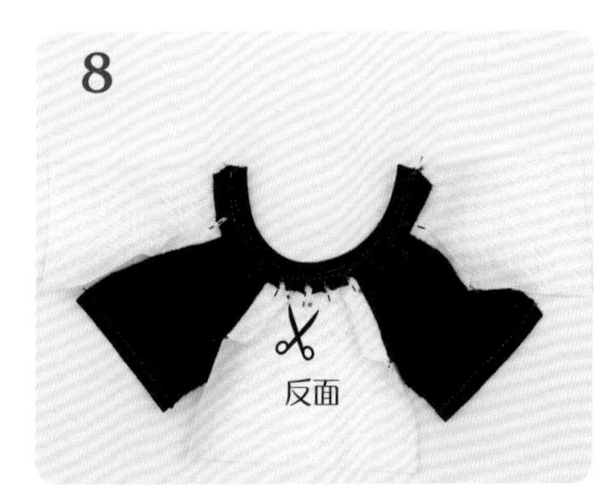
8
反面

从反面看的效果。在缝份上打剪口。

9
反面

前后衣片正面相对，缝合侧缝和袖下缝。

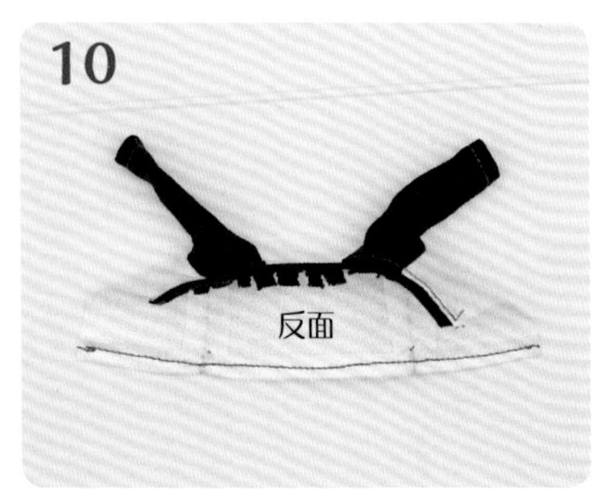
10
反面

内折底边并缉缝。

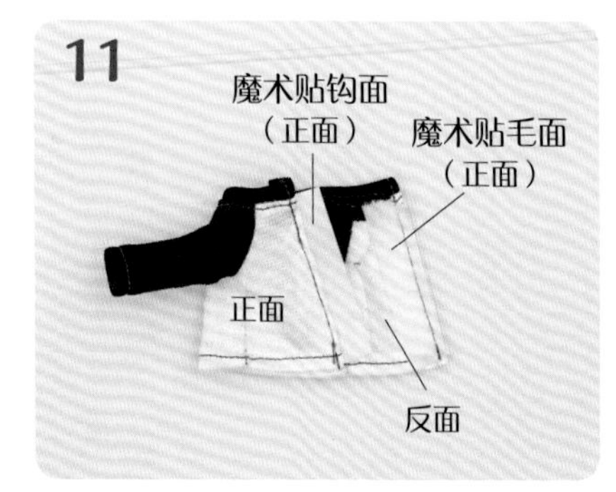
11
魔术贴钩面
（正面）
魔术贴毛面
（正面）
正面
反面

在后衣片两侧沿完成线向内折，魔术贴如图所示安装，插肩袖 T 恤制作完成。

制作棒球帽

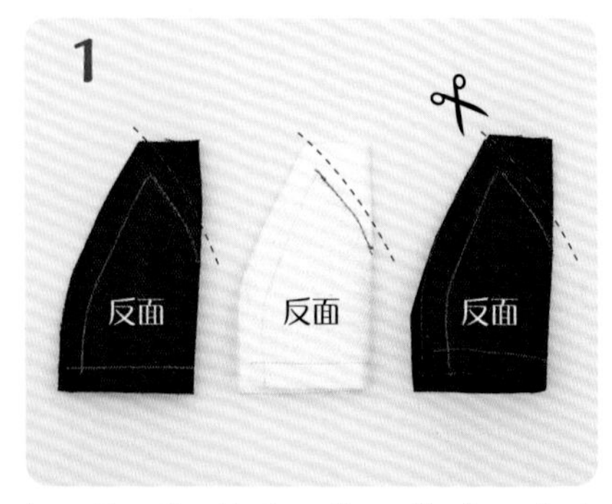
1
反面
反面
反面

帽冠裁三片，从反面对折，分别把顶部省道缝合。修剪多余缝份。

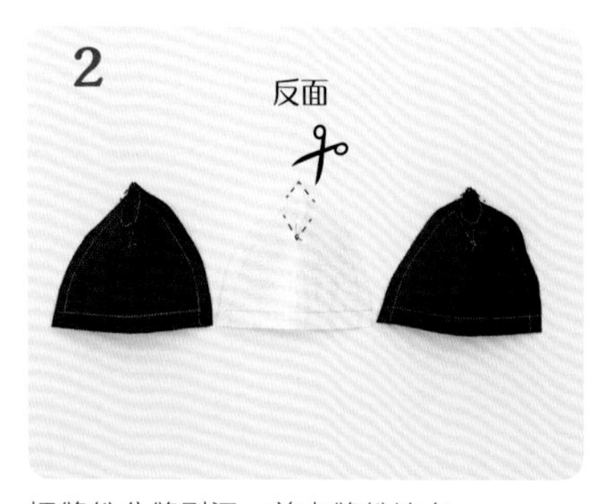
2
反面

把缝份分缝熨烫，剪去缝份边角。

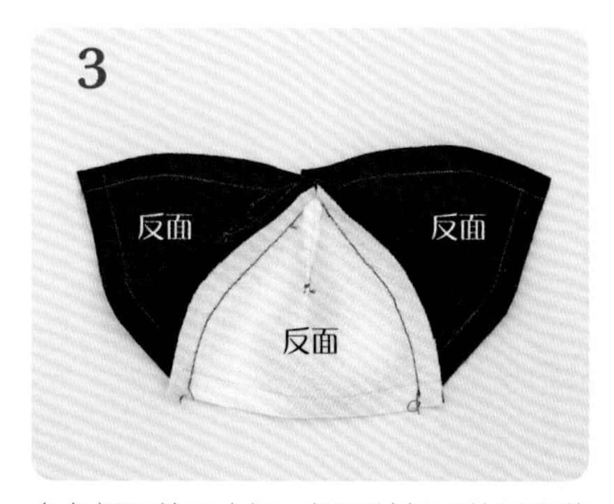
3
反面
反面
反面

白色帽冠放于中间，把三片帽冠从反面缝合。后中线暂时不缝。

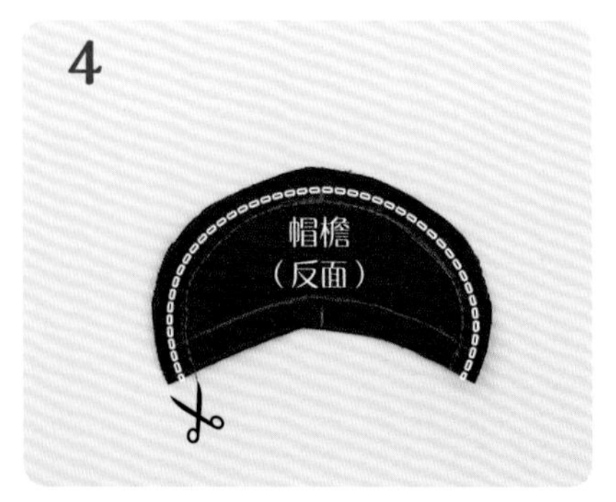
4
帽檐
（反面）

帽檐裁两片，正面相对，缝合。修剪 1/2 缝份。

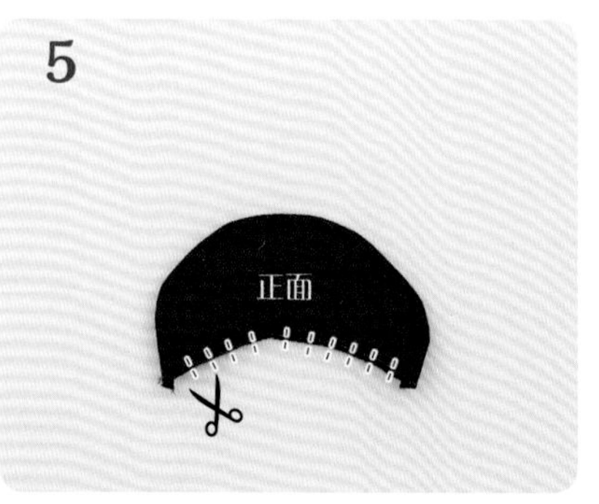
5
正面

翻至正面，用锥子和熨斗整理形状。在图中位置打剪口。

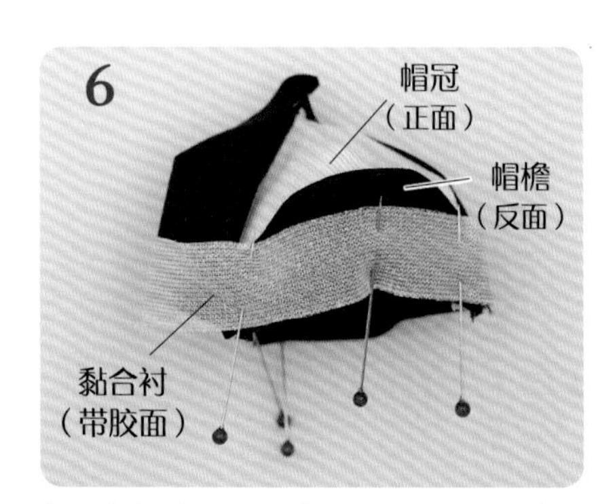
6
帽冠
（正面）
帽檐
（反面）
黏合衬
（带胶面）

帽冠与帽檐正面相对缝合。按指定尺寸裁剪好黏合衬，围一周，用珠针固定。带胶面朝外。

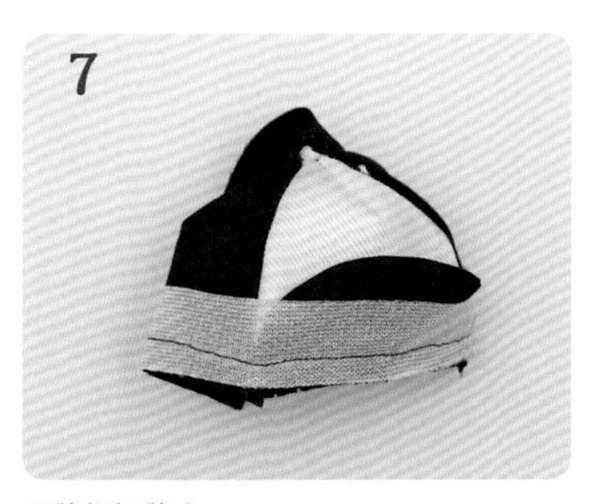
7

用缝纫机缝合。

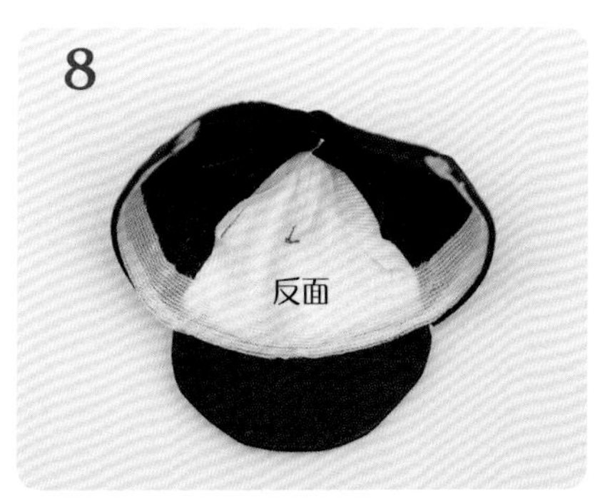
8
反面

缝份和黏合衬都倒向内侧。用熨斗一边固定黏合衬一边整形。

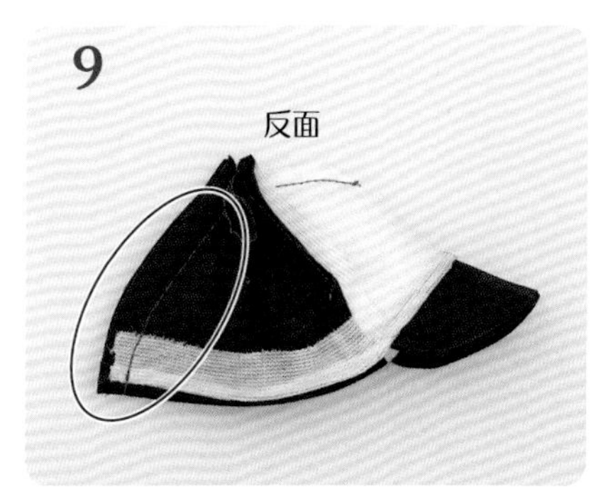
9
反面

将帽冠后中线正面相对缝合。

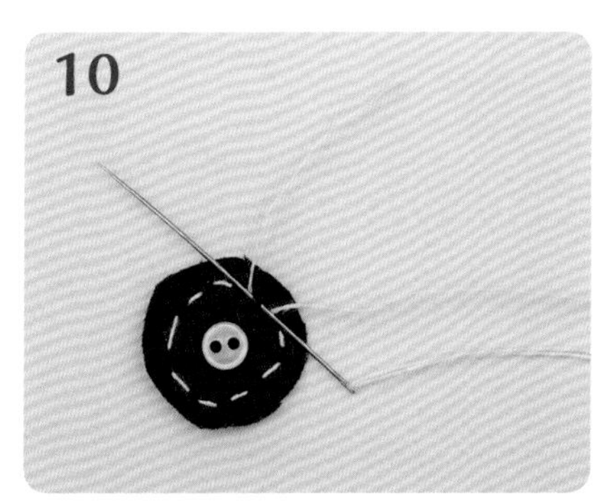
10

制作帽顶包扣。 裁一个小圆片手缝平缝一圈抽缩，包住中间直径 5mm 的小纽扣（为做示范图中采用白色手缝线）。

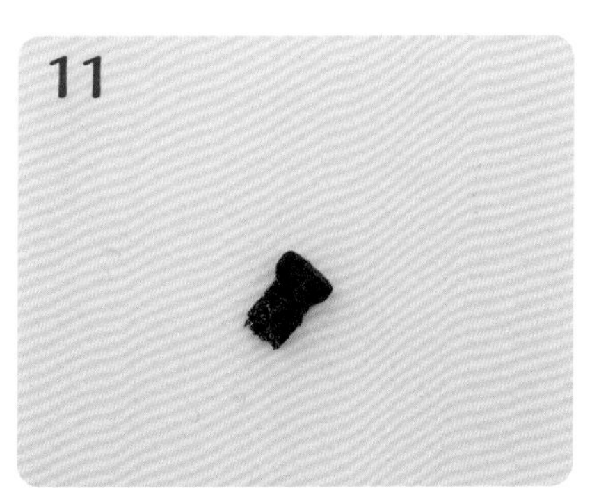
11

抽紧手缝线，包住纽扣。

12

用翻里钳把包扣脚插入帽顶，并在内侧手缝固定。棒球帽制作完成。

11 牛仔 —女孩—

照片 →p.13
纸样 →p.120

牛仔夹克和白色蕾丝的组合，是非常可爱的休闲风。牛仔夹克的口袋只是缉明线所以很简单。吊带用一片布就可以很轻松做出来，适合作为新手的第一件衣服。

牛仔夹克
背面
针织帽
吊带内搭
背面
短裤
背面
过膝袜

材料

牛仔夹克

- 牛仔布（6盎司）…20cm×15cm
- 烫钻（直径2mm）…5粒

短裤

- 牛仔布（6盎司）…16cm×6cm
- 黏合衬…1.5cm×7cm
- 魔术贴…1cm×1cm
- 烫钻（直径2.5mm）…1粒

吊带内搭

- 平纹棉布…10cm×5cm
- 魔术贴…1cm×1.5cm
- 蕾丝（宽5mm）…17cm

过膝袜

- 厚针织布…8cm×4cm

针织帽

- 罗纹布料…11cm×9cm

制作牛仔夹克

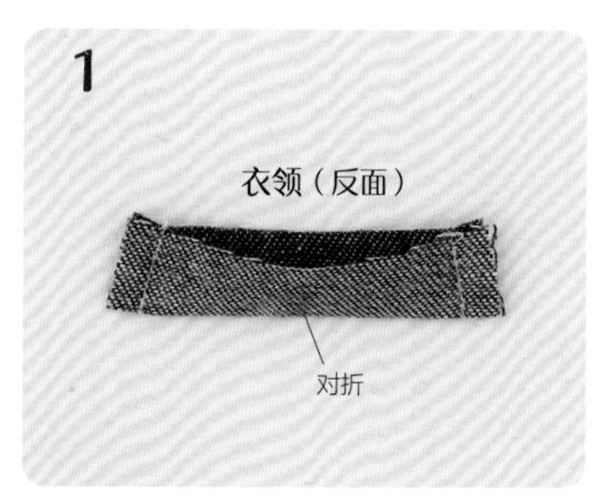
1
衣领（反面）
对折

将衣领正面相对对折，两端缝合。

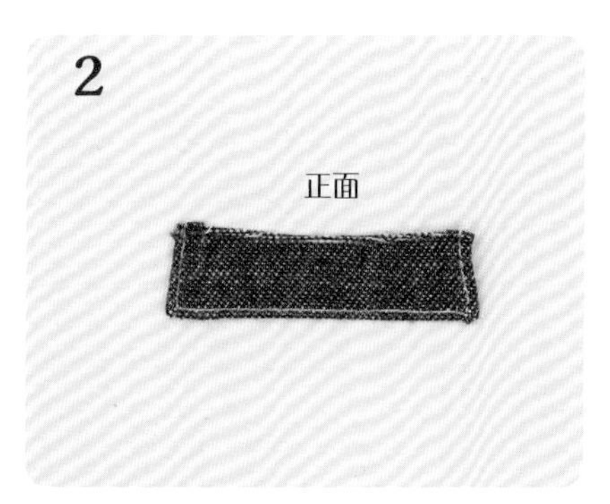
2
正面

翻至正面后用锥子和熨斗整理形状。在衣领的三边缉明线。

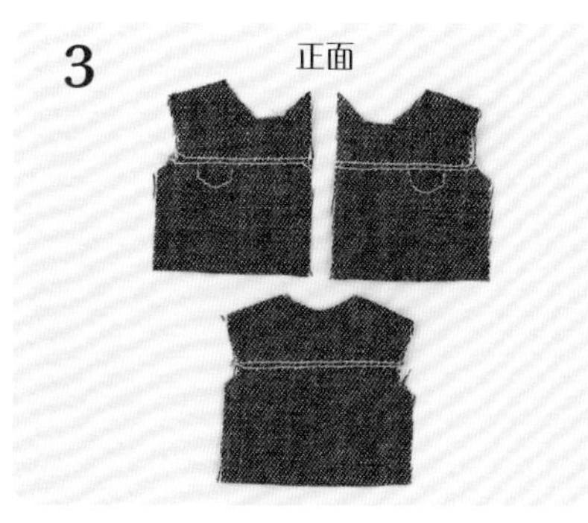
3
正面

前衣片和后衣片缉明线。

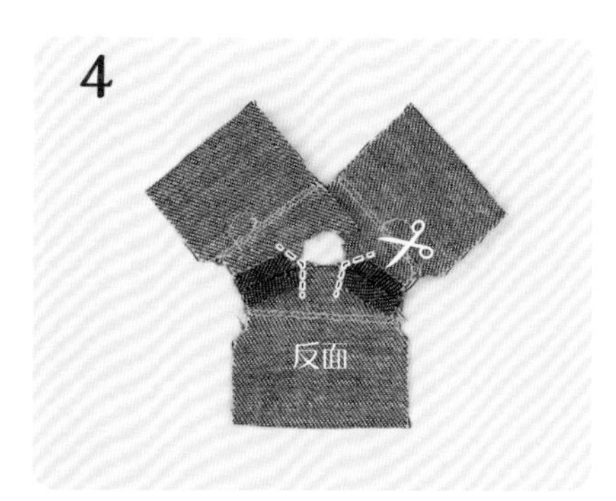
4
反面

将前、后衣片正面相对，缝合肩线。缝份用熨斗分缝熨烫，修剪缝份边角。

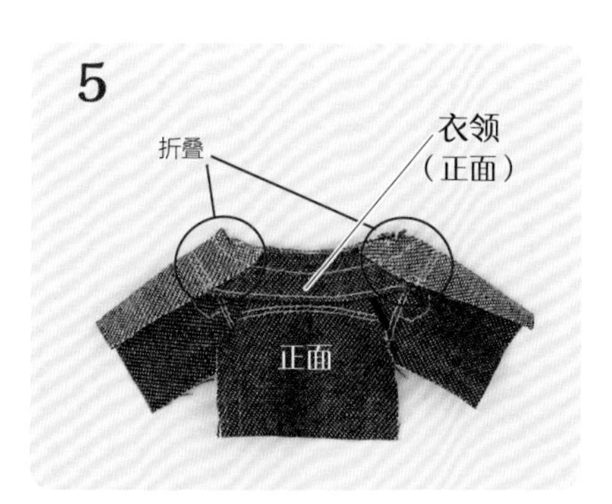
5
折叠
衣领
（正面）
正面

衣领与衣身领口对齐，前门襟沿完成线反向折叠。车缝领围线。

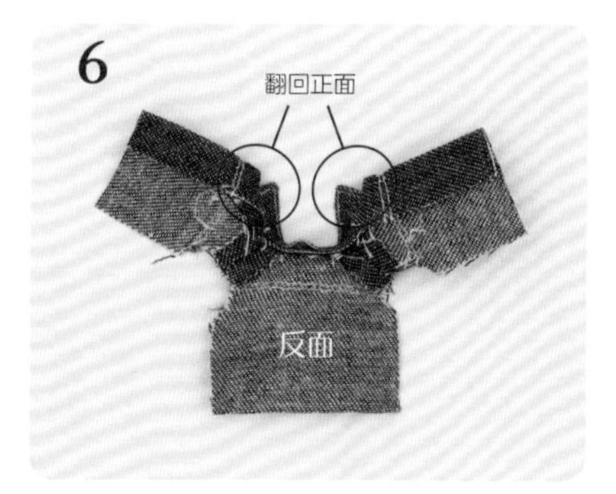
6
翻回正面
反面

前门襟翻至正面，用锥子将角顶出，熨斗熨烫整理形状。

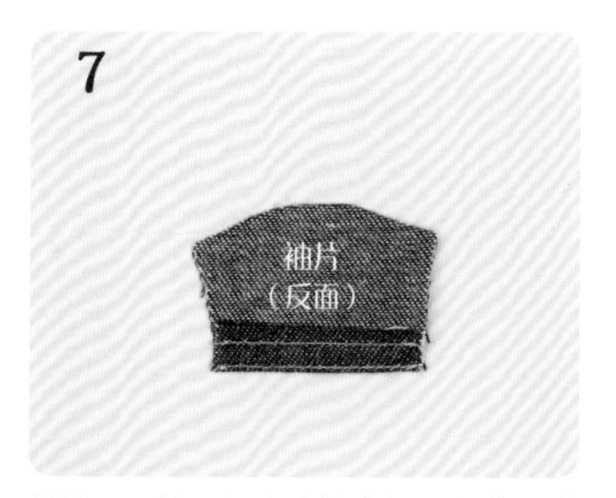
7
袖片
（反面）

做袖子。袖口沿完成线内折、缉缝两道明线。

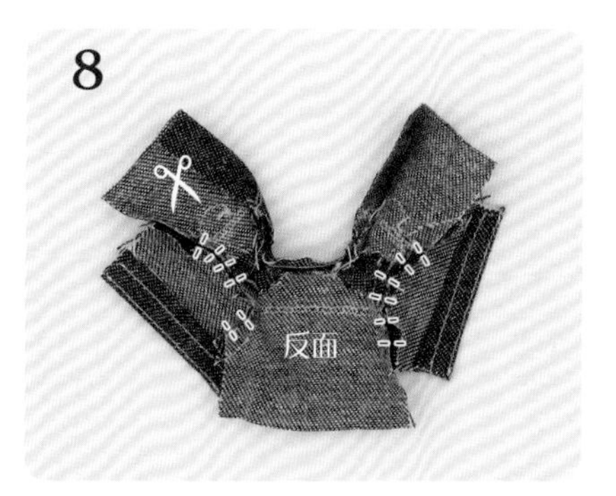
8
反面

将袖子和衣身正面相对缝合袖窿。缝份处打剪口后倒向衣身，用熨斗熨烫整理形状。

9
正面

在衣身的袖窿上从正面缉缝一圈明线。

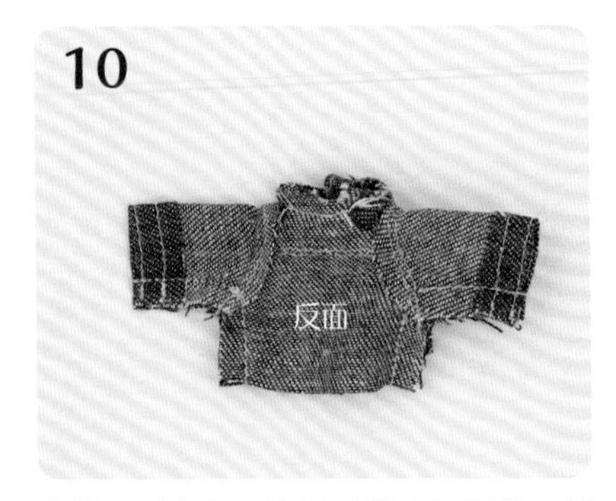
10
反面

将前、后衣身正面相对缝合袖下线和侧缝。注意避开缝份缝合（参照 p.21）。

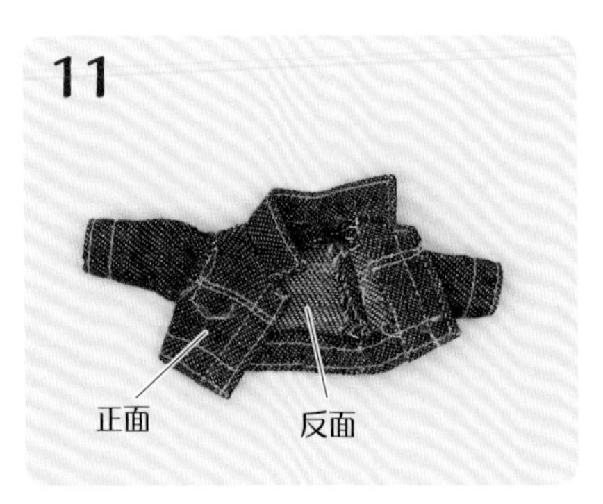
11
正面
反面

翻至正面。内折底边，在前门襟和底边各缉缝两道明线。

12

粘贴烫钻，手缝扣眼，牛仔夹克制作完成。

制作短裤

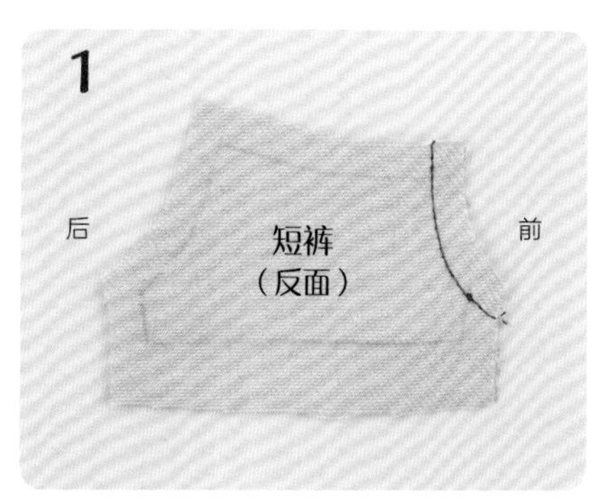
1
后
短裤
（反面）
前

将左、右裤片正面相对，缝合前上裆。

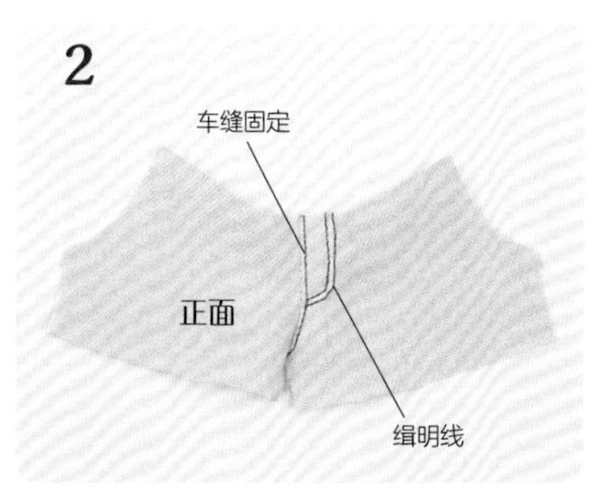
2
车缝固定
正面
缉明线

缝份倒向左裤片，左右两侧摊平。从正面缉明线。

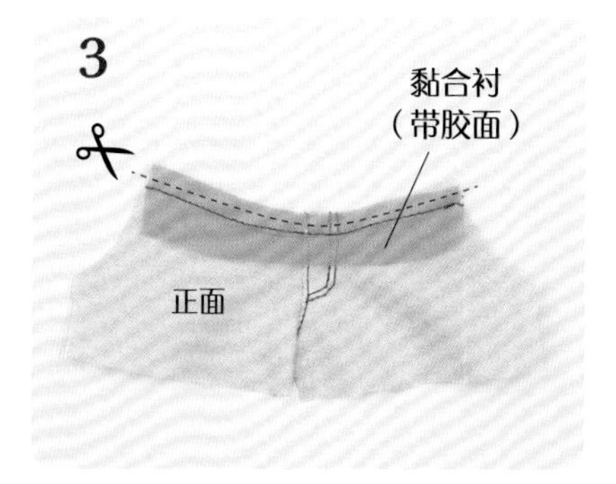
3
黏合衬
（带胶面）
正面

将黏合衬带胶面向外，放在腰部重叠缝合。修剪1/2缝份。

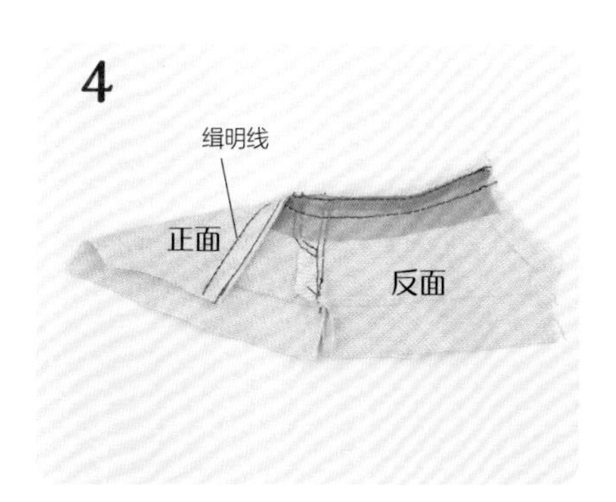
4
缉明线
正面
反面

将黏合衬翻至反面，用熨斗熨烫粘合。腰部缉明线。

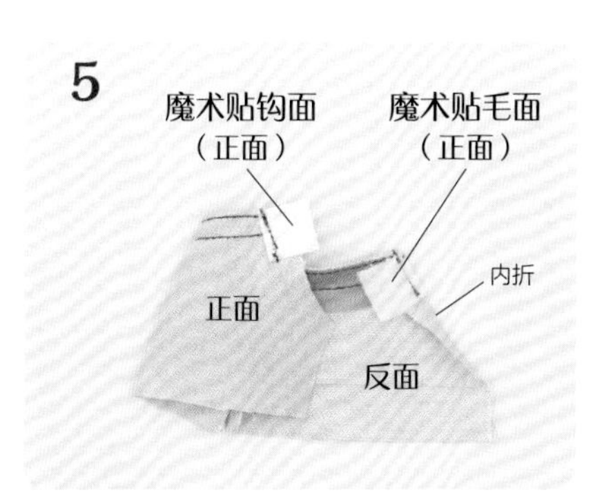
5
魔术贴钩面
（正面）
魔术贴毛面
（正面）
内折
正面
反面

如图所示安装魔术贴。右侧的魔术贴要沿完成线把缝份内折后再缝合。

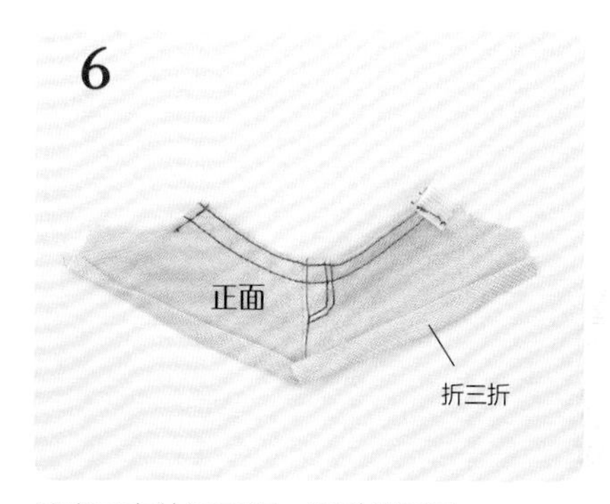
6
正面
折三折

裤脚口向外折三折，用熨斗烫平。

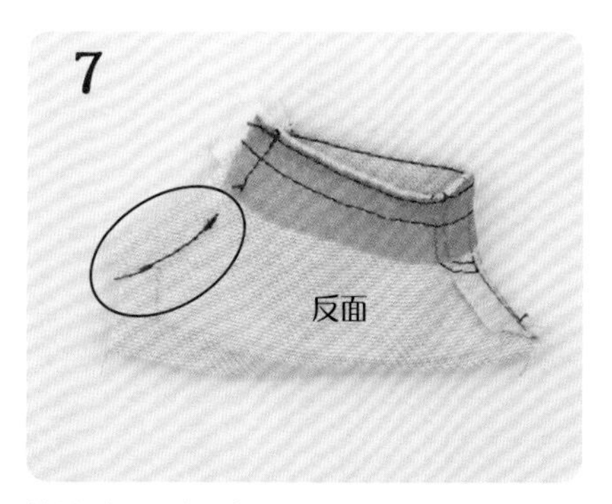
7
反面

将裤片正面相对，缝合后上裆缝。

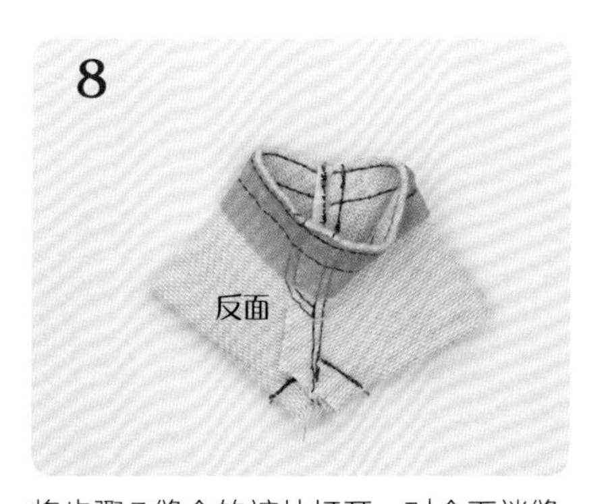
8
反面

将步骤7缝合的裤片打开，对合下裆缝，避开缝份，缝合下裆线（参见p.21）。

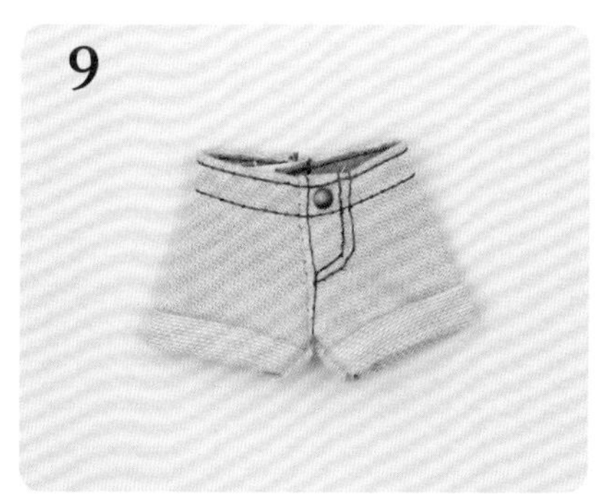
9

翻至正面，粘贴烫钻，短裤制作完成。

✿ 制作吊带内搭

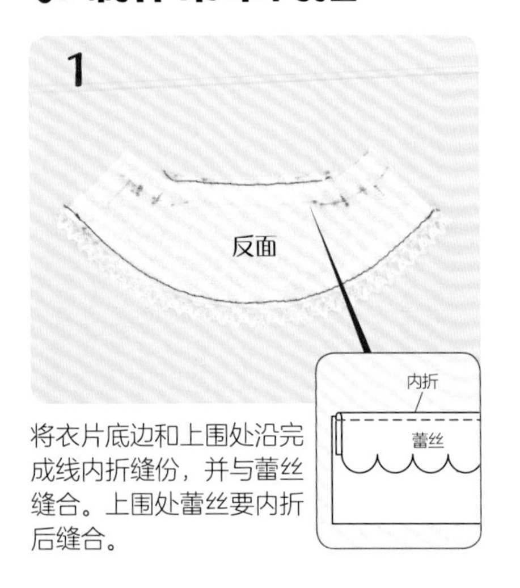
1
反面
内折
蕾丝

将衣片底边和上围处沿完成线内折缝份，并与蕾丝缝合。上围处蕾丝要内折后缝合。

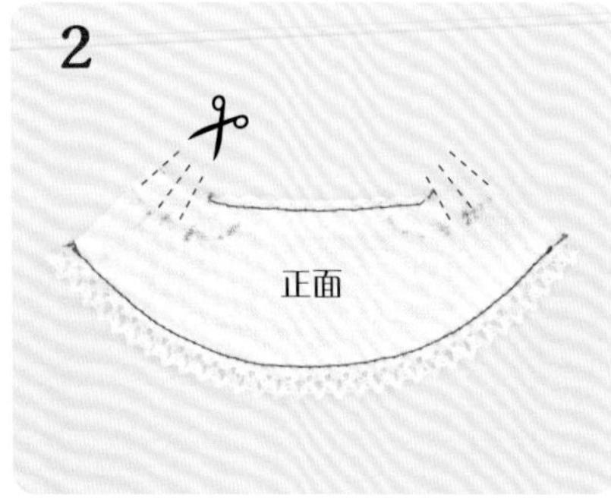
2
正面

从正面看的效果。在袖窿处打剪口。

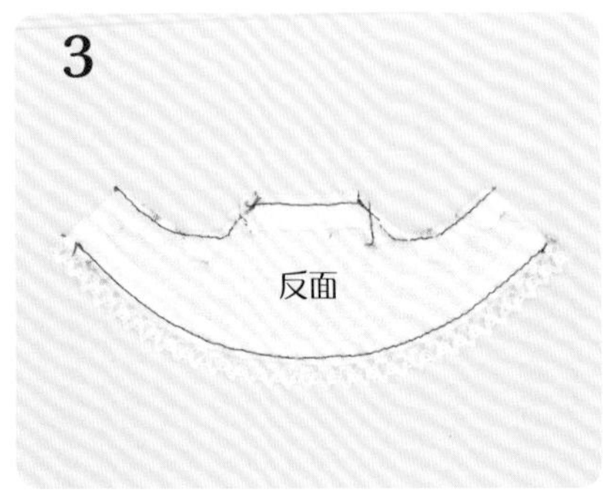
3
反面

袖窿处缝份沿完成线内折，缝合。

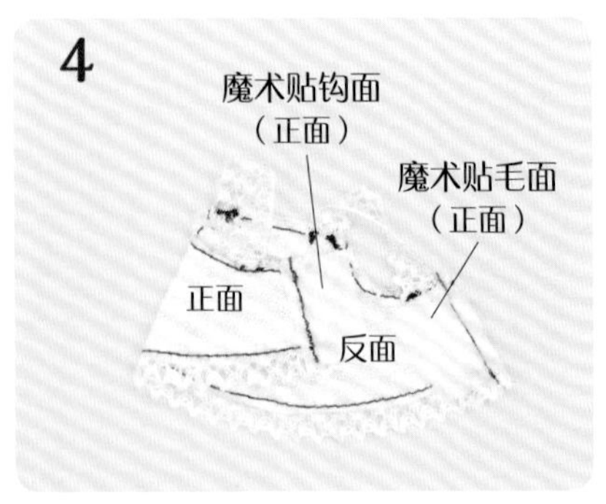
4
魔术贴钩面
（正面）
魔术贴毛面
（正面）
正面
反面

如图所示安装魔术贴。右侧的魔术贴要沿完成线把缝份内折后再缝合。肩带蕾丝两条（2.5cm+ 缝份）手缝固定。吊带内搭制作完成。

制作过膝袜

制作方法同**制服·男孩**“制作袜子”步骤1~3(参见 p.31)。

制作针织帽

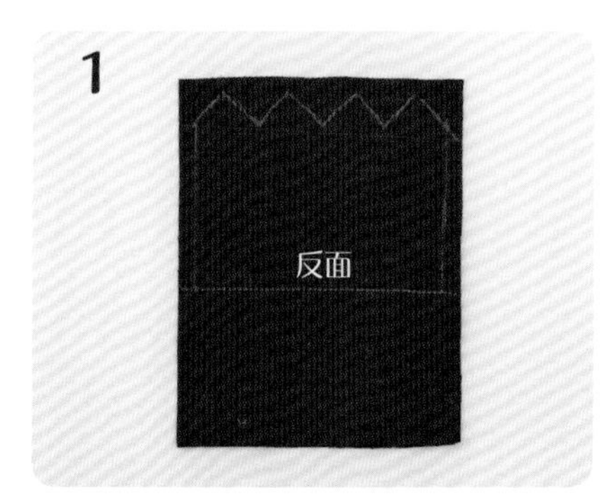
1
反面

裁剪布料，画完成线。

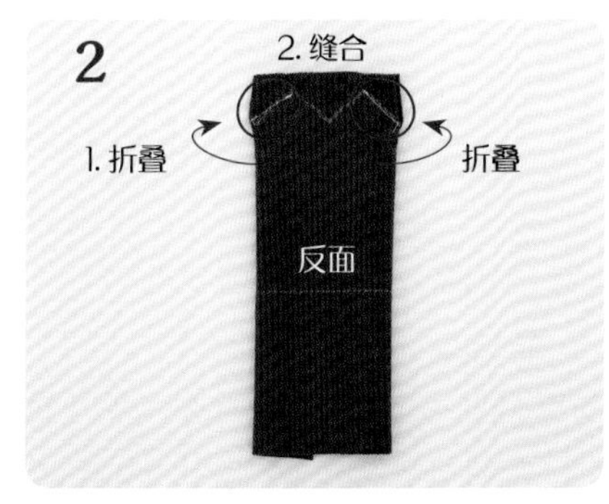
2
2. 缝合
1. 折叠
折叠
反面

如图所示，两端向中间对折缝合顶部。

3
反面

从反面看的缝合效果。

4
反面

按照同样要领，中间再折叠缝合。

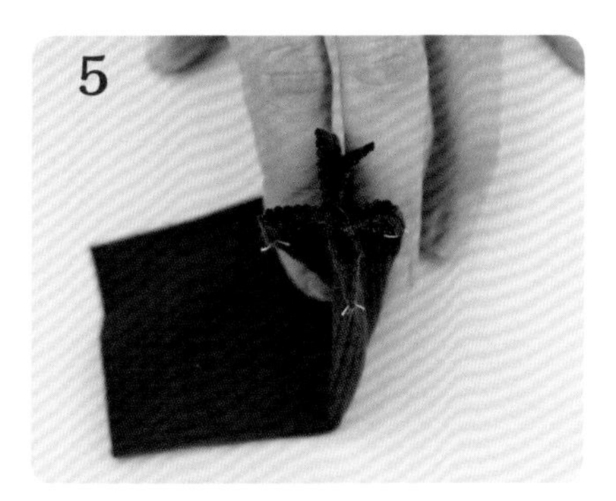
5

从正上方看的帽顶形状。

6
反面

后中线正面相对缝合。

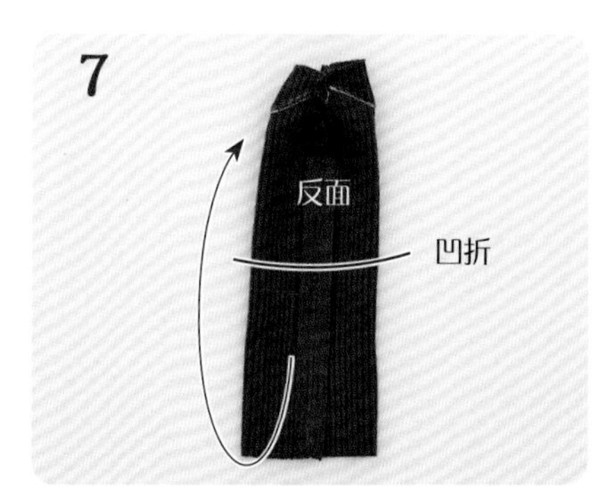
7
反面
凹折

将缝份分缝熨烫平整。下半部分向上翻折。

8
反面

布料边缘与顶部缝合止点重合，手缝固定。注意线迹不要从正面露出来。

9
反面

剪掉顶部多余缝份。翻至正面。针织帽制作完成。

12 外套 — 男孩 —

照片 → p.14
纸样 → p.122

有了一些制作经验之后，可以开始挑战难度高一点的衣服了。毛领大衣是非常拿得出手的一件作品。瘦腿裤加了裤口袋，非常适合娃娃的体型。穿搭时还可以把裤脚口塞进靴子里，缝制一条这样的裤子非常实用。

毛领大衣
立领衫
背面
背面
瘦腿裤
背面

材料

毛领大衣

- 涤棉布…30cm × 30cm
- 气眼（2mm × 3mm）…2 个
- 烫钻（直径 2.5mm）…4 粒
- 烫钻（直径 2mm）…2 粒
- 腰绳…15cm
- 毛条…12cm

立领衫

- 厚针织布…20cm × 10cm
- 魔术贴…1cm × 3cm

瘦腿裤

- 平纹棉布…25cm × 10cm
- 魔术贴…1cm × 1cm
- 黏合衬…1.5cm × 7cm

制作毛领大衣

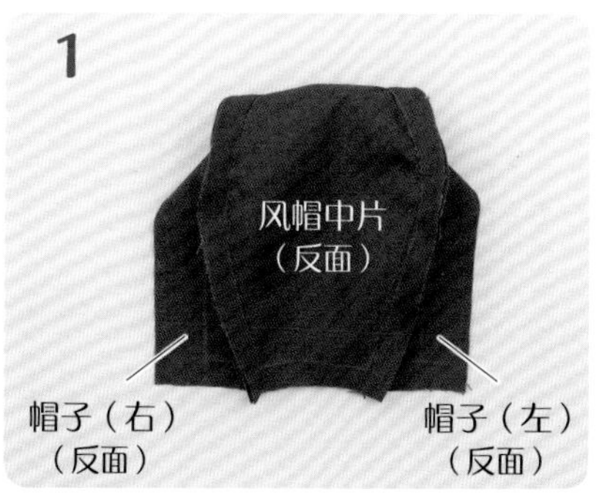
1
风帽中片
（反面）
帽子（右）
（反面）
帽子（左）
（反面）

缝合风帽。把风帽的中片与左、右两片缝合。

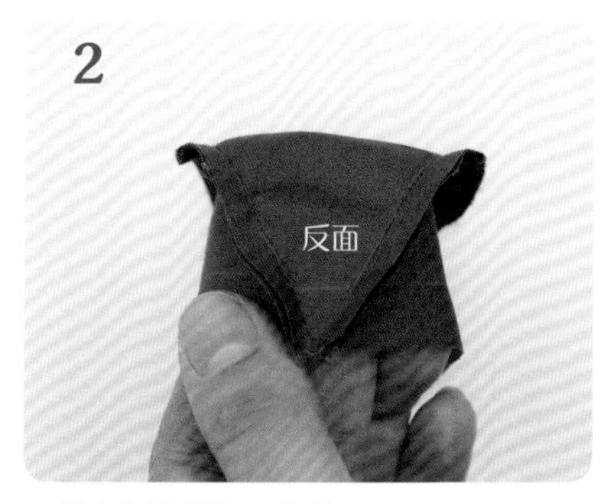
2
反面

正前方像这样呈三角状。

3
正面

翻至正面，缝份倒向中片用熨斗熨平，沿缝合线中片一侧缉两道明线。

4
反面

反面如图所示。

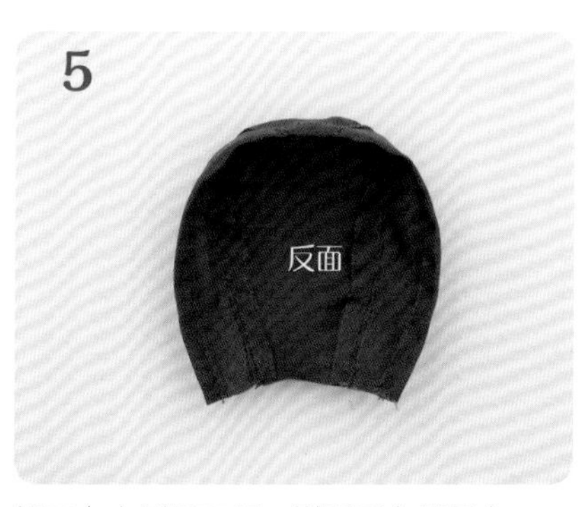
5
反面

帽口向内侧折三折，熨平后车缝固定。

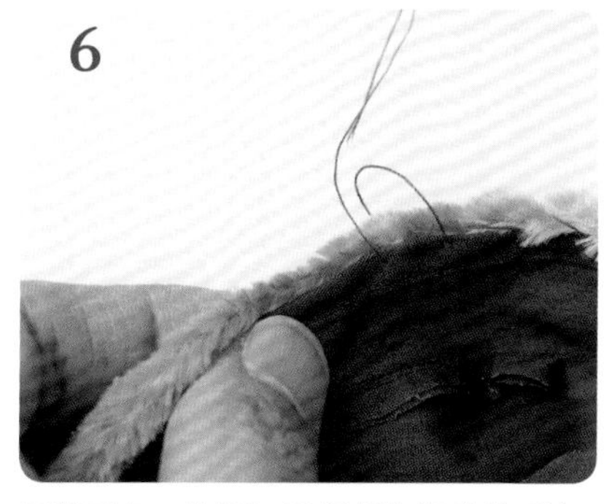
6

手缝毛条。选择与风帽颜色相称的毛条。卷边缝固定。

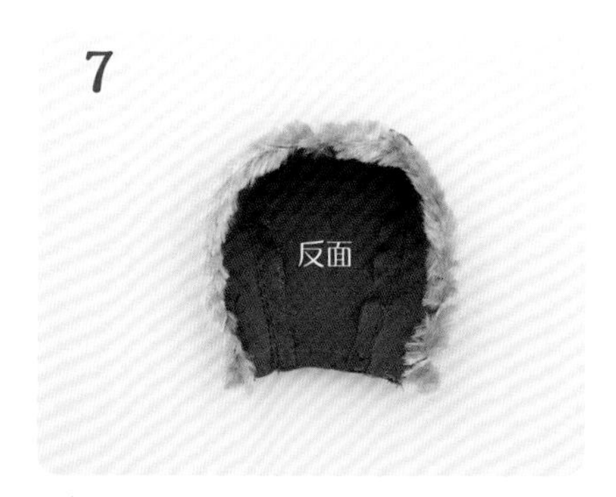
7
反面

缝好毛条后，风帽制作完成。

8
后衣片
（反面）
内折

制作后衣片。在后中线下方开衩处，沿完成线内折缝份。左、右片对称，缉明线。

9
反面

左、右后衣片正面相对缝合后中线。

10
反面

展开后衣片。缝份倒向左衣片熨烫平整。

11
正面

从正面缉明线。

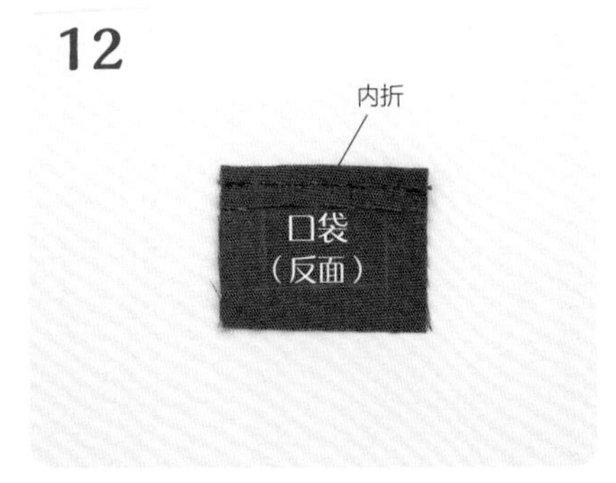
12
内折
口袋
（反面）

制作口袋。袋口缝份沿完成线内折，缉明线。

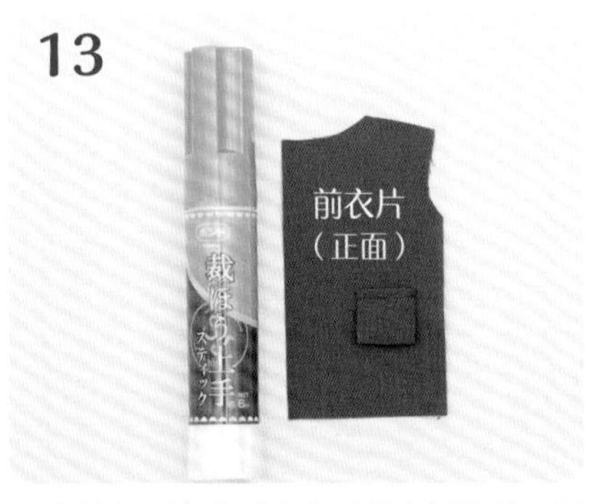
13
前衣片
（正面）

口袋其余三边分别沿完成线内折缝份，熨平。用布用黏合剂将口袋粘贴在前衣片上。

14
正面

待布用黏合剂完全干燥后，在口袋的左、下、右三边缉明线。

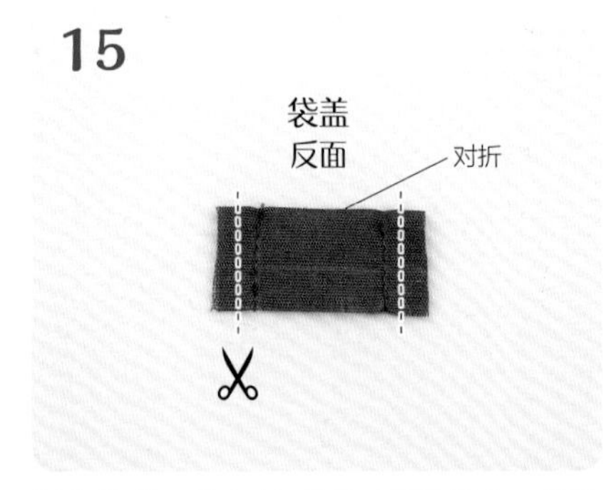
15
袋盖
反面
对折

制作袋盖。将布料对折，两侧缝合，缝份修剪 1/2。

16
正面

将袋盖翻至正面后用锥子将角顶出，熨斗熨烫整理形状。左、下、右三边缉明线。

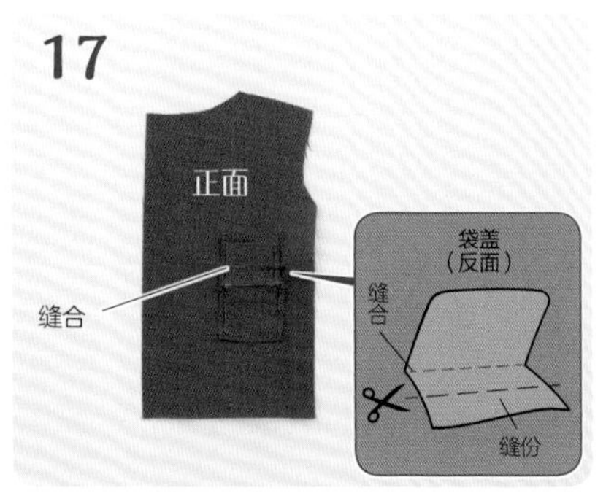
17
正面
缝合
袋盖
（反面）
缝合
缝份

袋盖放于前衣片口袋上方，如图所示进行缝制。左右对称，右衣片以同样方法缝合口袋和袋盖。

18
反面

前、后衣片正面相对，缝合肩线。缝份分缝熨平，并修剪 1/2。在领口与袖窿处打剪口。

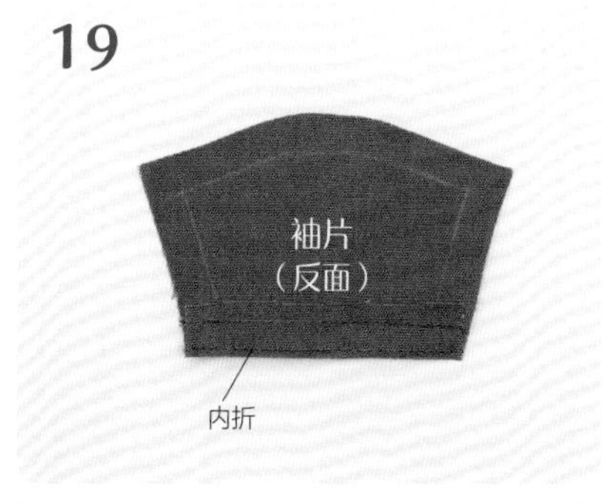
19
袖片
（反面）
内折

制作袖子。袖口沿完成线内折后，缉两道明线。

20
反面

袖片和衣片正面相对，缝合袖窿。缝份全部倒向衣身，熨斗熨平。

21
正面
缝合
缝合

在衣身上从正面沿袖窿线缉一道明线。

22
反面
正面

将风帽和衣身正面相对，缝合领围线。

23
反面

衣身翻至反面，缝合侧缝和袖下缝。缝合时注意避开缝份（参见 p.21）。

24
反面

翻至正面，底边沿完成线内折，缉缝固定。

25
反面

前门襟沿完成线内折，缉两道明线。

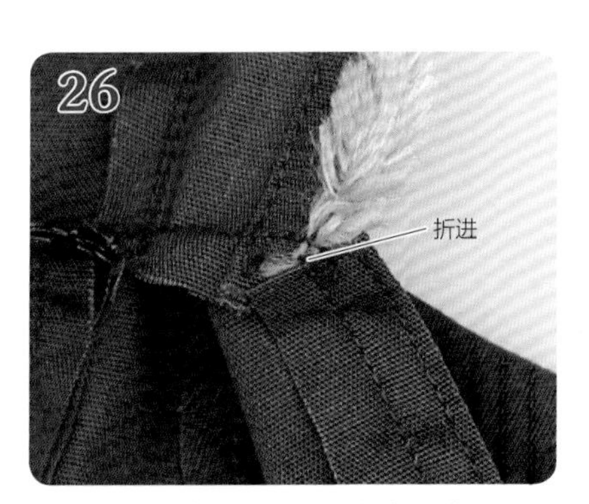
26
折进

前门襟的上端要把缝份折进去再缝合。

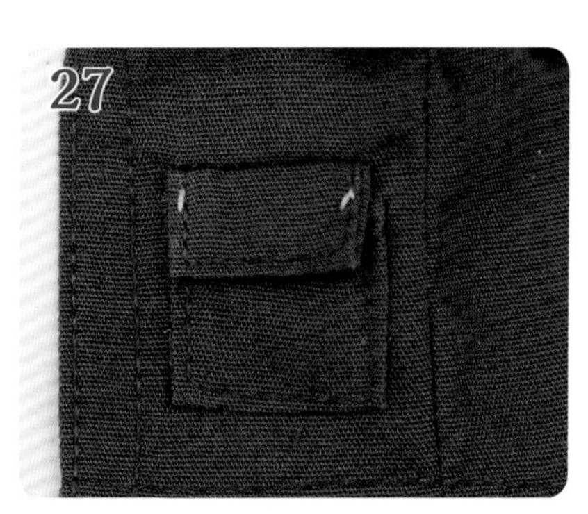
27

前衣片两个口袋，袋盖向下折，手缝固定左、右两点。

28

在指定位置开洞，安装气眼。左、右衣身相同方法制作。

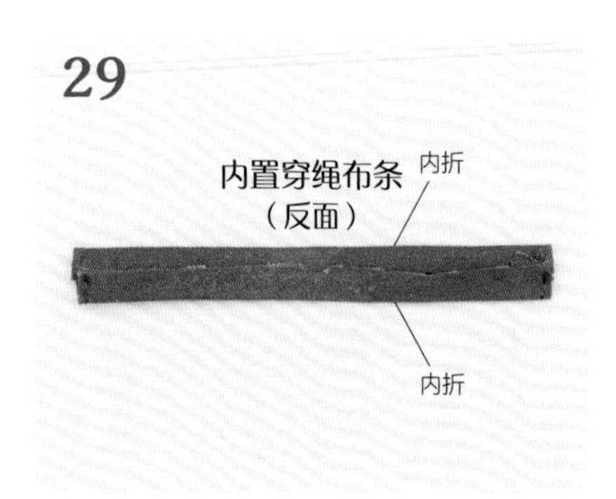
29
内置穿绳布条
（反面）
内折
内折

制作内置穿绳布条。两边内折后缉明线。再折三折，用熨斗熨烫。

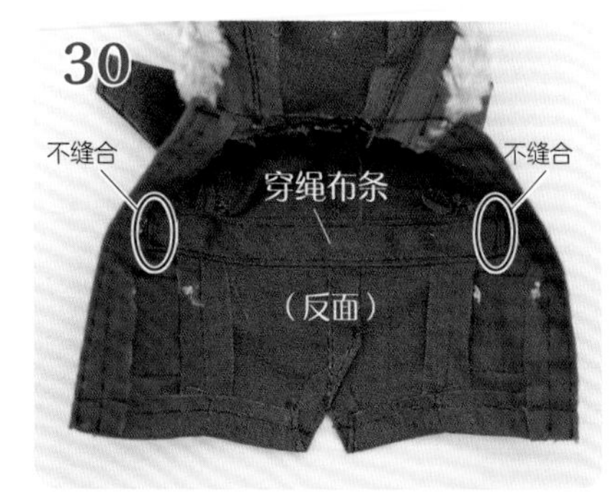
30
不缝合
不缝合
穿绳布条
（反面）

将穿绳布条缉缝在衣身内部的指定位置。只缝合上下两边。两侧留口准备穿抽绳。

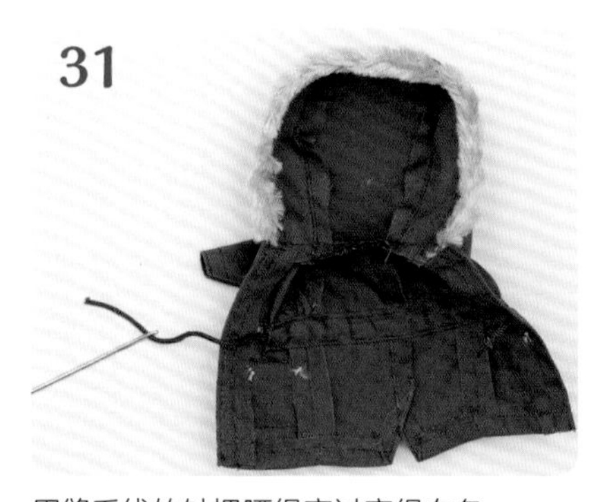
31

用缝毛线的针把腰绳穿过穿绳布条。

32

穿过气眼。

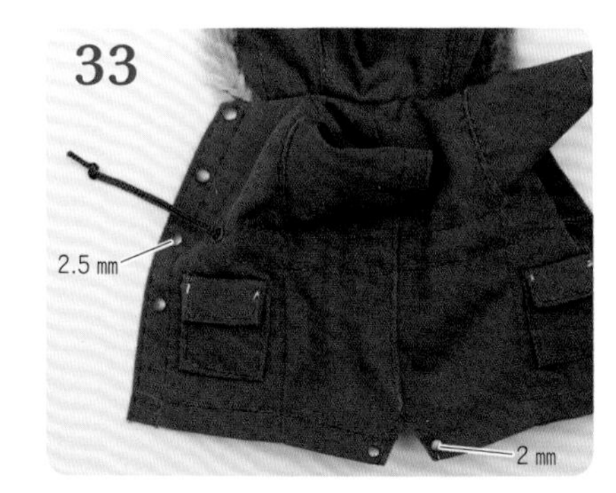
33
2.5 mm
2 mm

绳头打结，在前门襟和后身开衩处贴烫钻。毛领大衣制作完成。

制作瘦腿裤

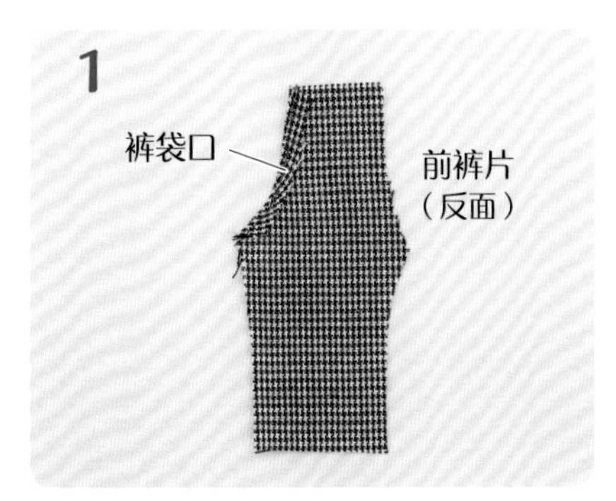
1
裤袋口
前裤片
（反面）

将前裤袋口缝份内折缉明线。

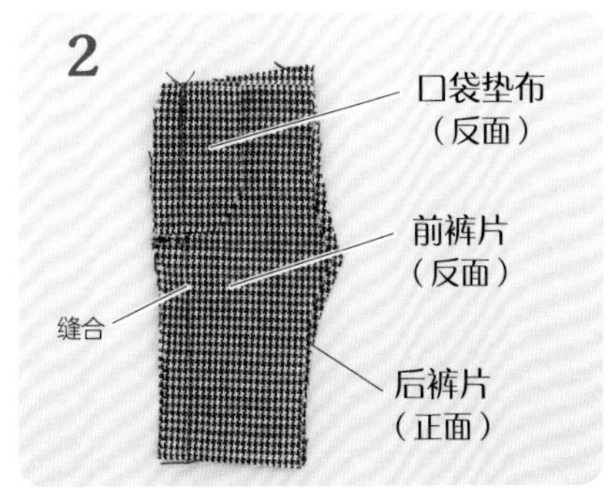
2
口袋垫布
（反面）
前裤片
（反面）
缝合
后裤片
（正面）

将口袋垫布、前裤片，后裤片如图所示叠放在一起，缝合侧缝。

3
正面

裤片向左右展开后的样子。

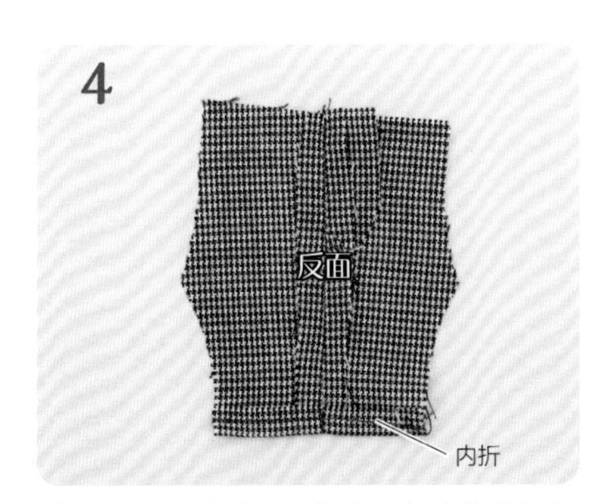
4
反面
内折

侧缝缝份分缝熨平，底边沿完成线内折缉明线。左、右裤片对称，制作方法相同。

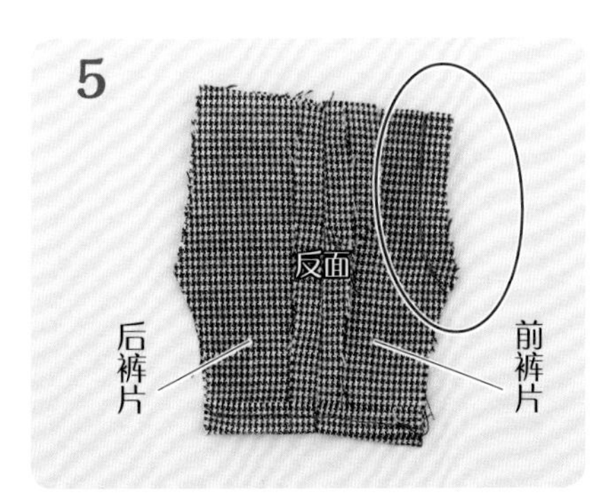
5
反面
后裤片
前裤片

左、右裤片正面相对，缝合前上裆缝。

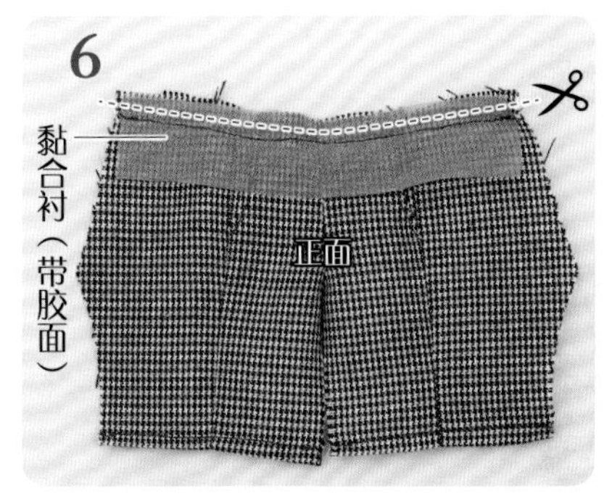
6
黏合衬（带胶面）
正面

黏合衬带胶面向上，放于裤片正面腰部，缝合。修剪 1/2 缝份。

7
反面

将缝份与黏合衬折向裤片反面，熨斗热熔固定。

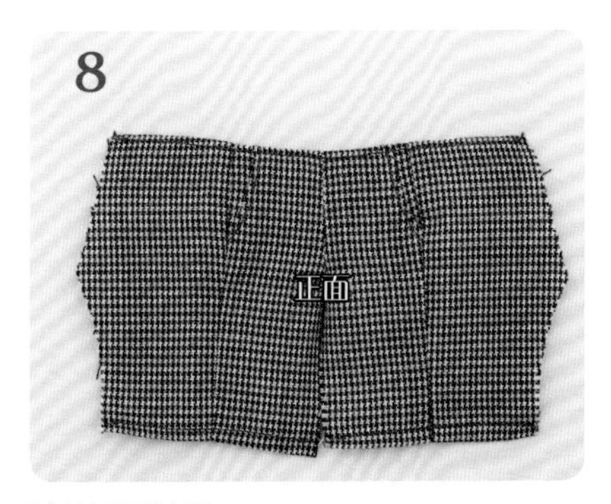
8
正面

裤片正面效果。

9
魔术贴毛面
（正面）
魔术贴钩面（反面）
反面

如图所示在裤腰两侧沿完成线内折缝份，并缝合魔术贴。

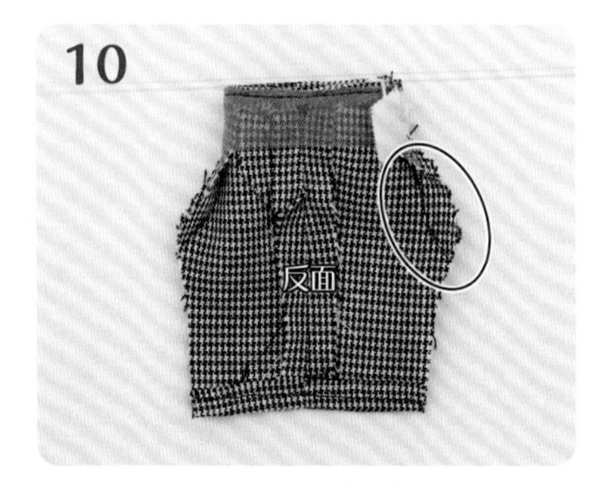
10
反面

将左、右裤片正面相对，缝合裤片后上裆缝。

11
反面

打开裤片，缝合下裆线。缝合时注意避开缝份（参见 p.21）。翻至正面，瘦腿裤制作完成。

✿ 制作立领衫

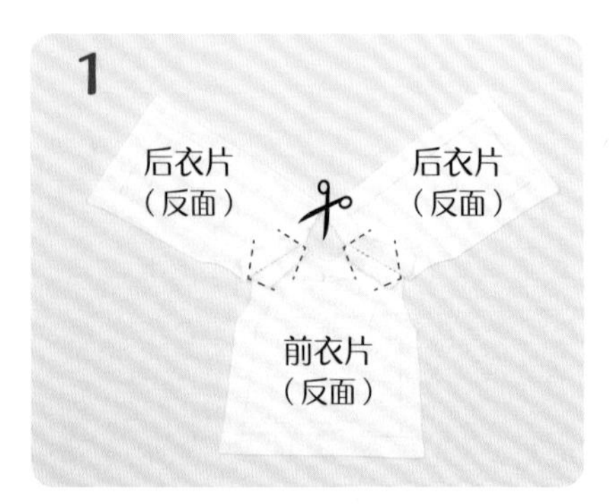
1
后衣片
（反面）
后衣片
（反面）
前衣片
（反面）

将前、后衣片正面相对，缝合肩线。缝份分缝熨平，修剪缝份的边角。

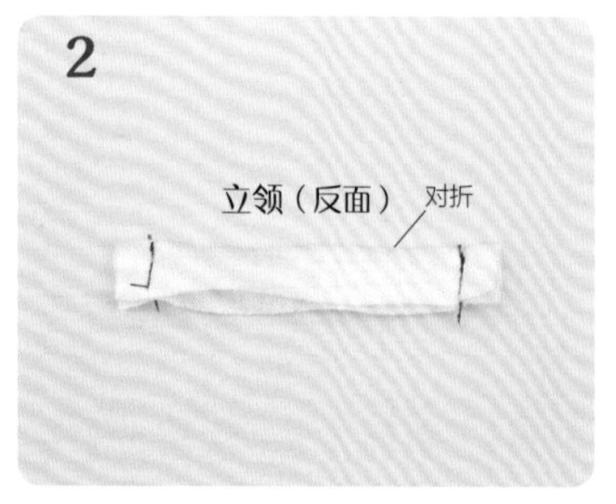
2
立领（反面）
对折

制作立领。对折布料缝合两端。

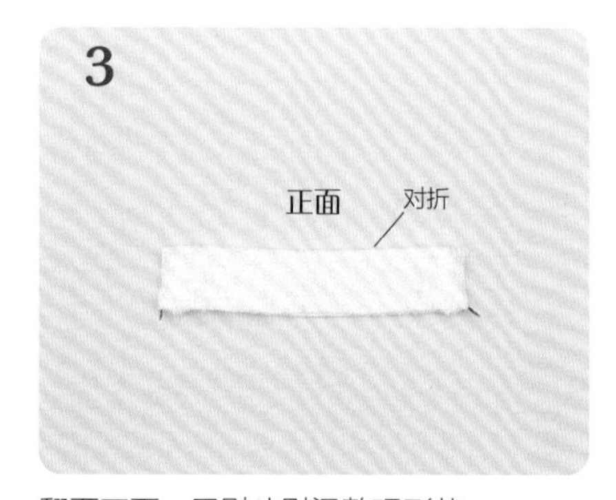
3
正面
对折

翻至正面，用熨斗熨烫整理形状。

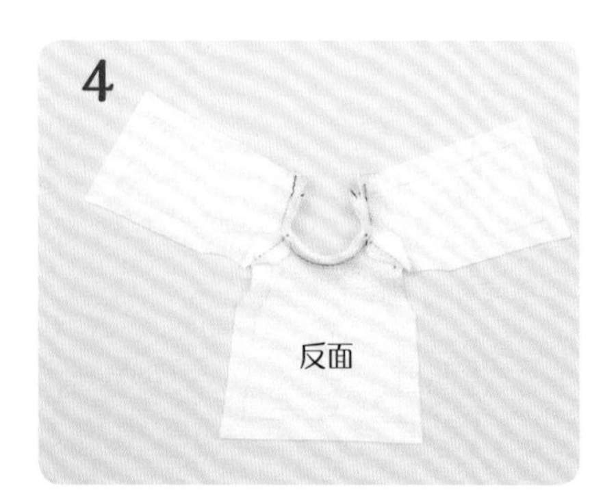
4
反面

将立领与衣身正面相对缝合。

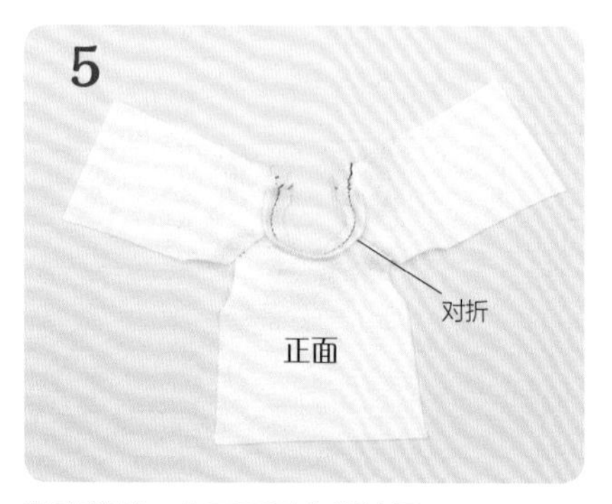
5
对折
正面

整理缝份，从正面看立领效果。

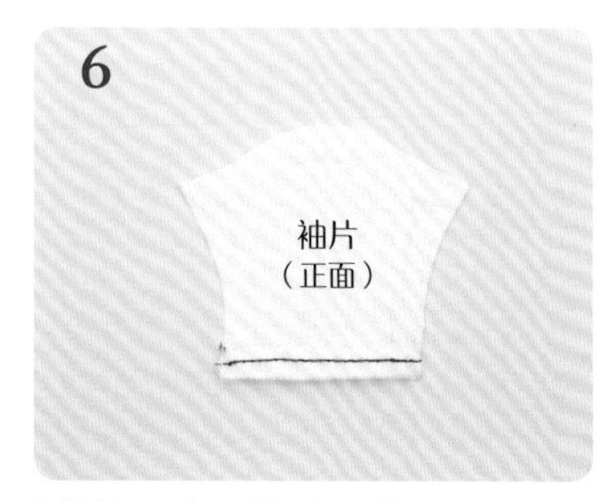
6
袖片
（正面）

制作袖子。折叠袖口缉明线。

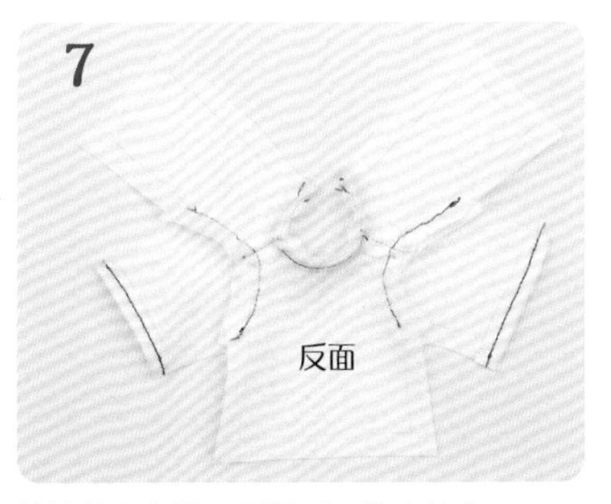
7
反面

将袖片和衣片正面相对，缝合袖窿。

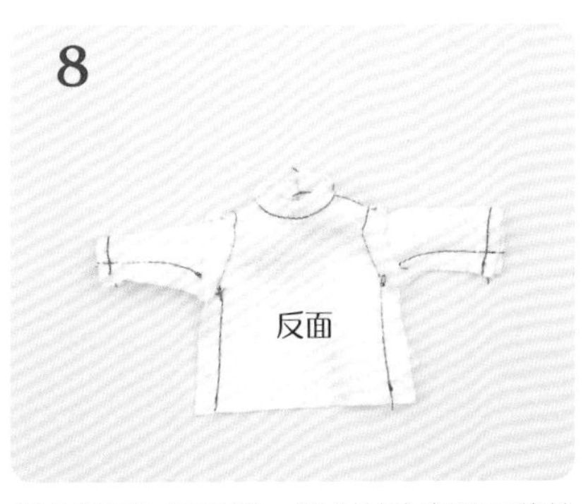
8
反面

缝合侧缝与袖下线。缝合时注意避开缝份（参见 p.21）。

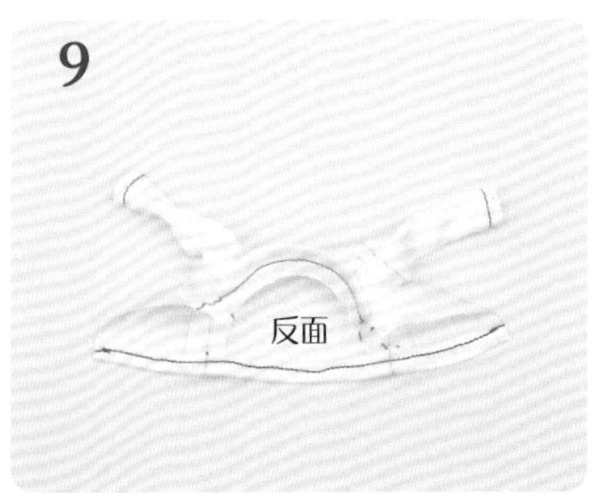
9
反面

翻至正面，内折底边，缉明线。

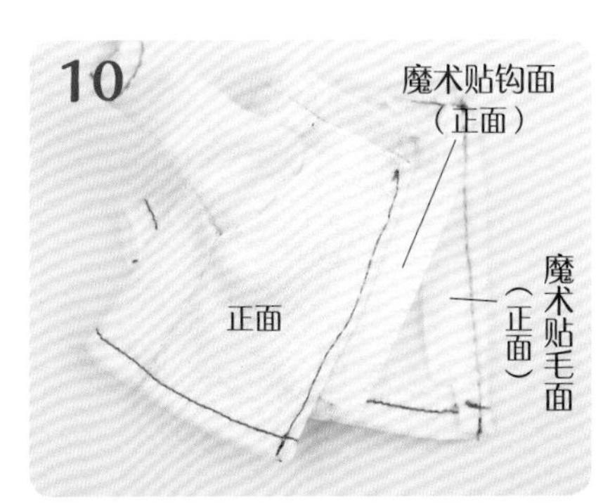
10
魔术贴钩面
（正面）
正面
魔术贴毛面
（正面）

后衣片沿完成线内折缝份，如图所示缝合魔术贴。立领衫制作完成。

外套 — 女孩 —

照片 →p.14
纸样 →p.126

很适合冬天的披肩，毛茸茸的衣领感觉非常温暖。不需要穿袖子所以可以与各种衣服进行搭配。这次搭配的是长款连衣裙，很经典的造型。蕾丝立领，前胸和袖克夫上的小珠子是亮点。

长款连衣裙
背面
毛领披肩
背面

材 料

长款连衣裙

- 平纹棉布（红）…25cm × 20cm
- 平纹棉布（白）…8cm × 3cm
- 黏合衬…5cm × 5cm
- 魔术贴…0.8cm × 4cm
- 蕾丝（宽 5mm）…5cm
- 蕾丝（宽 7mm）…2.5cm
- 珠子（直径 1.5mm）…10 粒

毛领披肩

- 棉绒布…15cm × 8cm
- 棉巴里纱…15cm × 13cm
- 皮毛布料…8cm × 5cm
- 毛线…20cm
- 珠子（直径 2.5mm）…2 粒

✿ 制作长款连衣裙

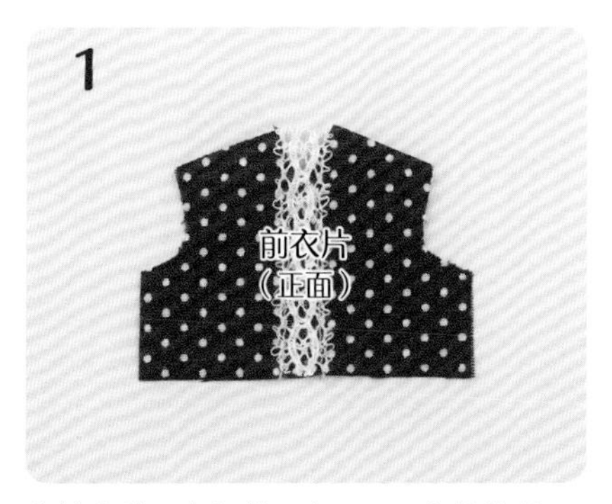
1
前衣片
（正面）

在前衣片正中缉缝一条 7mm 宽的蕾丝。

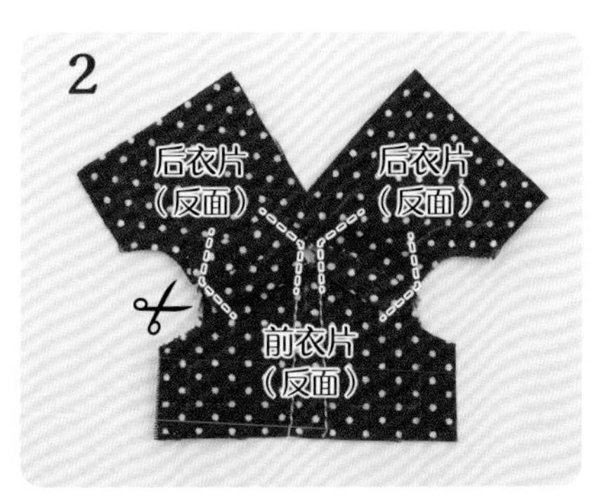
2
后衣片
（反面）
后衣片
（反面）
前衣片
（反面）

前、后衣片正面相对，缝合肩线。缝份分缝熨平，修剪缝份边角。领围线打剪口。

3
黏合衬
（带胶面）
正面

领口缉缝黏合衬。把剪好的黏合衬圆片（胶面向上）放在衣片正面领口位置，缉缝领围线。

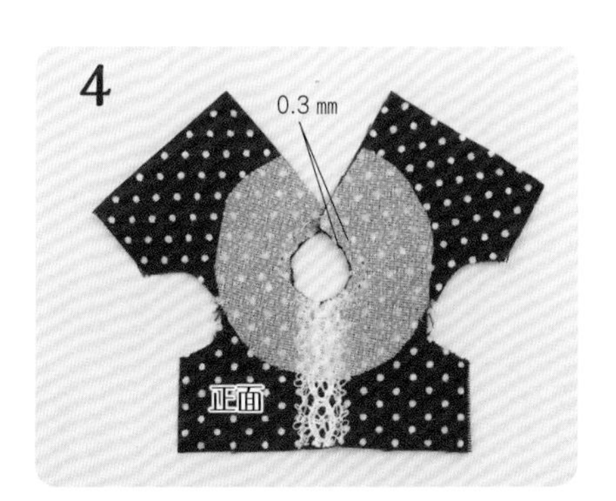
4
0.3㎜
正面

领口缝份同黏合衬一起，修剪 1/2，后中线多余的黏合衬也剪掉。

5
反面

将黏合衬翻至反面，熨烫粘合。

6
正面

正面效果如图所示。

7
袖片
（反面）

制作袖子。袖山和袖口做平针缝，抽褶。

8
正面
袖克夫
对折

袖克夫对折，熨斗熨烫。缝合袖口与袖克夫。

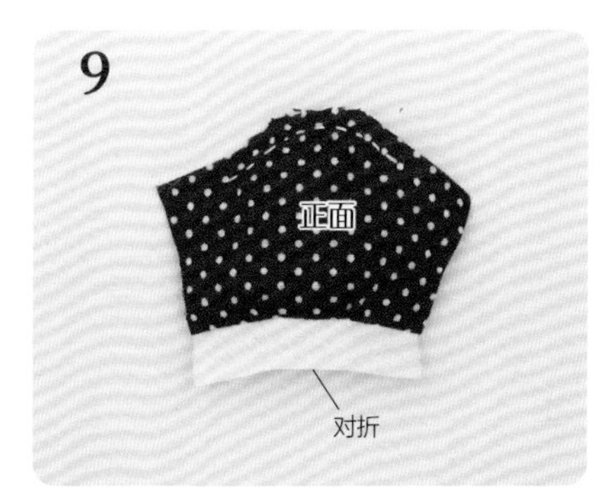
9
正面
对折

袖克夫向下翻，整理形状。另一袖子同样方法制作。

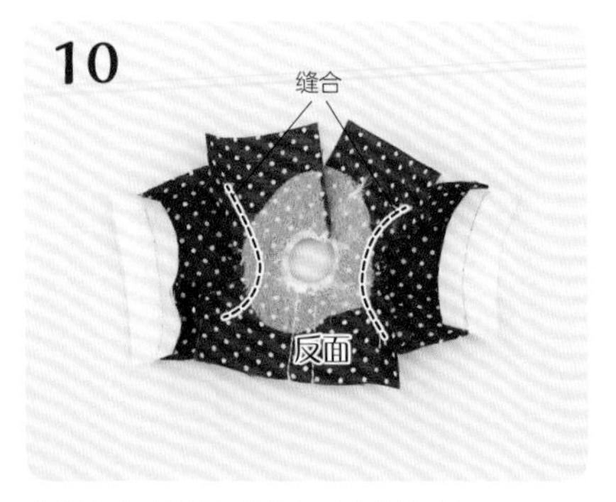
10
缝合
反面
衣片与袖片正面相对，缝合袖窿。

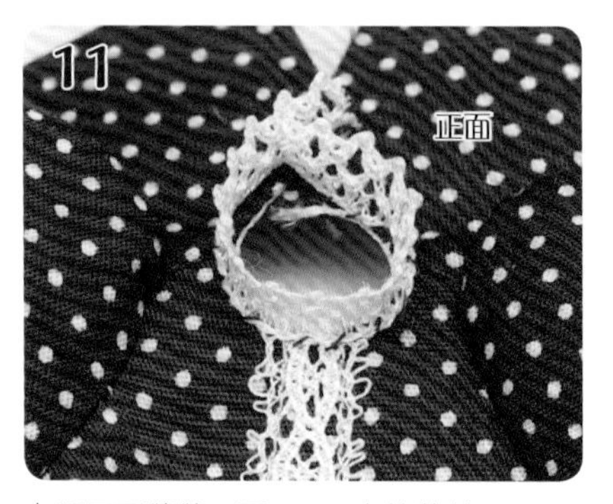
11
正面
在领口手缝缝一圈 5mm 宽的蕾丝。

12
缝合
反面
缝合侧缝与袖下线。缝合时注意对齐，避开缝份（参见 p.21）。

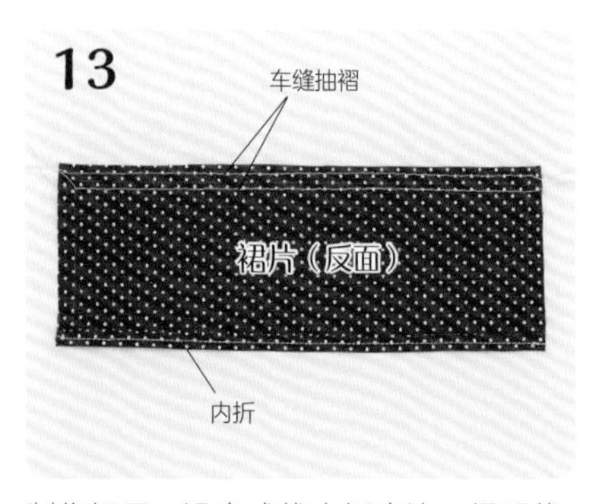
13
车缝抽褶
裙片（反面）
内折
制作裙子。沿完成线内折底边，缉明线。腰部车缝两条抽褶线。

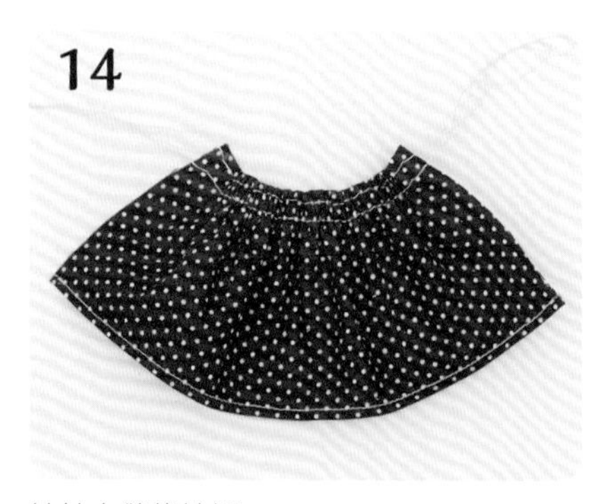
14
抽拉车缝线抽褶。

15
反面
将裙片与衣身正面相对，缝合腰线。缝好后拆除抽褶用车缝线。

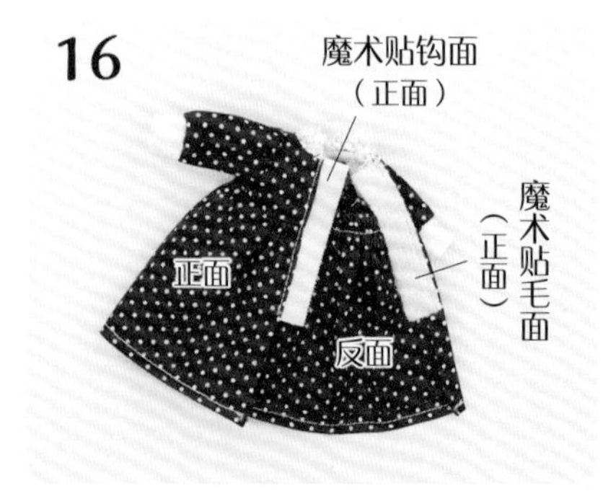
16
魔术贴钩面
（正面）
魔术贴毛面
（正面）
正面
反面
后衣片的左右两边沿完成线内折缝份，如图所示缝合魔术贴。

17
反面
后衣片正面相对缝合，从开衩止点一直缝合至底边。

18
在前衣片和袖克夫上手缝珠子，长款连衣裙制作完成。

✿ 制作毛领披肩

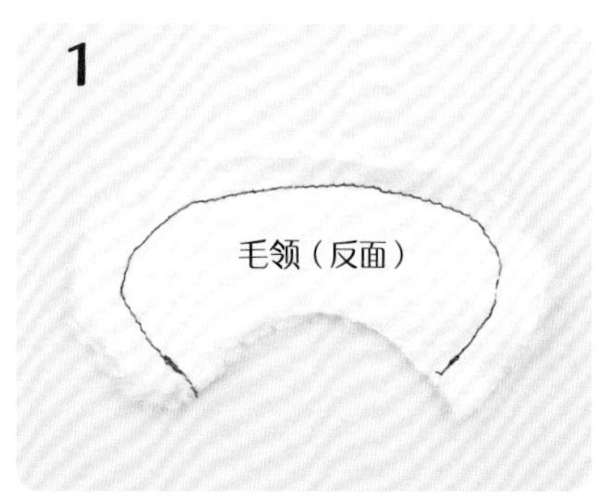
1
毛领（反面）

制作衣领。面布（毛）和里布（棉巴里纱）正面相对缝合。除领围线外，缝合一周。

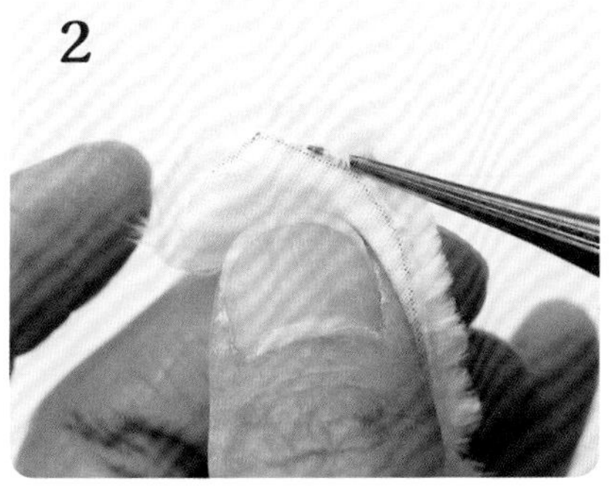
2

翻至正面整理形状。缝进去的毛用锥子挑出来，制造蓬松感。

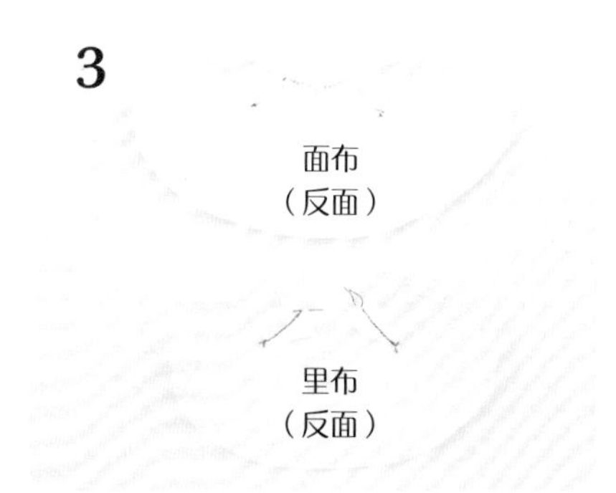
3
面布
（反面）
里布
（反面）

衣片的面布（绒布）和里布（棉巴里纱）分别缝合省道。

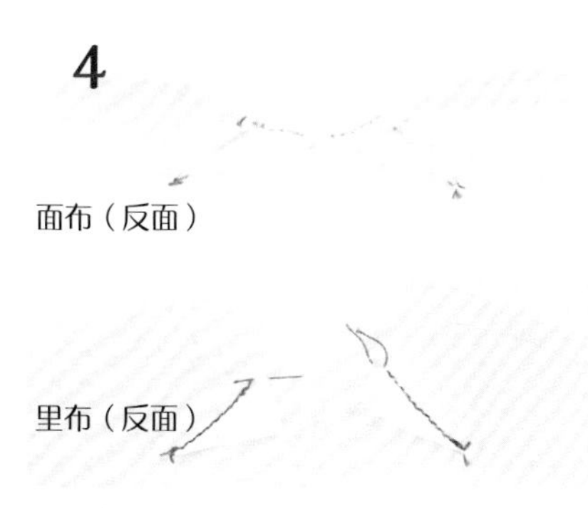
4
面布（反面）
里布（反面）

将面布的省道从中间剪开，分缝熨平。里布的省道倒向中心熨平。

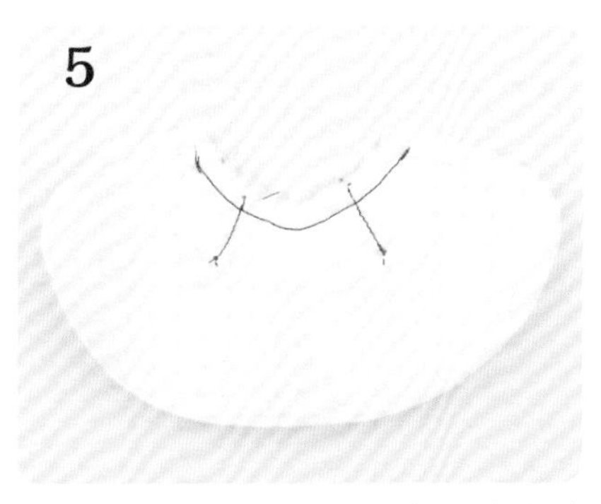
5

里布与面布正面相对，毛领（毛面与衣片里布一侧重叠）夹在衣片中间，四片叠放好缝合毛领。

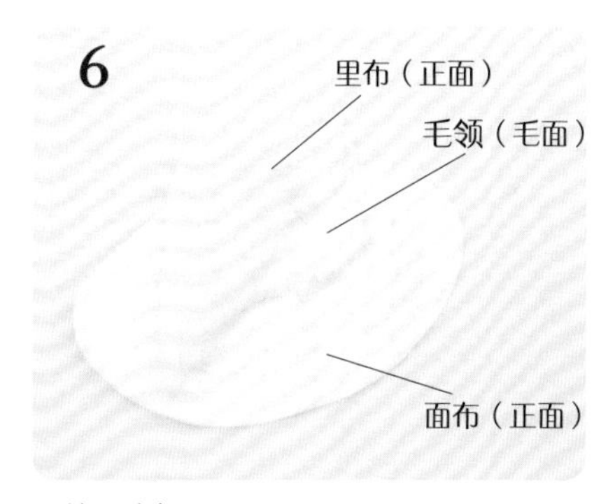
6
里布（正面）
毛领（毛面）
面布（正面）

叠放顺序如图所示。

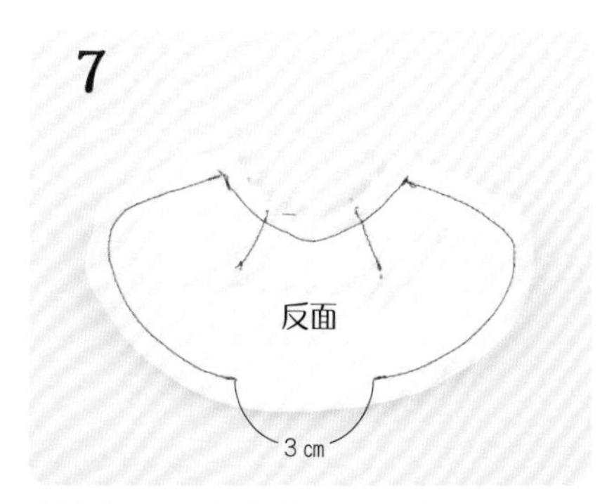
7
反面
3㎝

底边留3cm左右的翻口用来翻回正面。周围车缝固定。

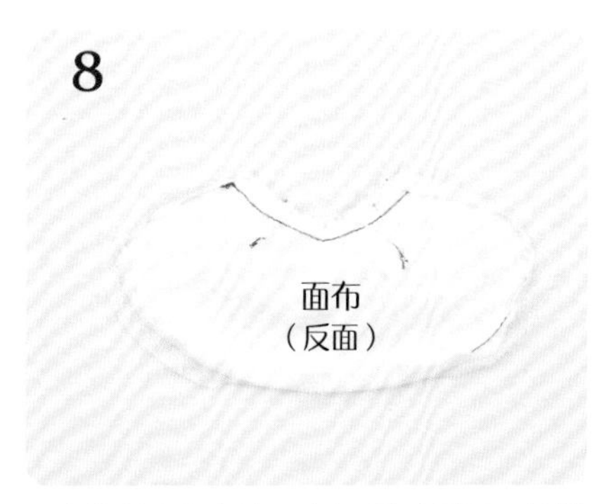
8
面布
（反面）

面布缝份全部倒向里侧，熨斗熨烫。这样做能确保翻回正面时四周圆顺平整。

9
正面

从翻口翻至正面。用锥子和熨斗整理形状。

10

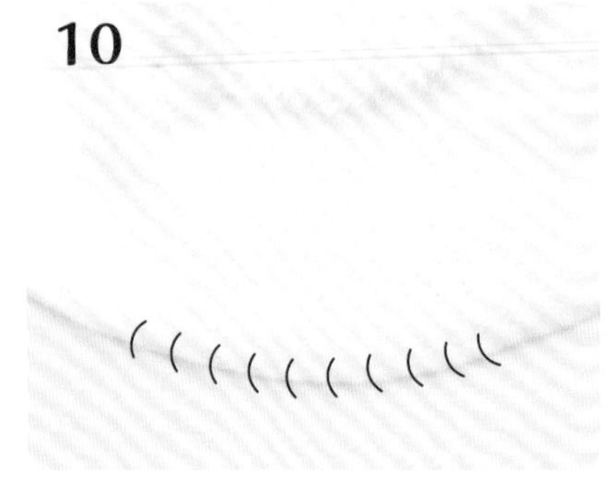

手工缝合翻口。

11

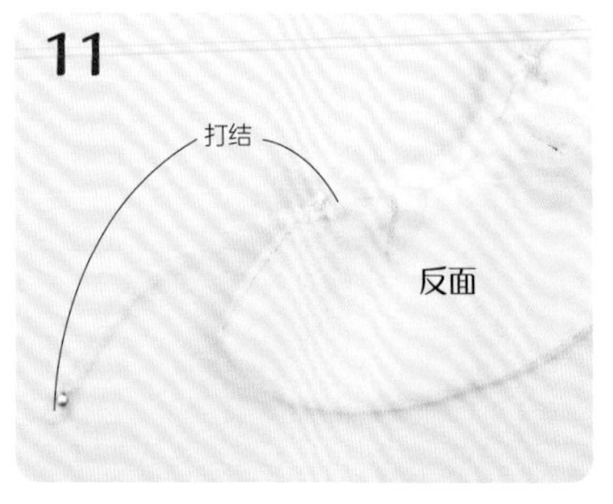
打结
反面

毛线两端各穿一粒小珠子并两头打结。将毛线扎成蝴蝶结后，在披肩左右领口中点处手缝固定。毛领披肩制作完成。

纸样

- 本书的纸包括全身服饰。
- 详细的使用说明请参见 p.18。
- 凸折、凹折的标记线如下:

凸折 - - - - - - - - - - - - - -

凹折 — — — — — —

1 制服 — 男孩 —

照片 … p.5
制作 … p.24

衬衫

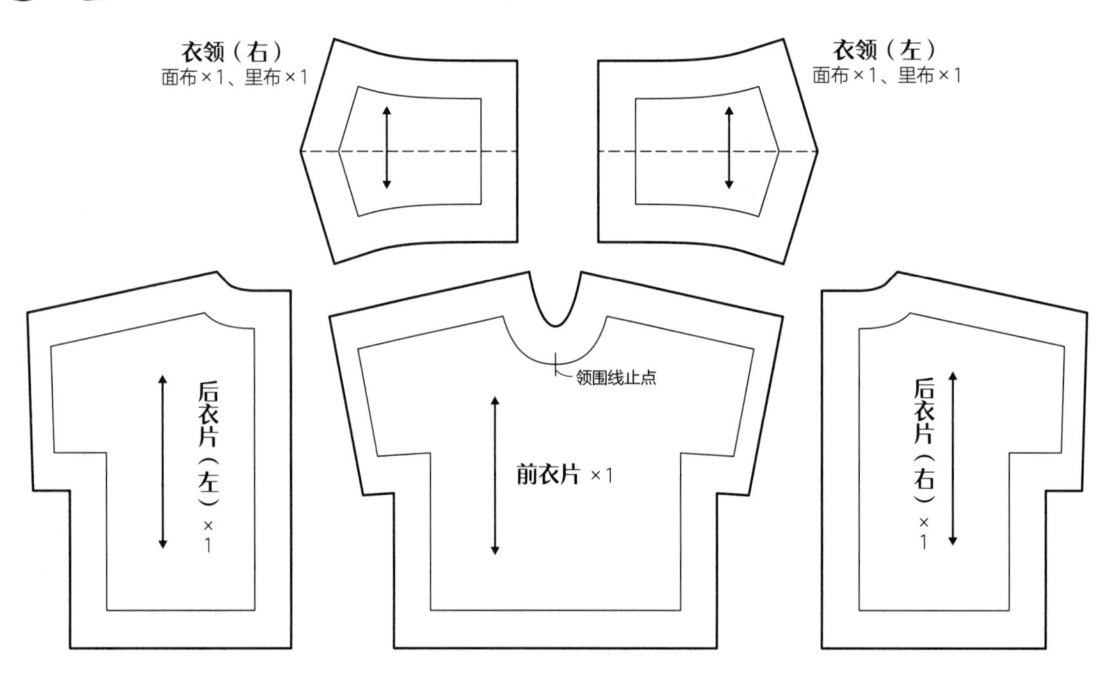
衣领（右）
面布×1、里布×1
衣领（左）
面布×1、里布×1
后衣片（左）×1
领围线止点
前衣片 ×1
后衣片（右）×1

背心

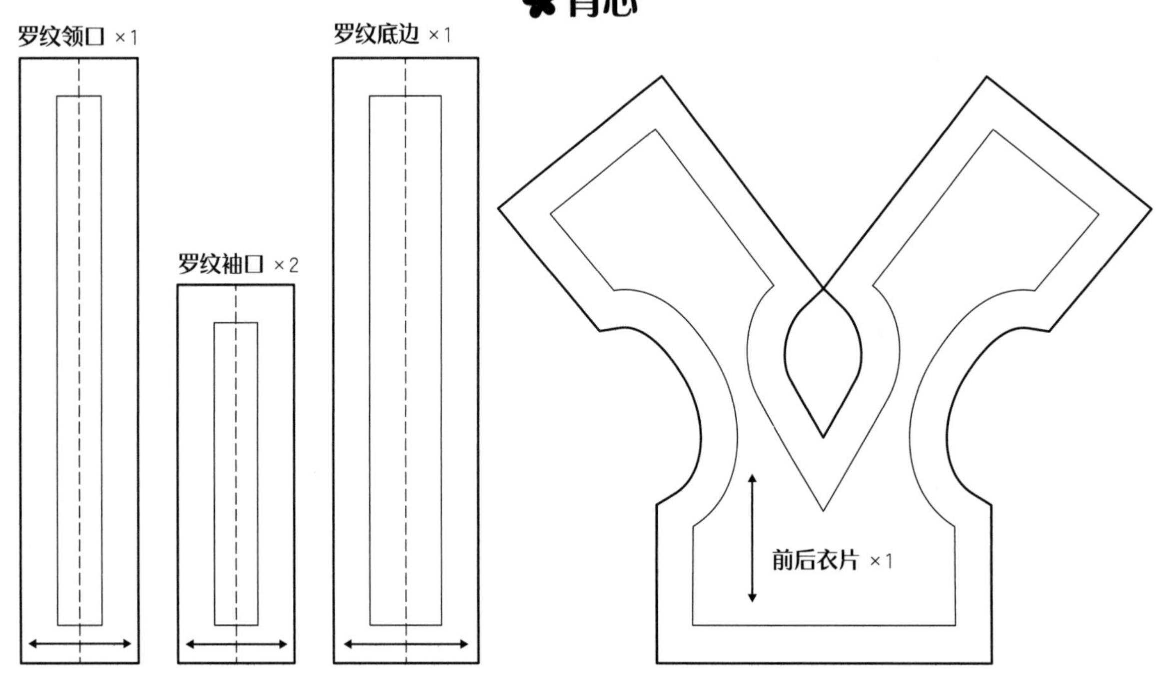
罗纹领口 ×1
罗纹袖口 ×2
罗纹底边 ×1
前后衣片 ×1

✿西装

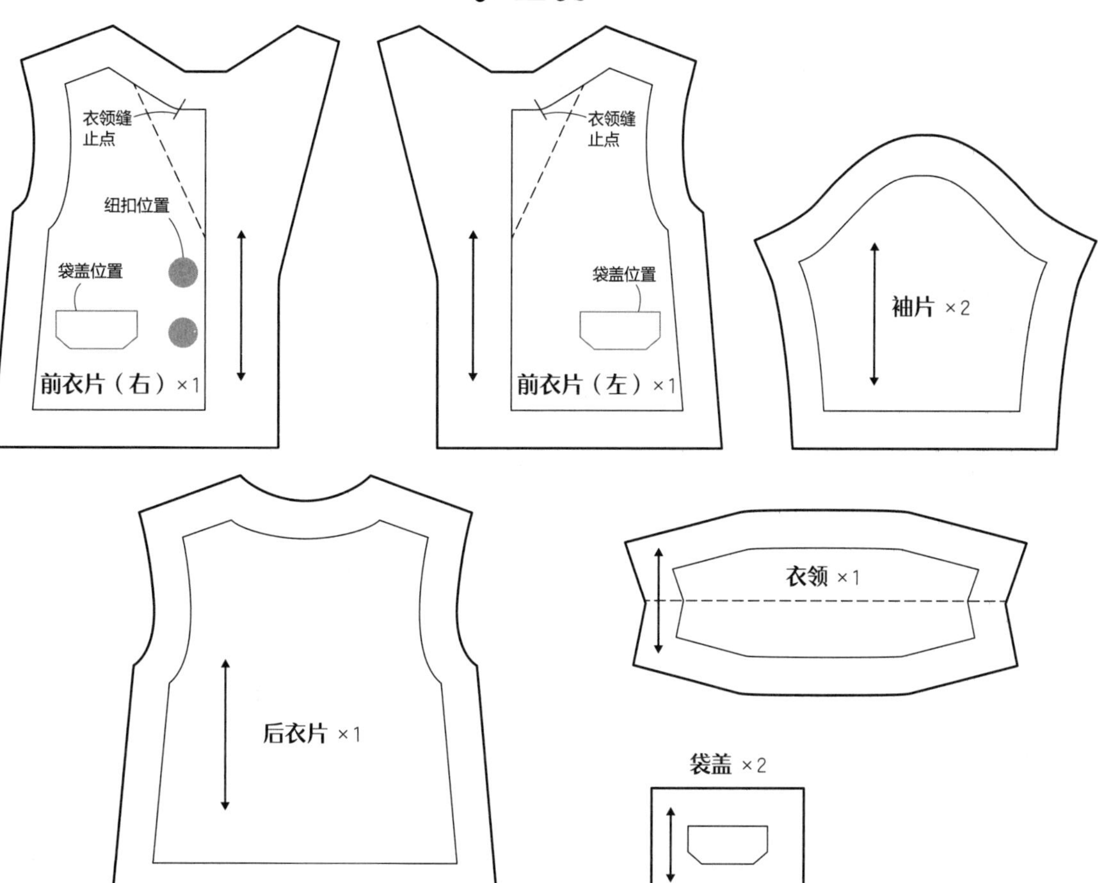
衣领缝止点
纽扣位置
袋盖位置
前衣片（右）×1
衣领缝止点
袋盖位置
前衣片（左）×1
袖片 ×2
后衣片 ×1
衣领 ×1
袋盖 ×2

✿袜子

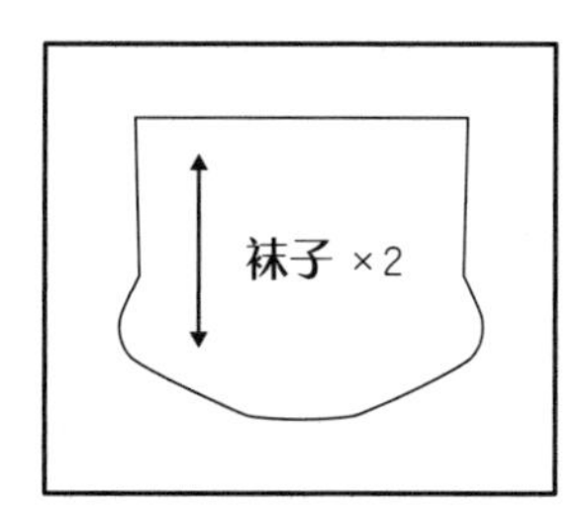
袜子 ×2

✿短裤

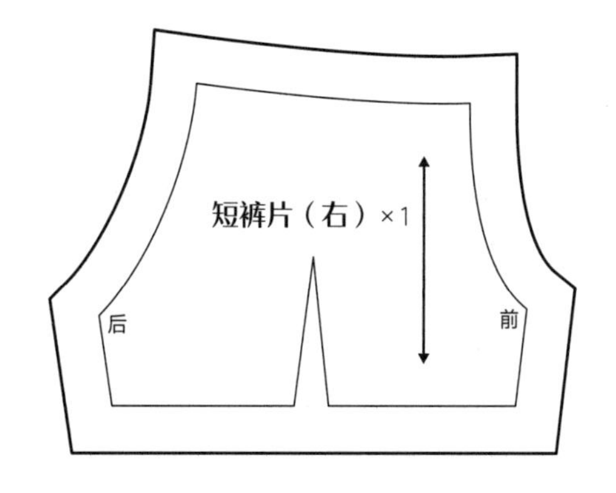
短裤片（右）×1
后
前

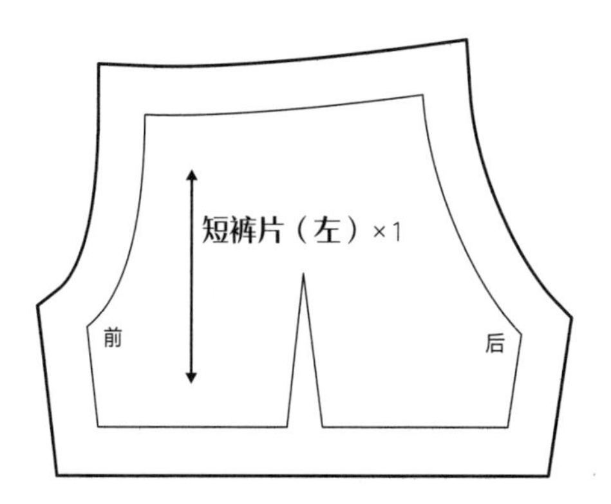
短裤片（左）×1
前
后

2 制服 — 女孩 —

照片 … p.5
制作 … p.32

罩衫

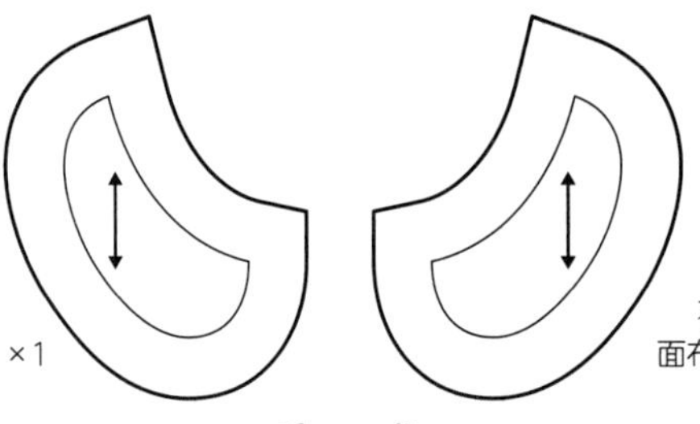

衣领（右）
面布 ×1、里布 ×1

衣领（左）
面布 ×1、里布 ×1

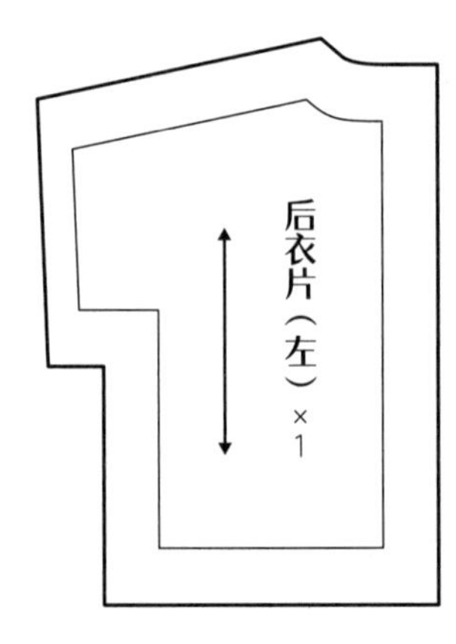
后衣片（左）×1

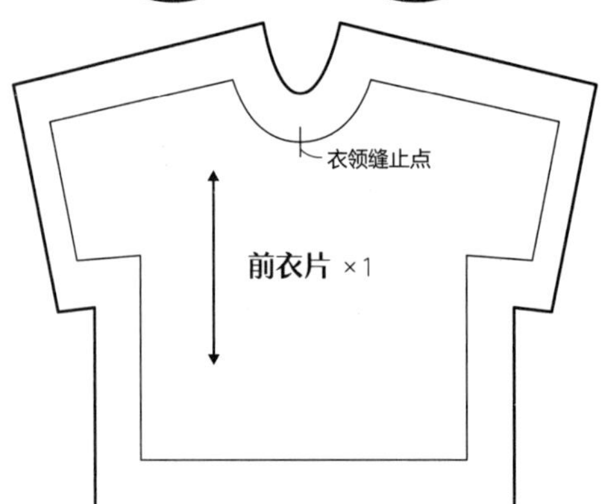
衣领缝止点
前衣片 ×1

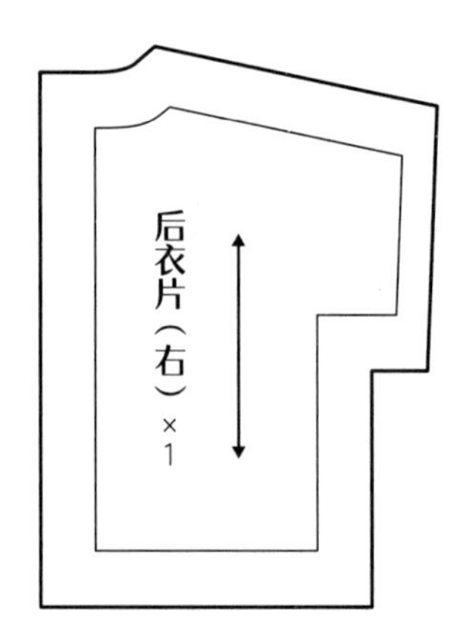
后衣片（右）×1

开衫

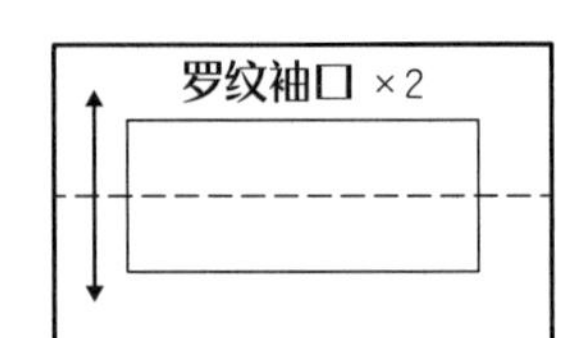
罗纹袖口 ×2

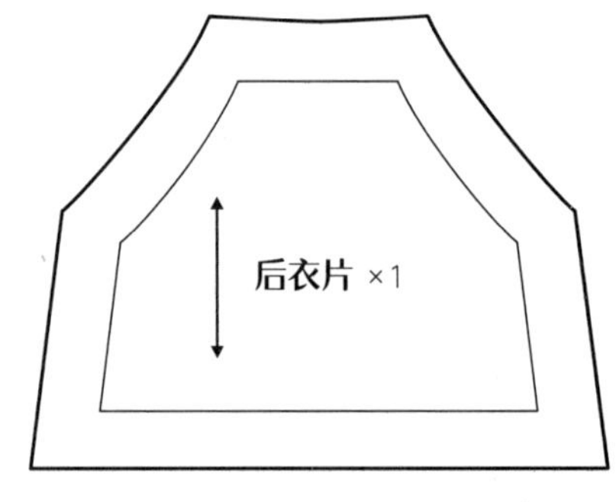
后衣片 ×1

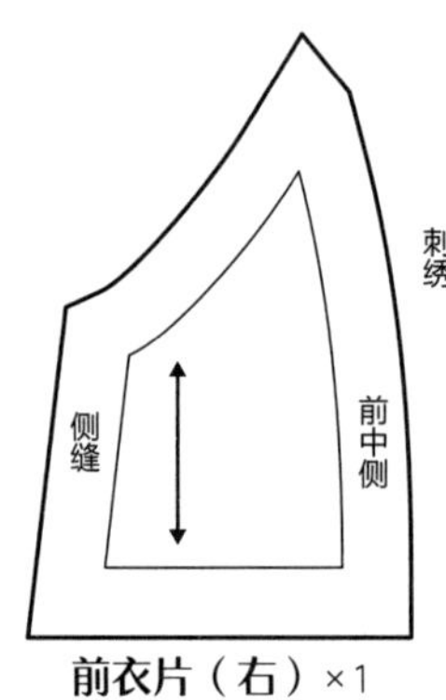
侧缝
前中侧

前衣片（右）×1

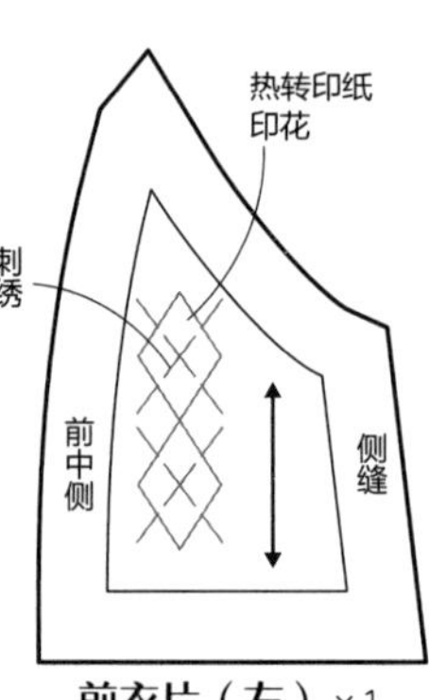
热转印纸印花
刺绣
前中侧
侧缝

前衣片（左）×1

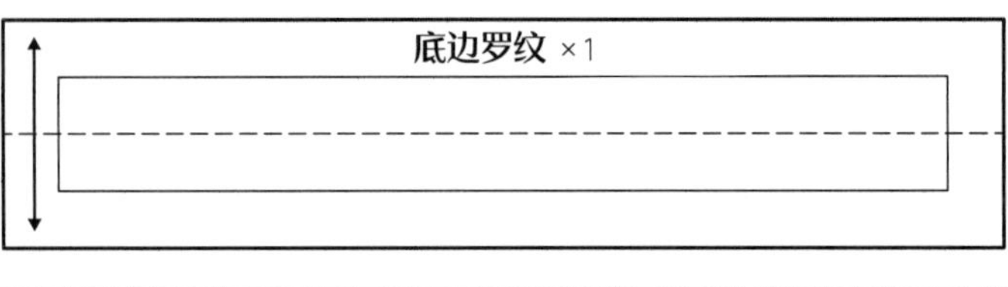
底边罗纹 ×1

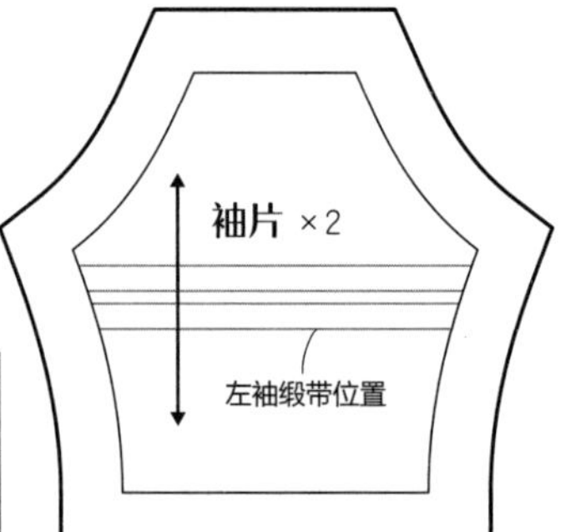
袖片 ×2
左袖缎带位置

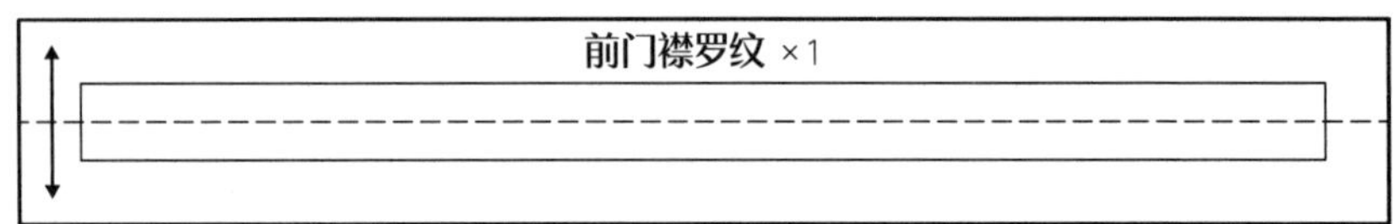
前门襟罗纹 ×1

✿背心裙

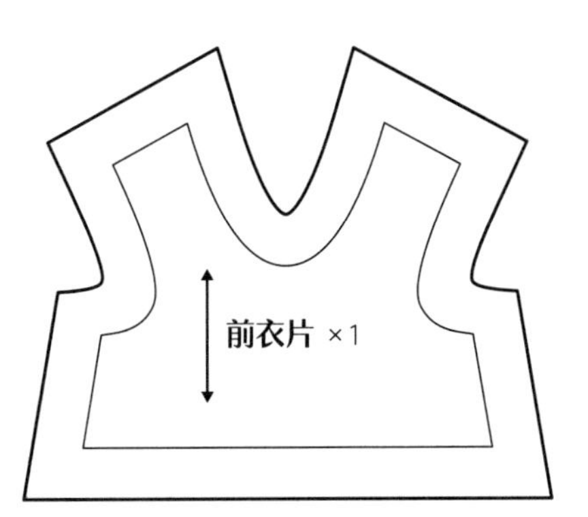
前衣片 ×1

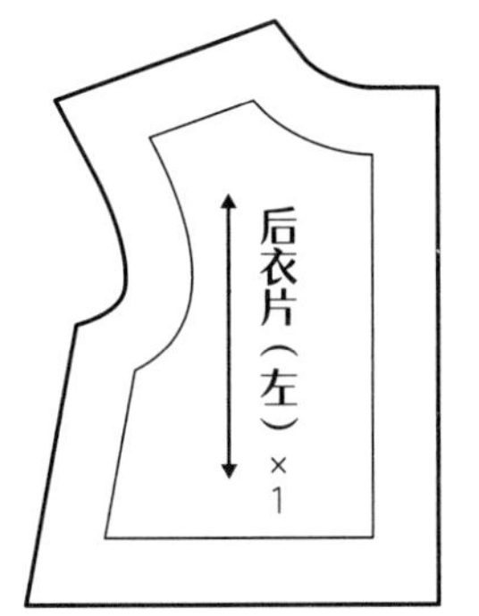
后衣片（左）×1

后衣片（右）×1

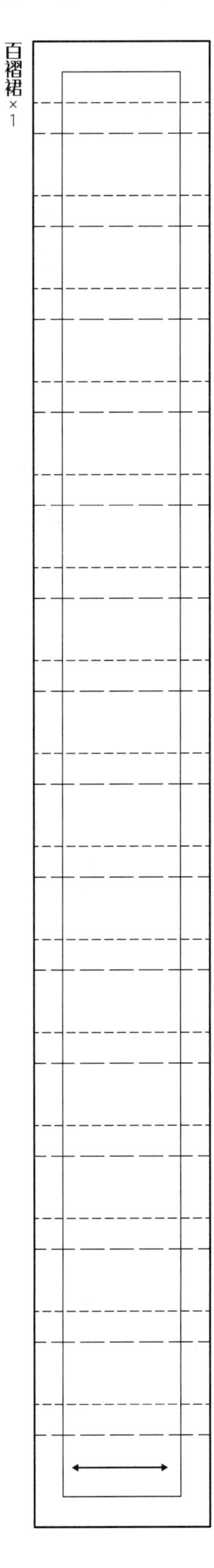
百褶裙×1

✿贝雷帽

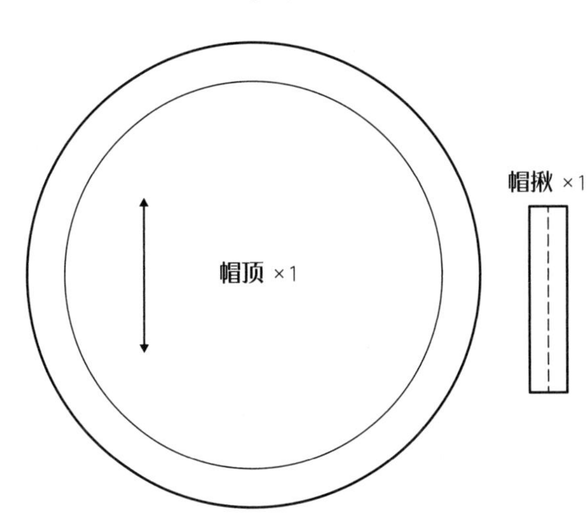
帽顶 ×1

帽侧片 ×1

帽揪 ×1

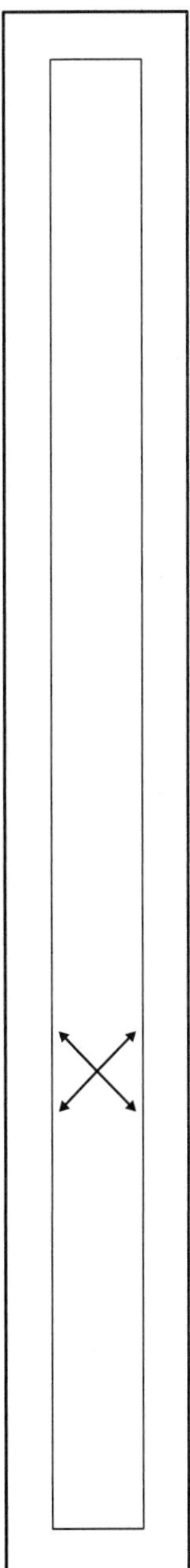

✿三折袜

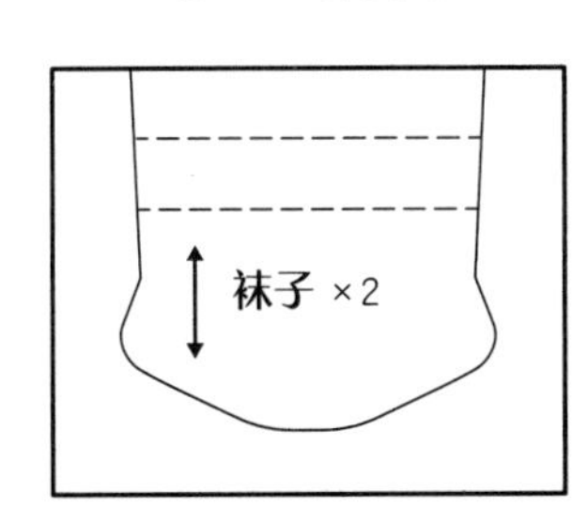
袜子 ×2

3 水手服 — 男孩 —

照片 … p.9
制作 … p.40

✿ 水手服上衣

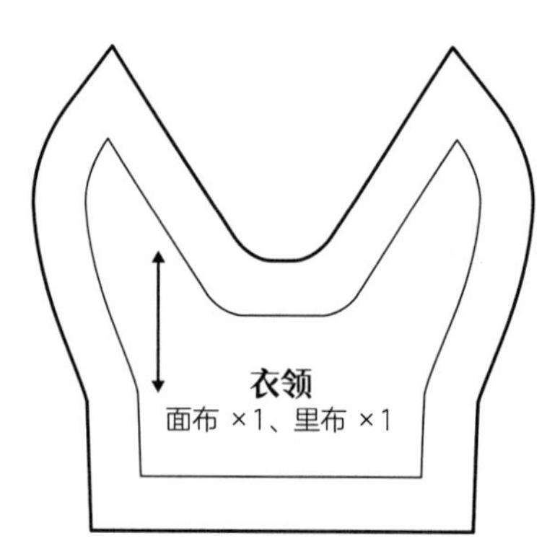
衣领
面布 ×1、里布 ×1

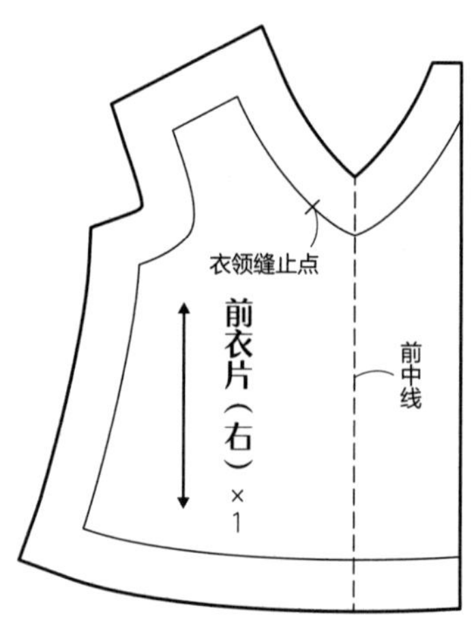
衣领缝止点
前衣片（右）×1
前中线

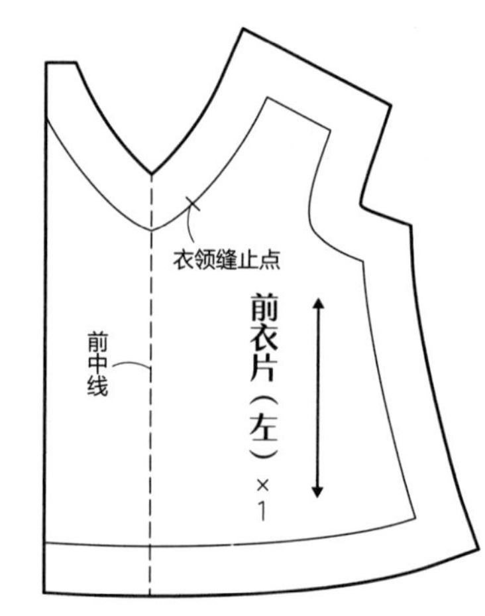
衣领缝止点
前中线
前衣片（左）×1

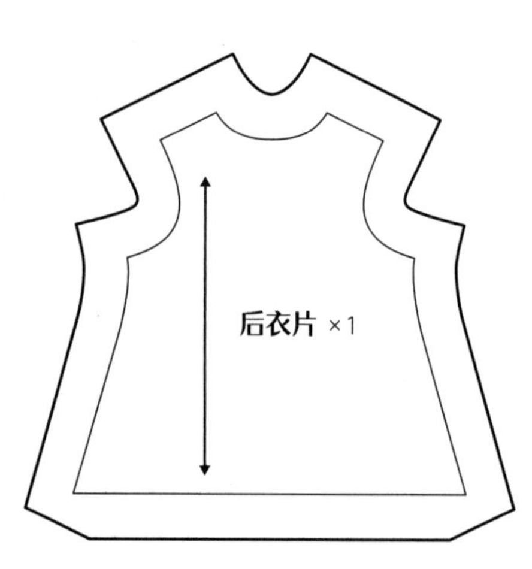
后衣片 ×1

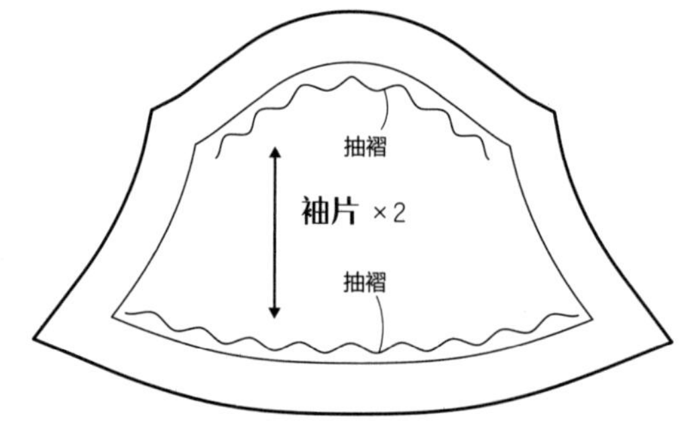
抽褶
袖片 ×2
抽褶

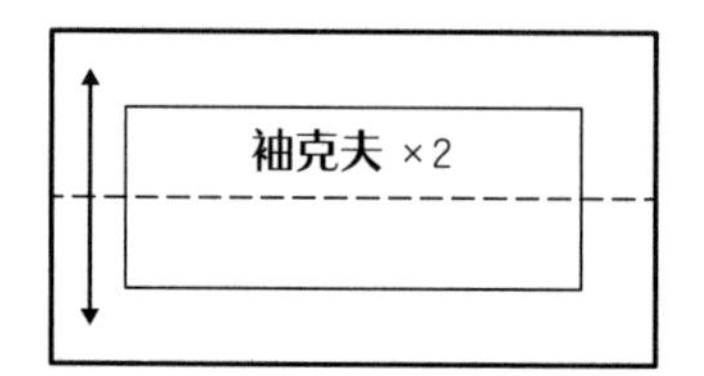
袖克夫 ×2

✿ 五分短裤

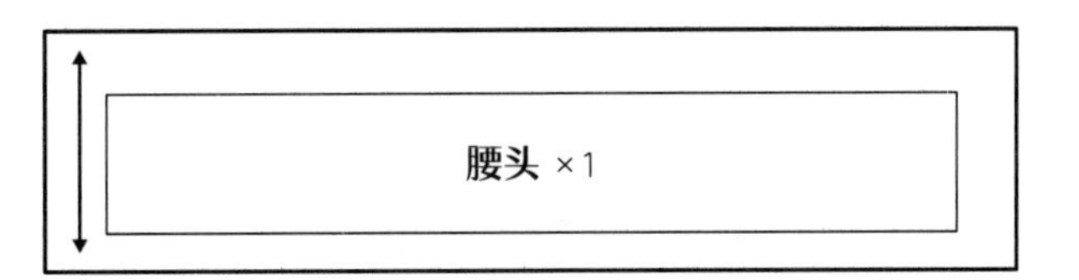
腰头 ×1

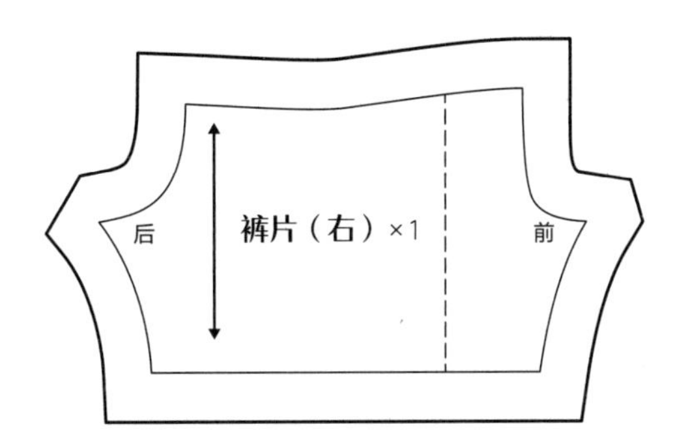
后
裤片（右）×1
前

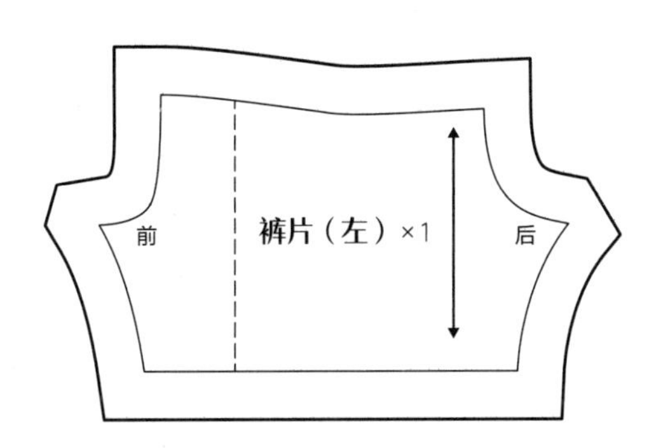
前
裤片（左）×1
后

✿ 袜子

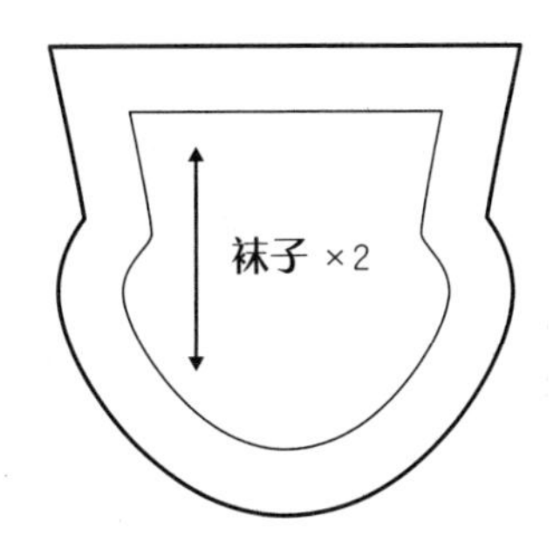
袜子 ×2

4 水手服 — 女孩 —

照片 … p.6
制作 … p.46

✿ 水手连衣裙

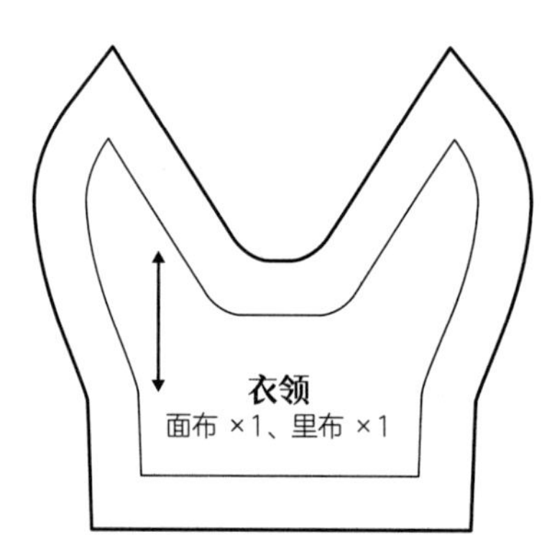
衣领
面布 ×1、里布 ×1

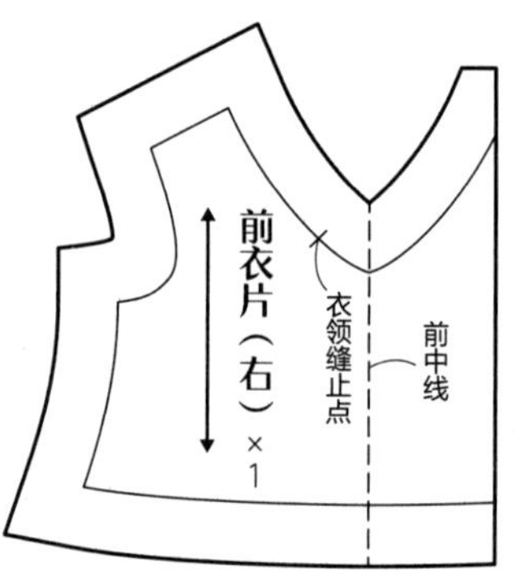
前衣片（右）×1
衣领缝止点
前中线

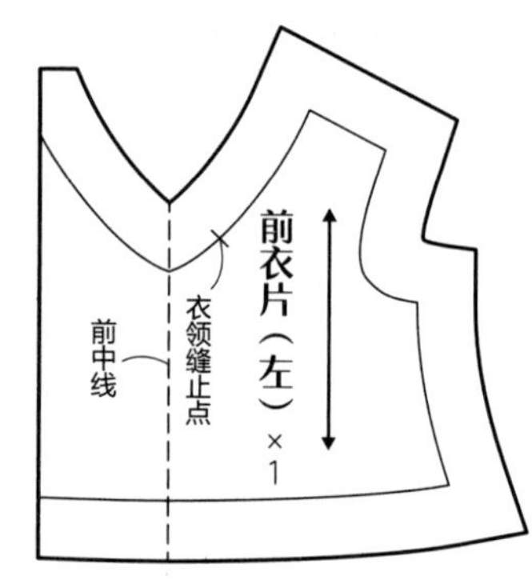
前衣片（左）×1
衣领缝止点
前中线

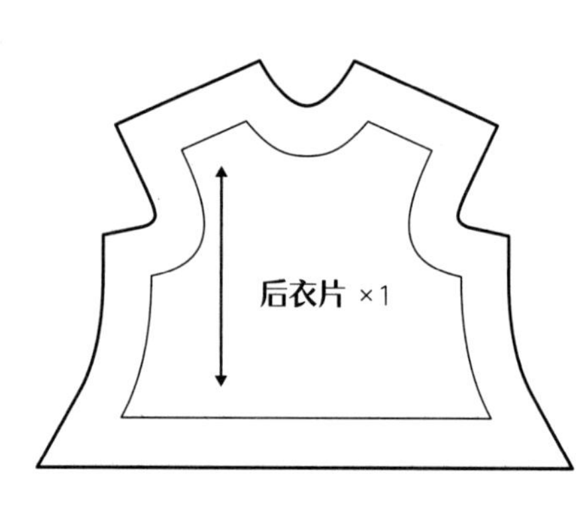
后衣片 ×1

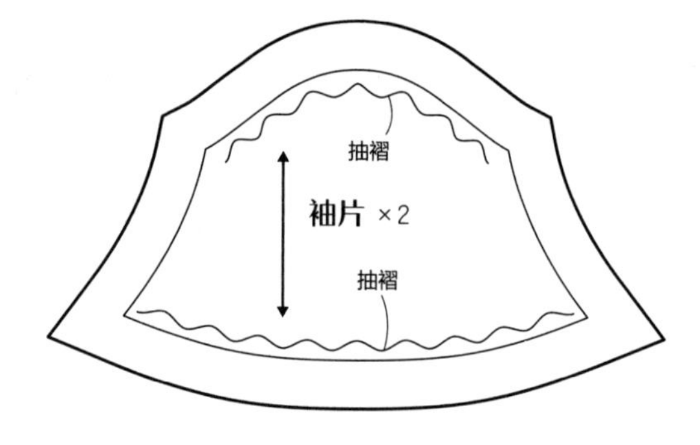
抽褶
袖片 ×2
抽褶

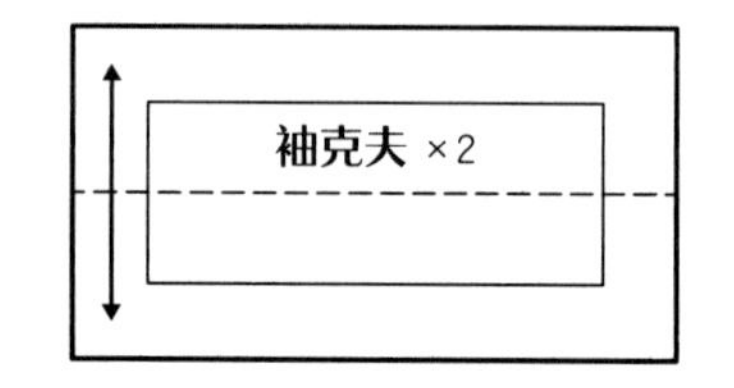
袖克夫 ×2

✿袜子

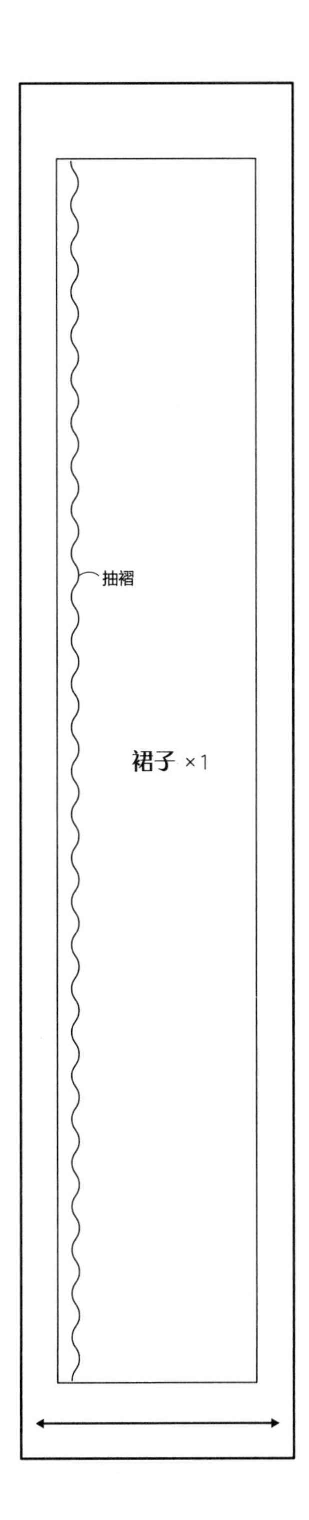
抽褶
裙子 ×1

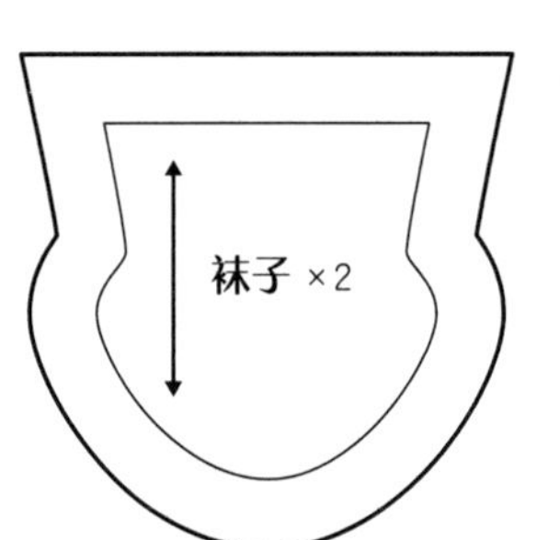
袜子 ×2

5 哥特式洛丽塔 — 男孩 —

照片 … p.8
制作 … p.48

✿ 衬衫

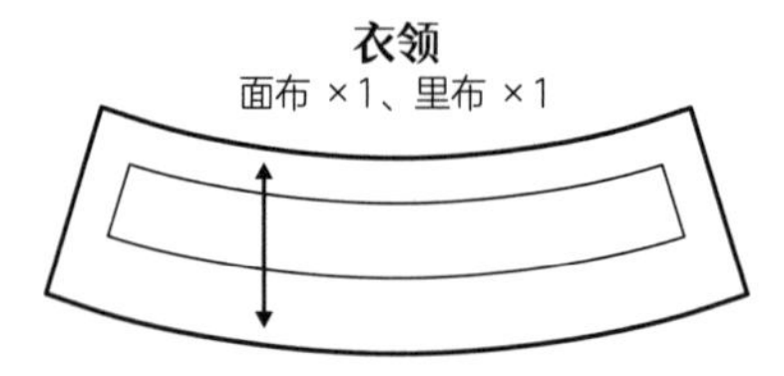
衣领
面布 ×1、里布 ×1

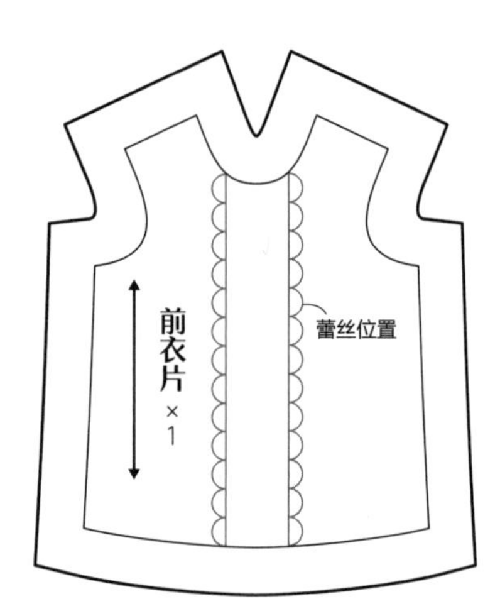
前衣片 ×1
蕾丝位置

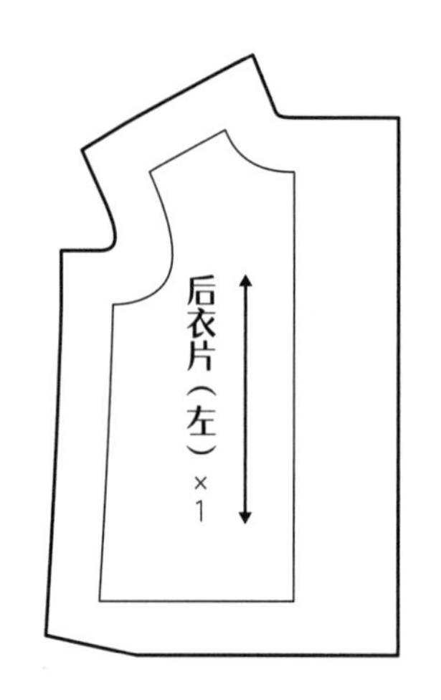
后衣片（左）×1

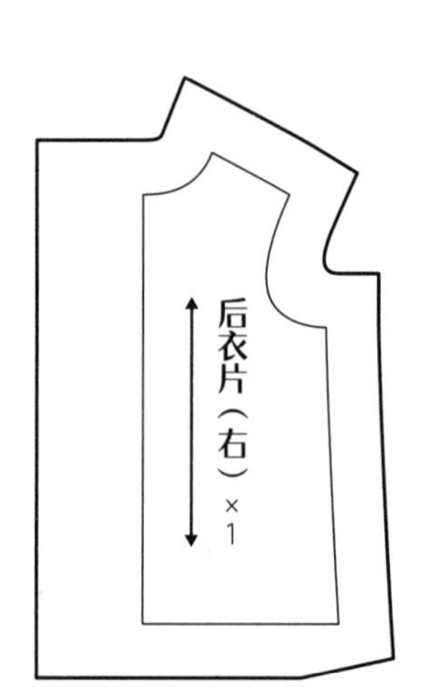
后衣片（右）×1

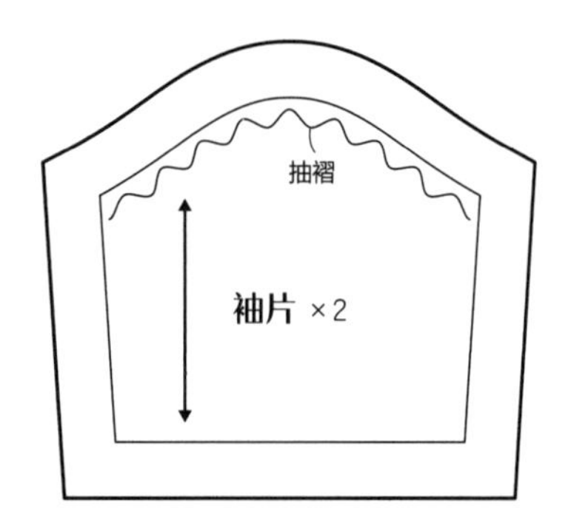
抽褶
袖片 ×2

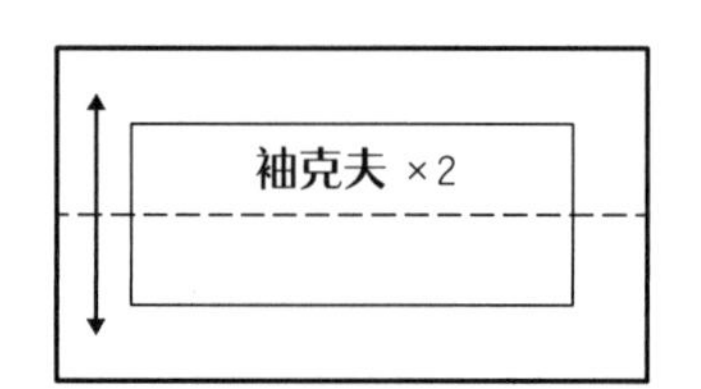
袖克夫 ×2

✿背心 面布 × 1、里布 × 1

✿裤子

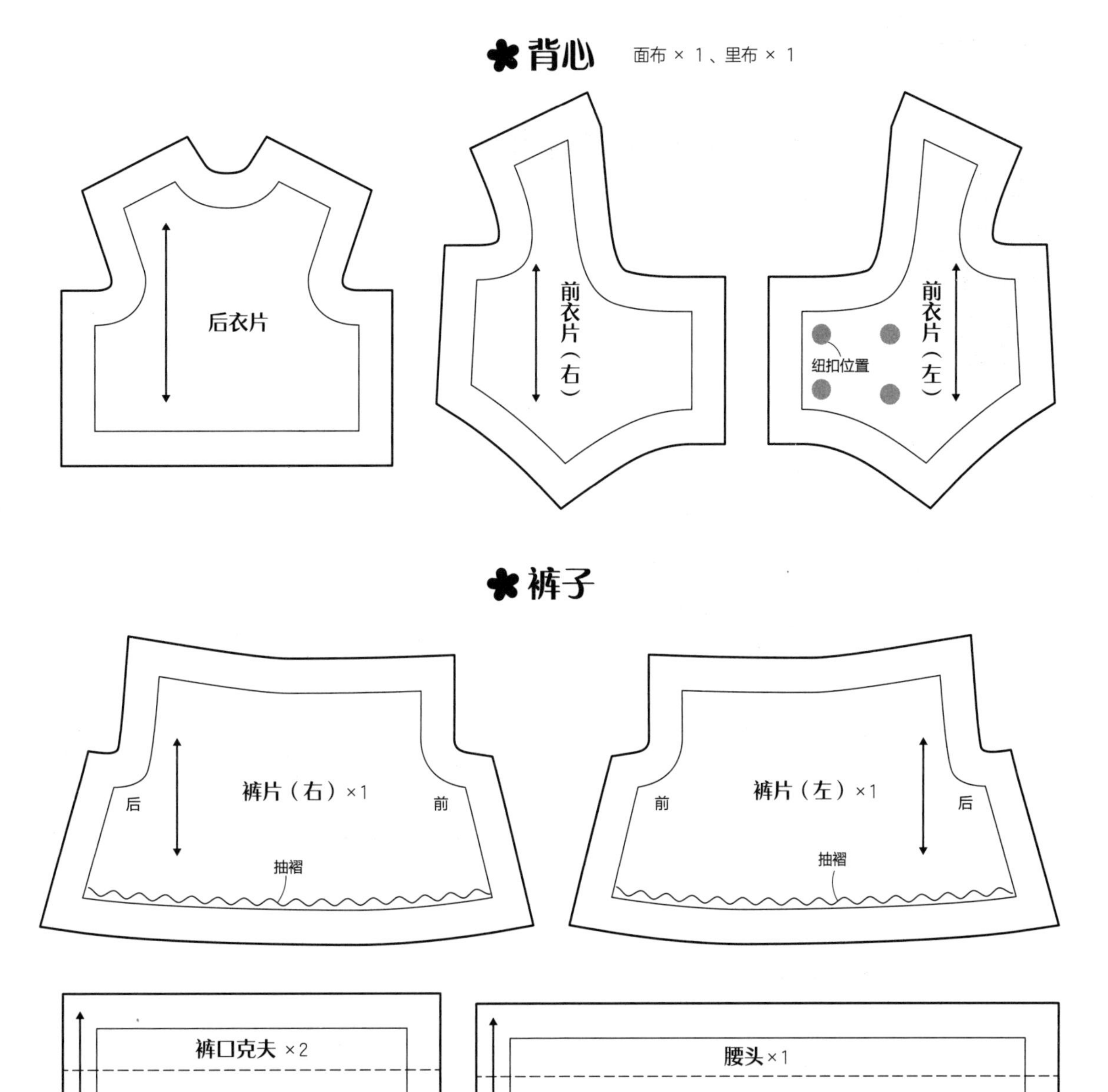
后衣片
前衣片（右）
前衣片（左）
纽扣位置
后
裤片（右）×1
前
抽褶
前
裤片（左）×1
后
抽褶
裤口克夫 ×2
腰头 ×1

✿袜子

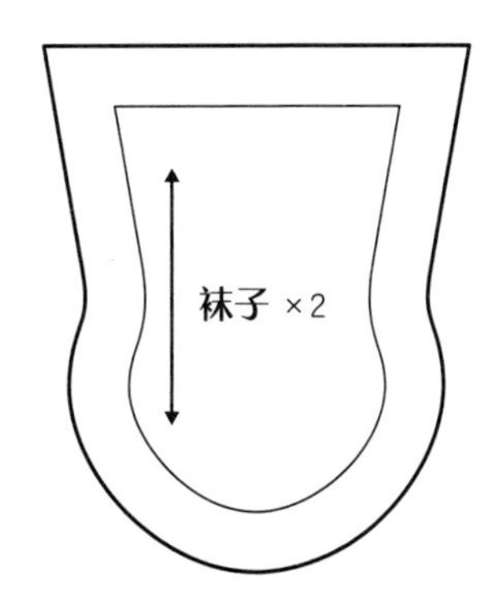
袜子 ×2

6 哥特式洛丽塔 — 女孩 —

照片 … p.9
制作 … p.54

✿连衣裙

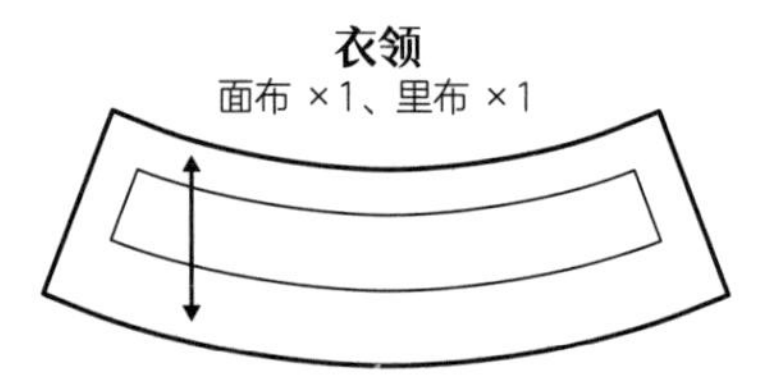

衣领
面布 ×1、里布 ×1

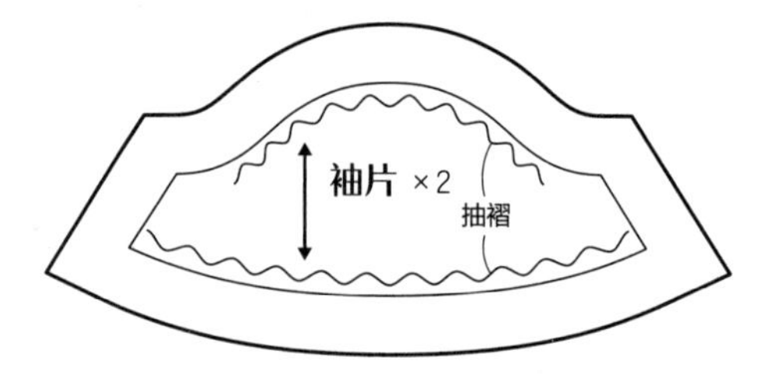

袖片 ×2
抽褶

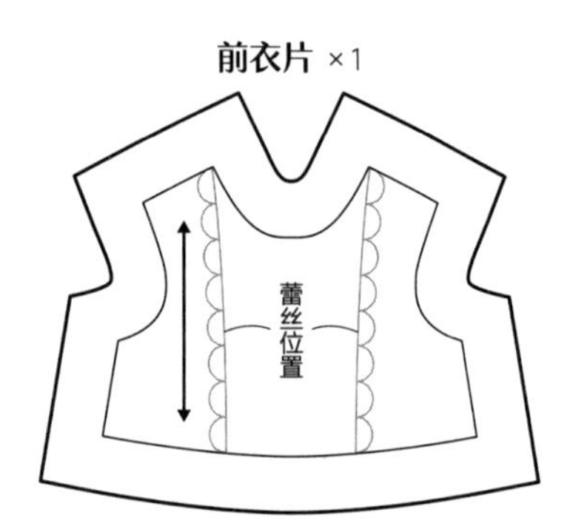

前衣片 ×1
蕾丝位置

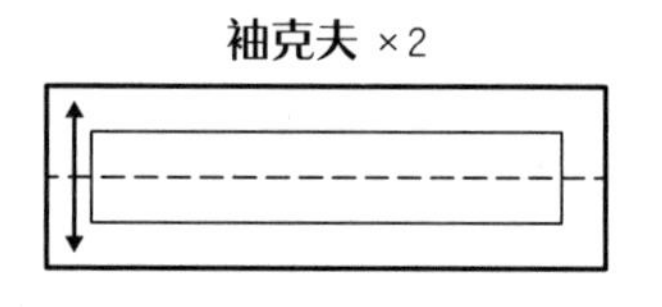

袖克夫 ×2

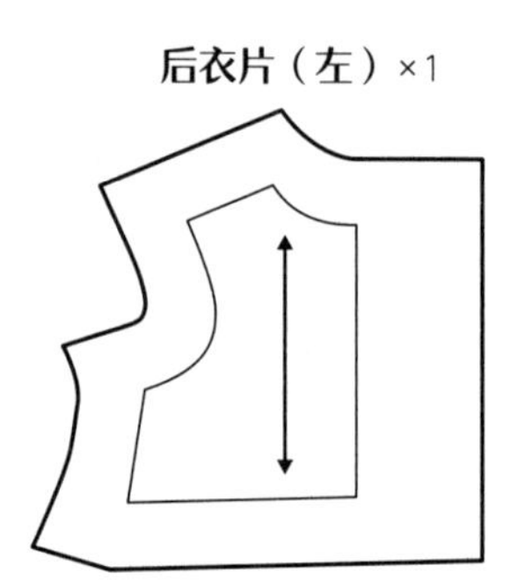

后衣片（左）×1

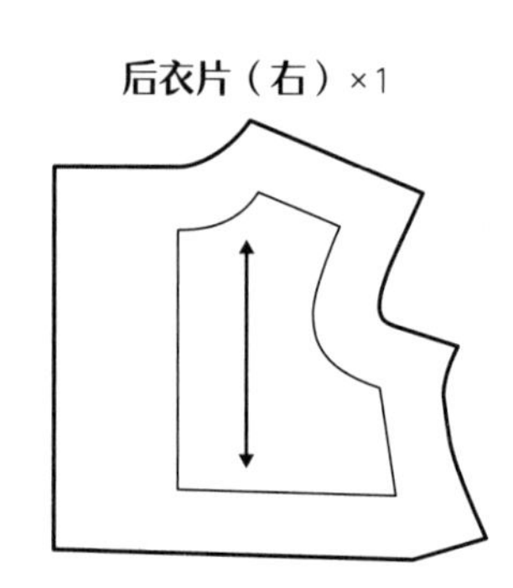

后衣片（右）×1

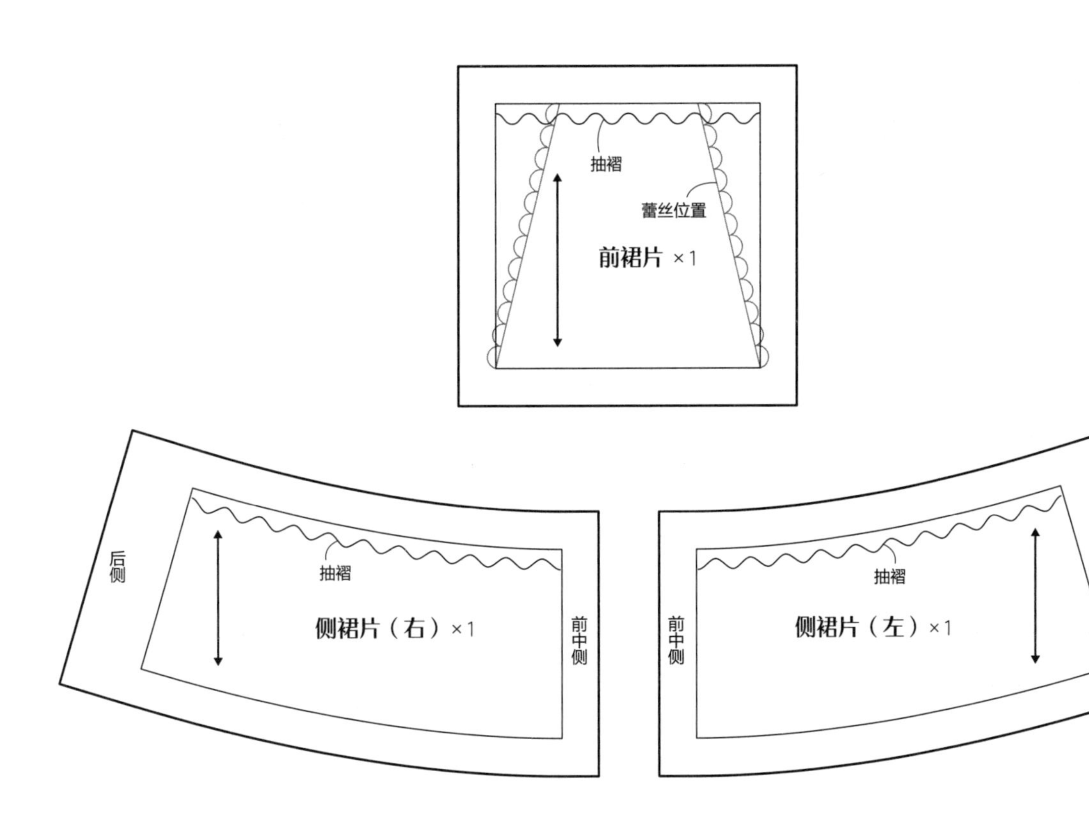
抽褶
蕾丝位置
前裙片 ×1
后侧
抽褶
侧裙片（右）×1
前中侧
前中侧
抽褶
侧裙片（左）×1
后侧

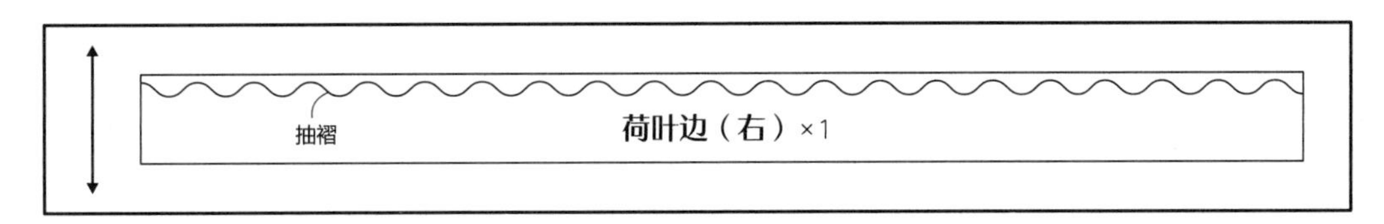
抽褶
荷叶边（右）×1

抽褶
荷叶边（左）×1

✿ 女式衬裤

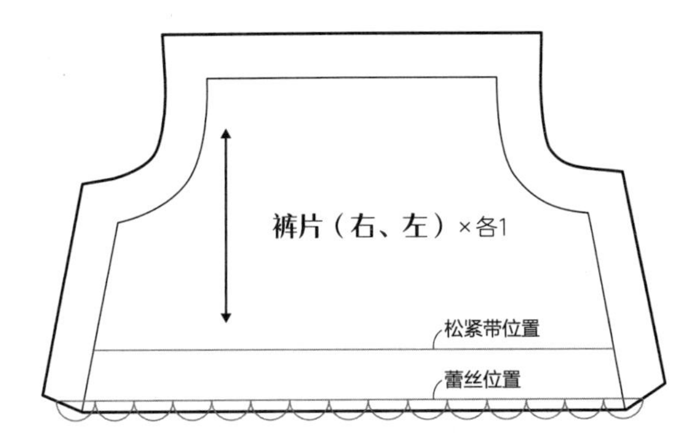
裤片（右、左）×各1
松紧带位置
蕾丝位置

✿ 袜子

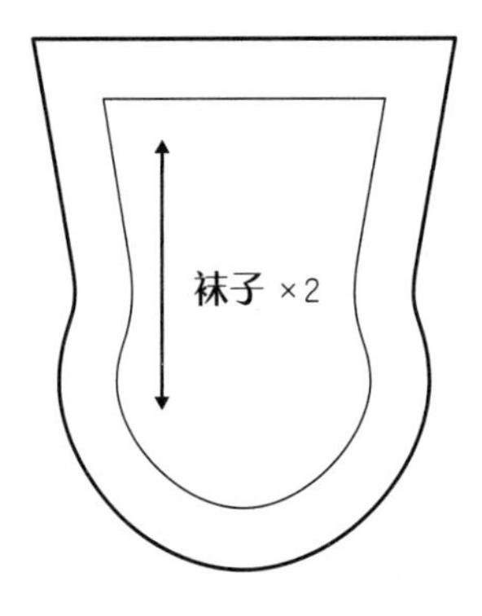
袜子 ×2

7 巫女

照片 … p.10
制作 … p.60

✿上衣

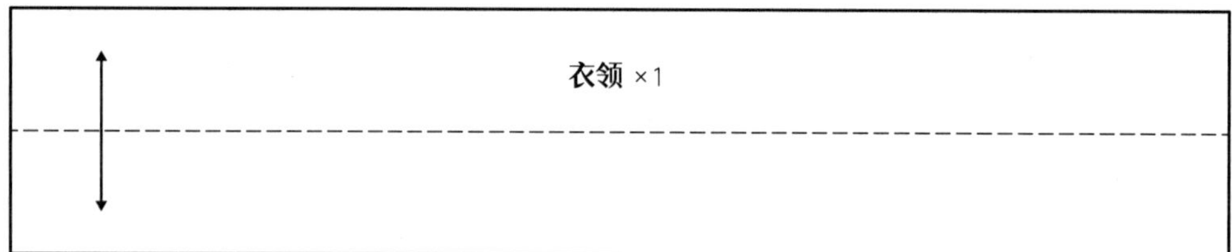
衣领 ×1

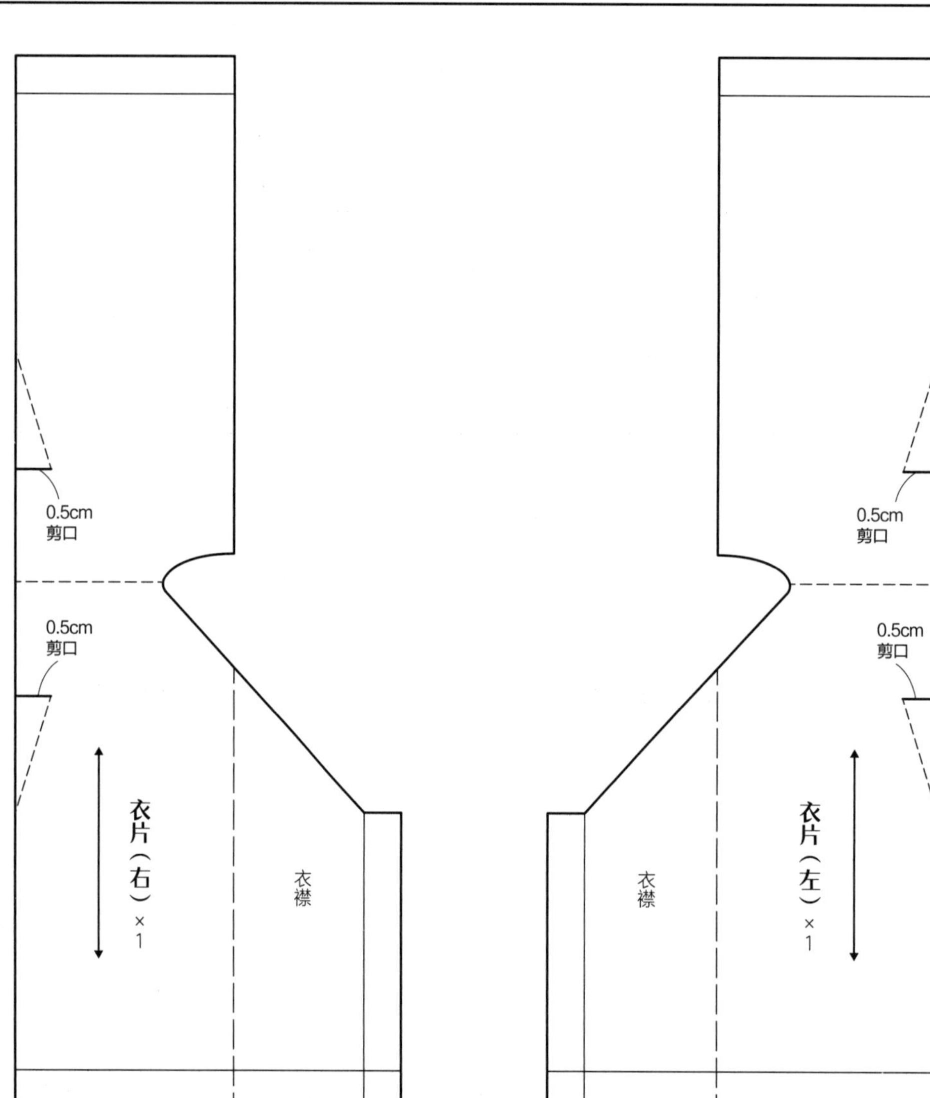
0.5cm
剪口
0.5cm
剪口
衣片（右）×1
衣襟
0.5cm
剪口
0.5cm
剪口
衣襟
衣片（左）×1

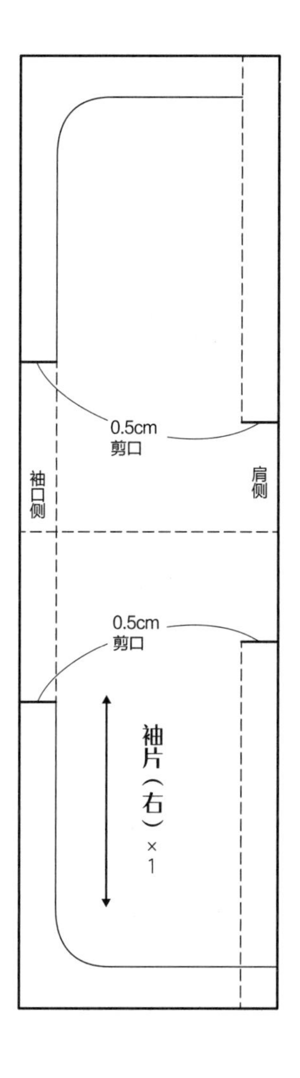
0.5cm
剪口
袖口侧
肩侧
0.5cm
剪口
袖片（右）×1

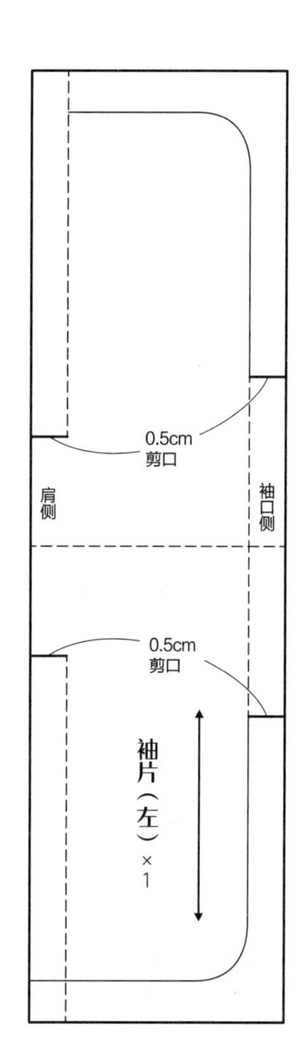
0.5cm
剪口
肩侧
袖口侧
0.5cm
剪口
袖片（左）×1

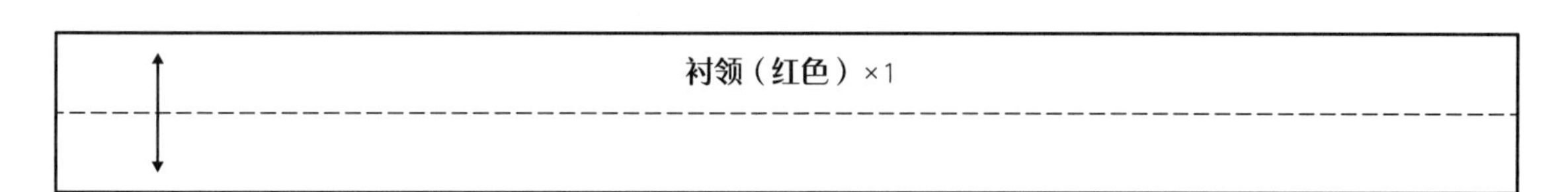
衬领（红色）×1

✿长衬领

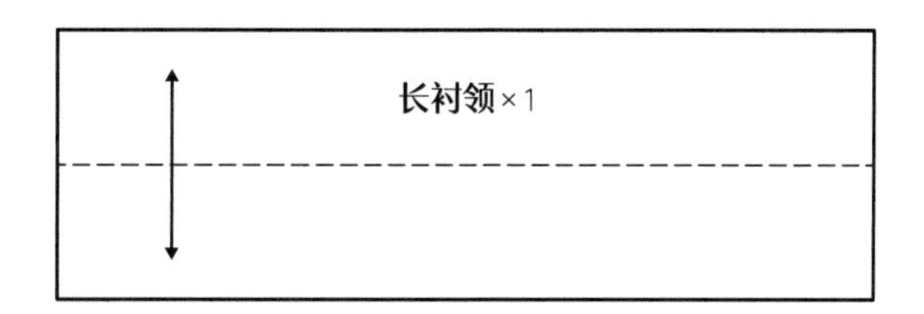
长衬领×1

✿巫女裙

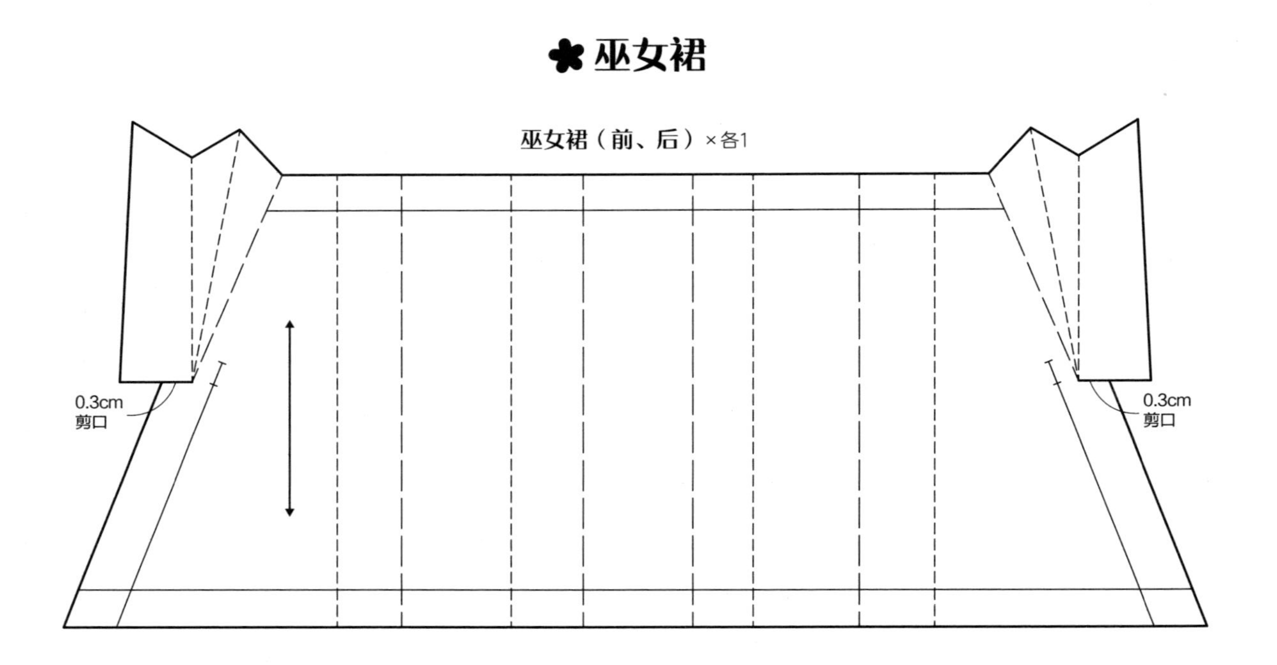
巫女裙（前、后）×各1
0.3cm
剪口
0.3cm
剪口

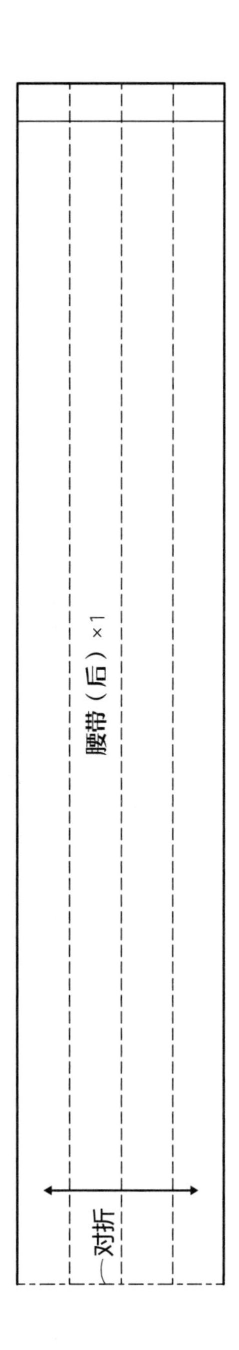
腰带（后）×1
对折

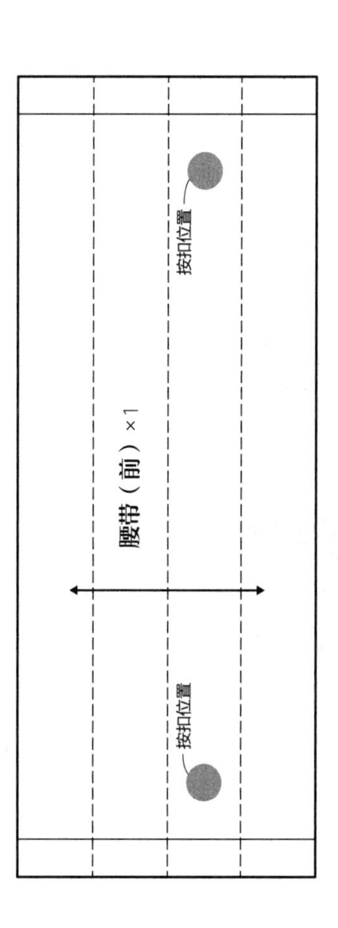
腰带（前）×1
按扣位置
按扣位置

8 和服 — 男孩 —

照片 … p.10
制作 … p.64

✿和服

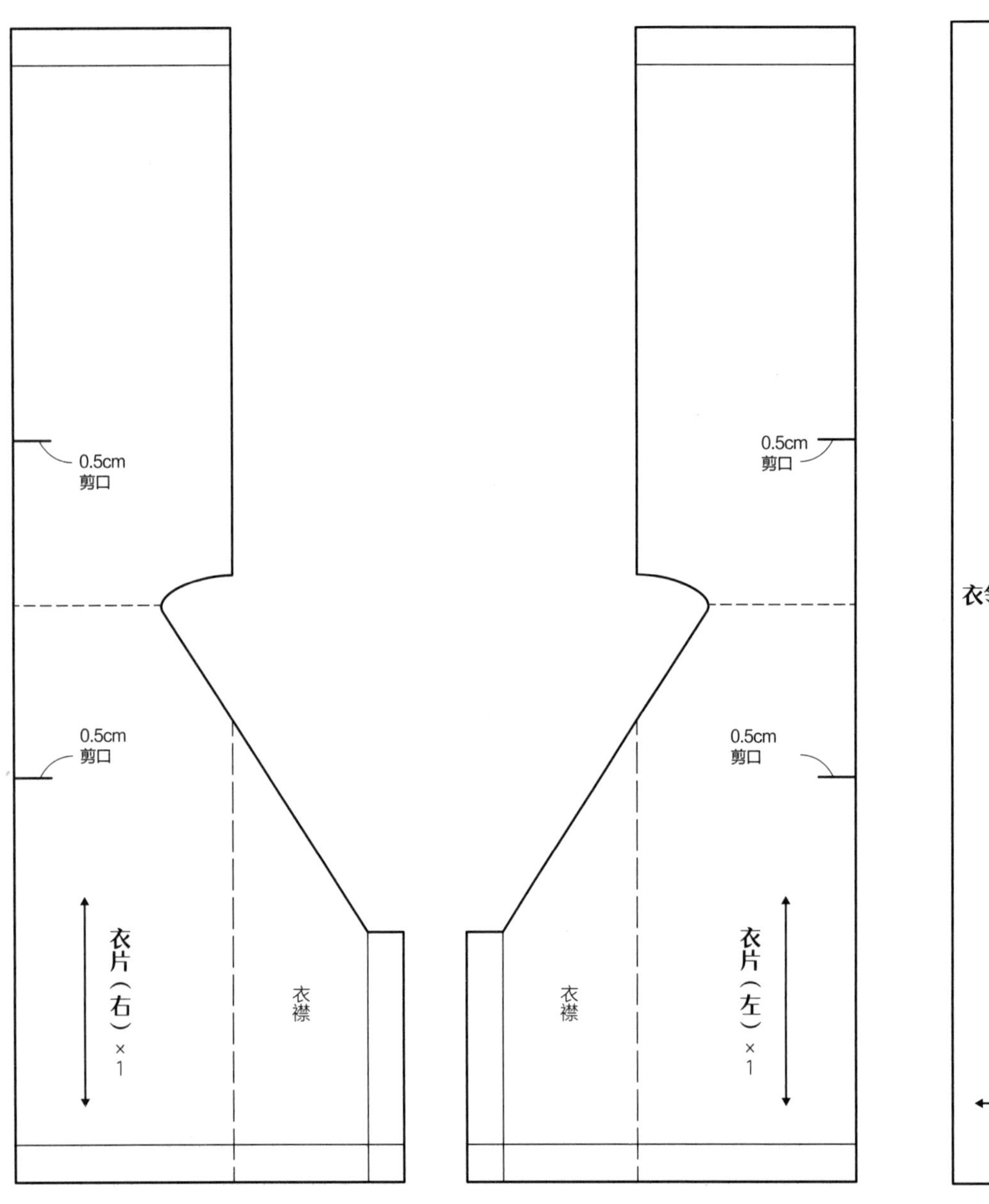
0.5cm
剪口
0.5cm
剪口
衣片（右）×1
衣襟
0.5cm
剪口
0.5cm
剪口
衣襟
衣片（左）×1

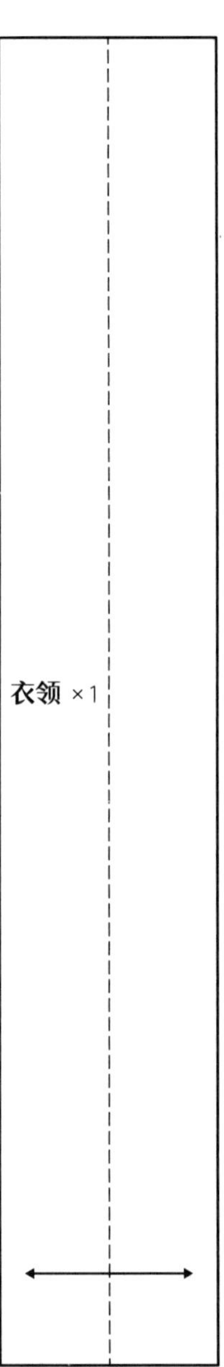
衣领 ×1

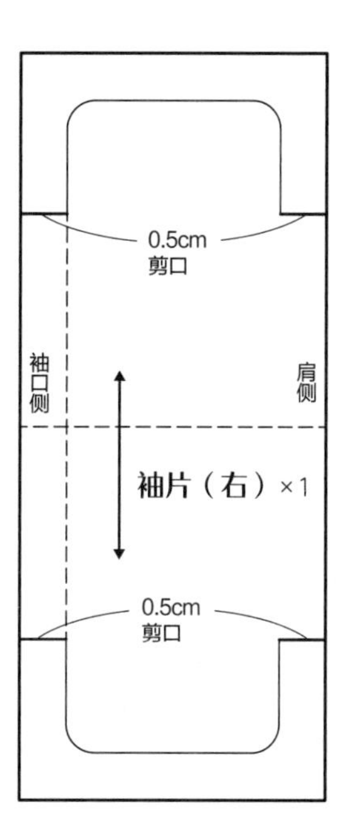
0.5cm
剪口
袖口侧
肩侧
袖片（右）×1
0.5cm
剪口

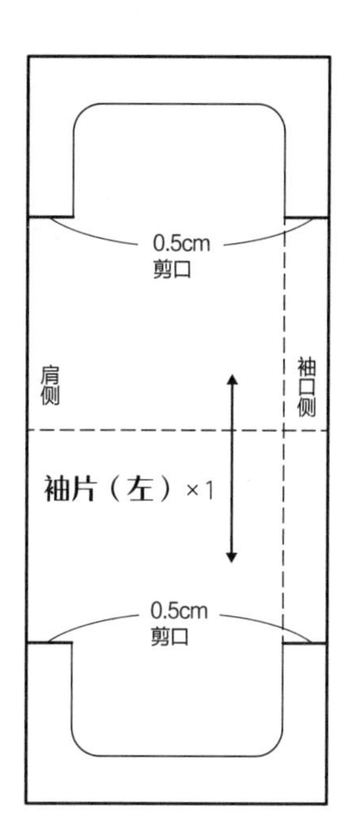
0.5cm
剪口
肩侧
袖口侧
袖片（左）×1
0.5cm
剪口

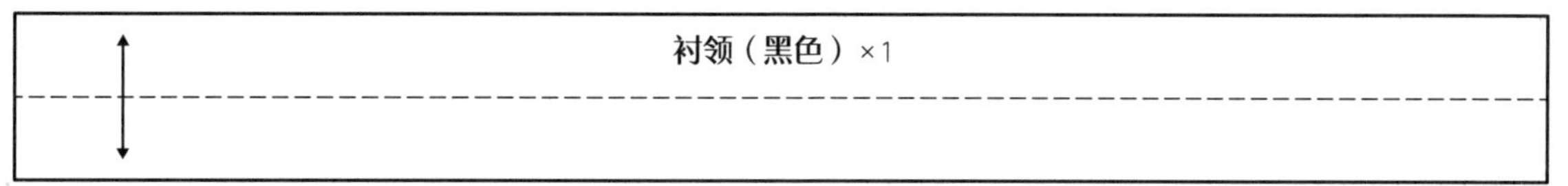
衬领（黑色）×1

✿腰带

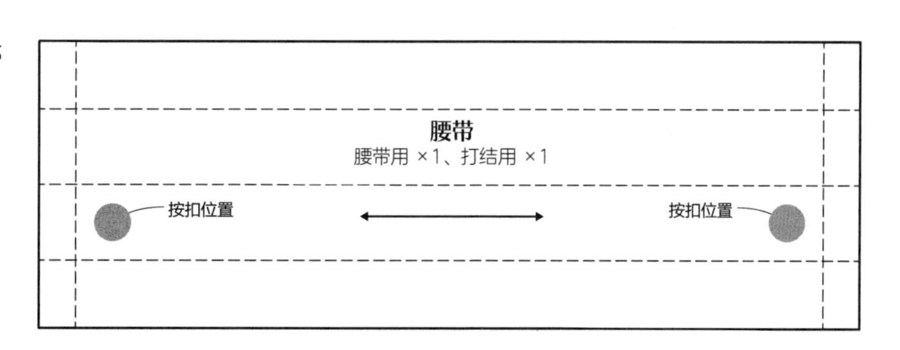
腰带
腰带用 ×1、打结用 ×1
按扣位置
按扣位置

✿长衬领

长衬领×1

✿裹腹带

裹腹带（毛毡布）×1

9 和服 — 女孩 —

照片 … p.10
制作 … p.68

腰带

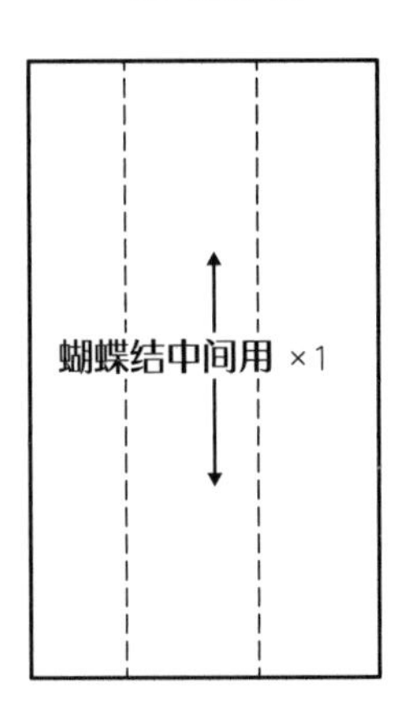
蝴蝶结中间用 ×1

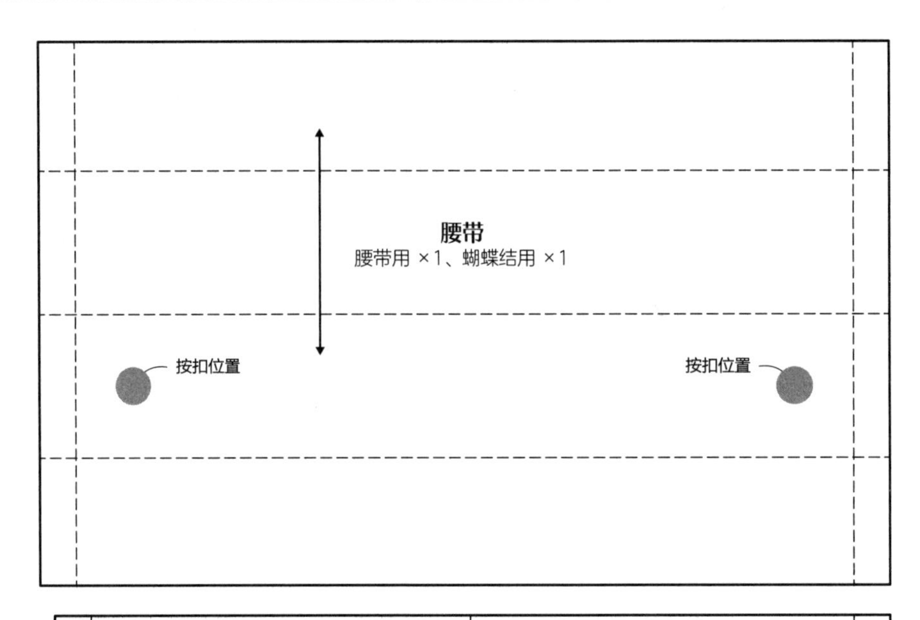
腰带
腰带用 ×1、蝴蝶结用 ×1
按扣位置
按扣位置
袖片内袖侧 ×2

长衬领

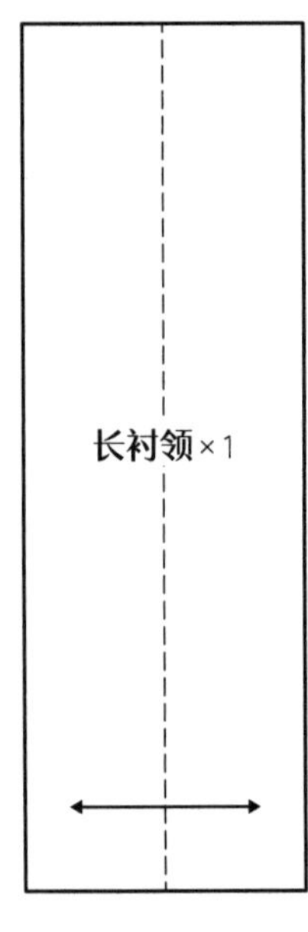
长衬领×1

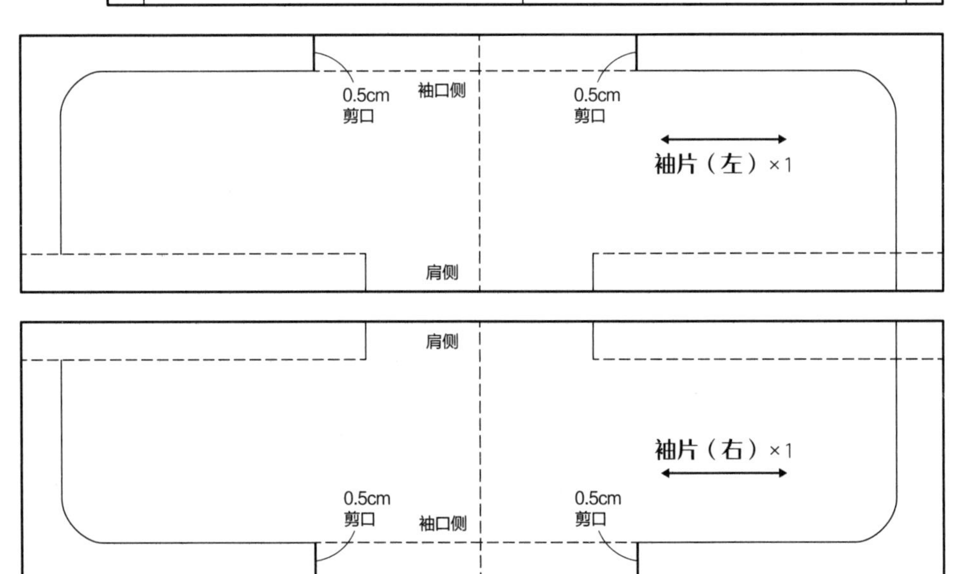
0.5cm
剪口
袖口侧
0.5cm
剪口
袖片（左）×1
肩侧
肩侧
袖片（右）×1
0.5cm
剪口
袖口侧
0.5cm
剪口

长袖和服

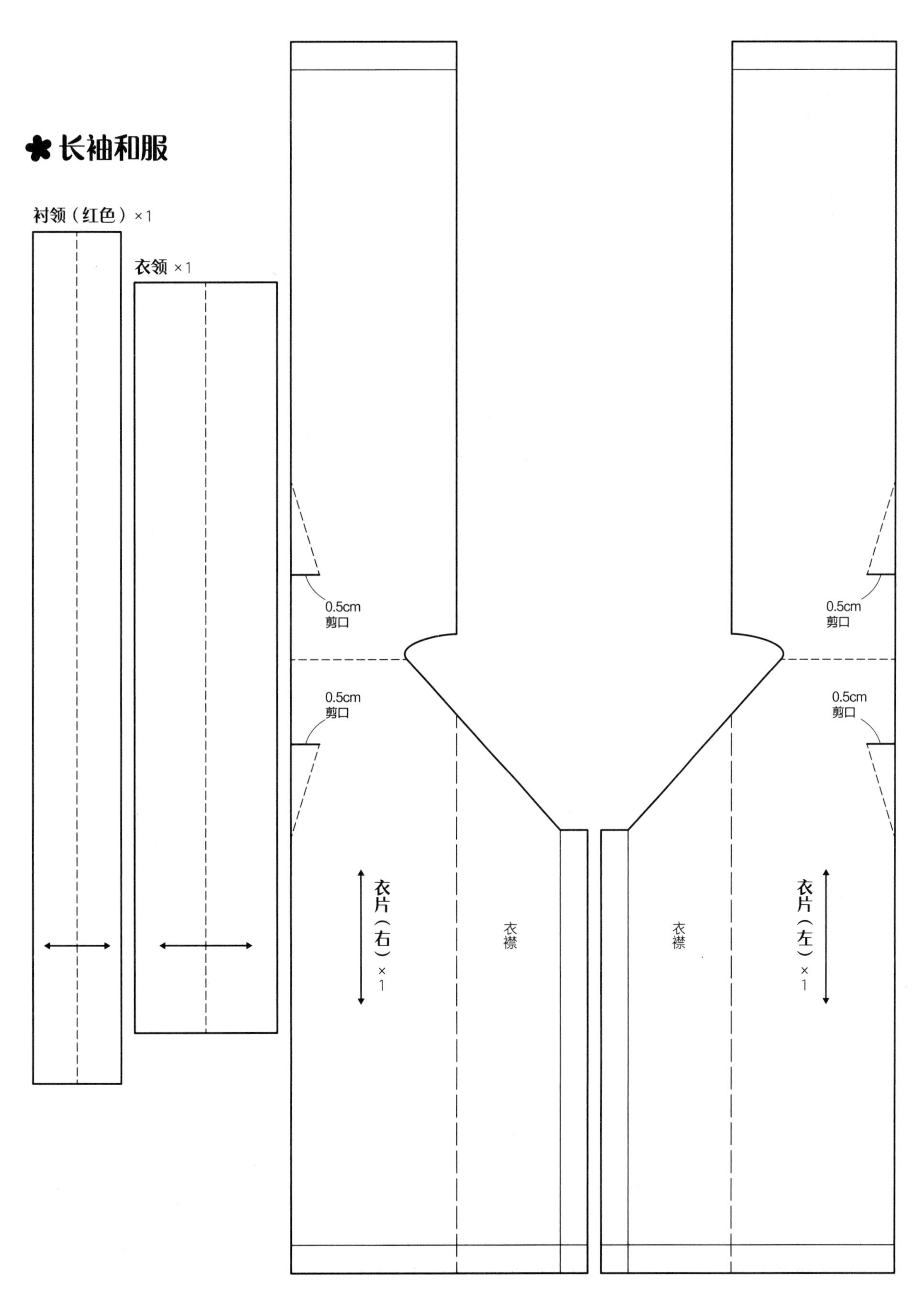
衬领（红色）×1
衣领 ×1
0.5cm 剪口
0.5cm 剪口
0.5cm 剪口
0.5cm 剪口
衣片（右）×1
衣襟
衣襟
衣片（左）×1

10 牛仔 — 男孩 —

照片 … p.13
制作 … p.72

✿ 工装背带裤

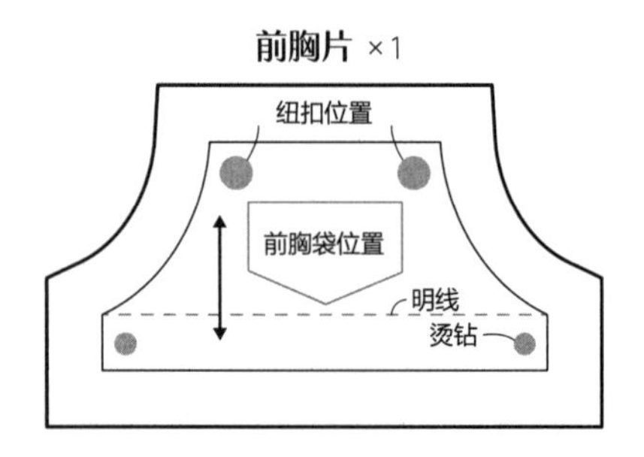
前胸片 ×1
纽扣位置
前胸袋位置
明线
透钻

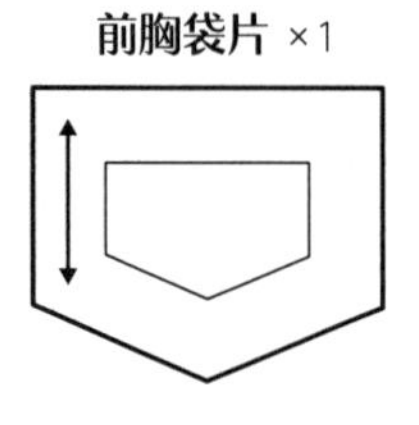
前胸袋片 ×1

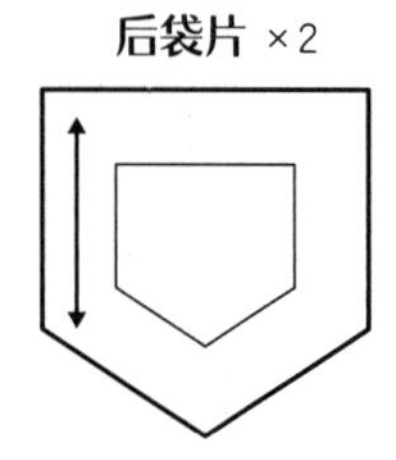
后袋片 ×2

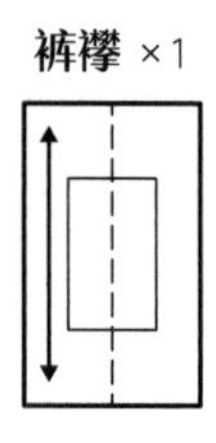
裤襻 ×1

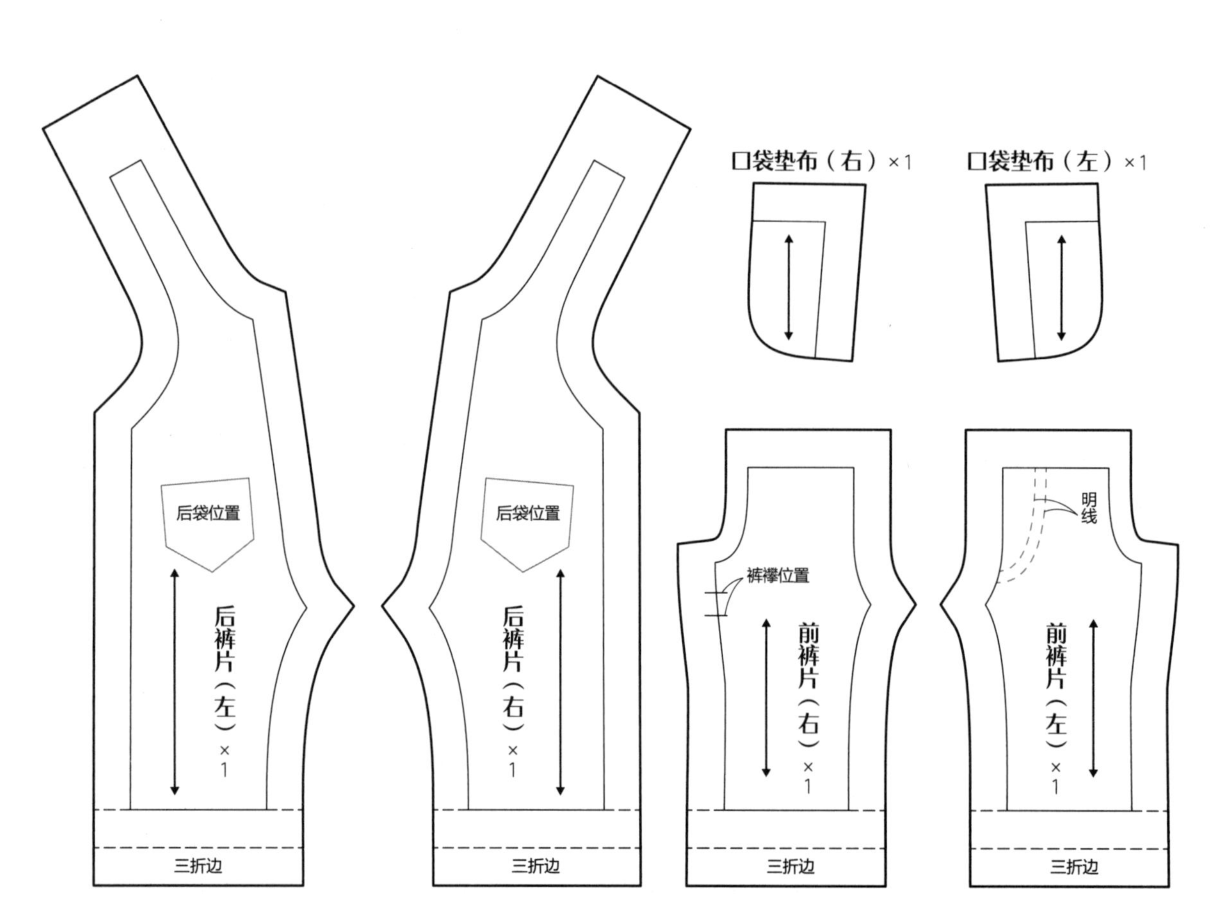
后袋位置
后裤片（左）×1
三折边
后袋位置
后裤片（右）×1
三折边
口袋垫布（右）×1
口袋垫布（左）×1
裤襻位置
前裤片（右）×1
三折边
明线
前裤片（左）×1
三折边

✿ 棒球帽

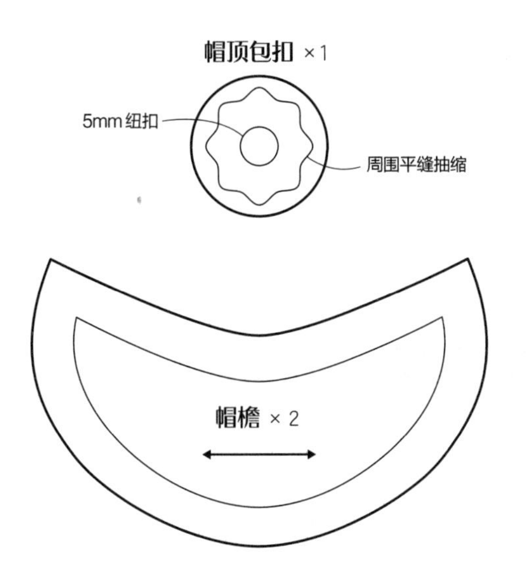

帽顶包扣 ×1
5mm 纽扣
周围平缝抽缩
帽檐 ×2

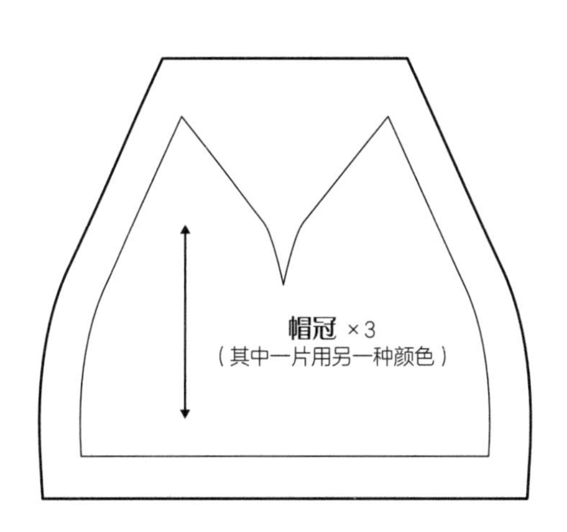

帽冠 ×3
（其中一片用另一种颜色）

✿ 插肩袖 T 恤

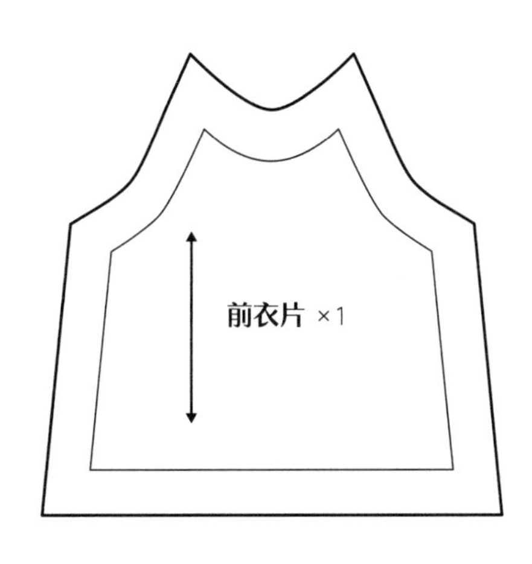

前衣片 ×1

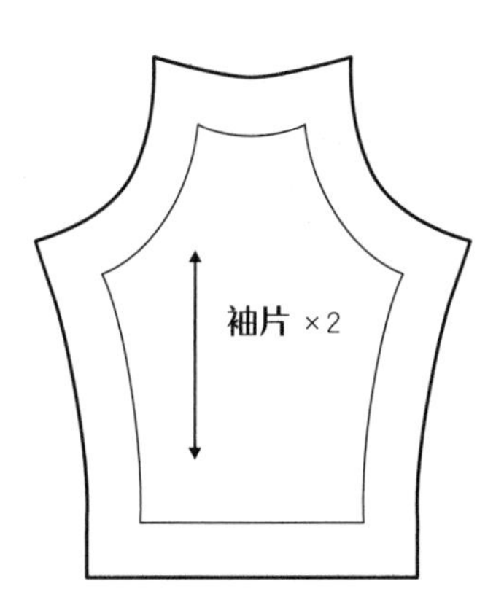

袖片 ×2

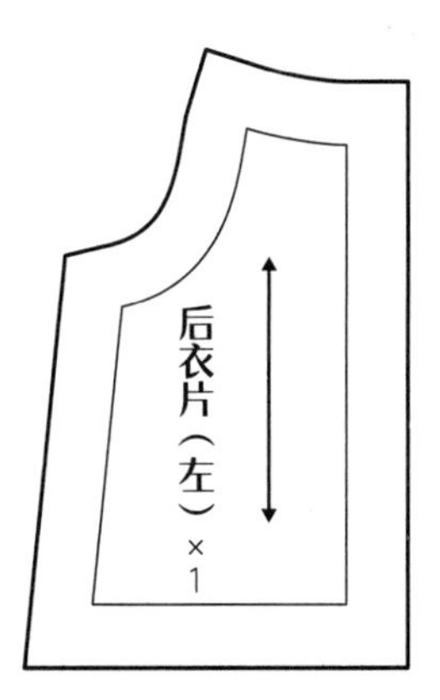

后衣片（左）×1

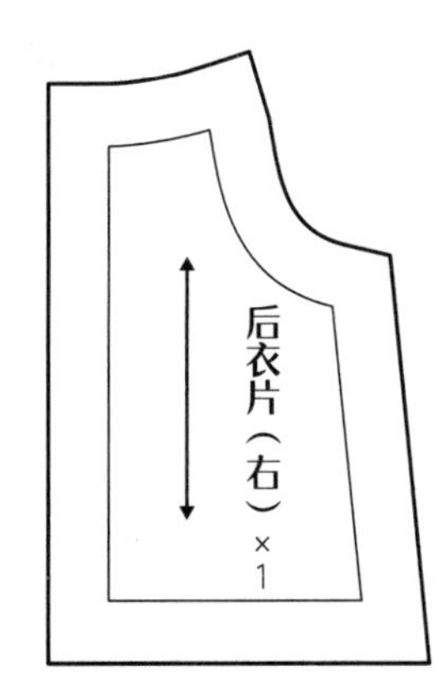

后衣片（右）×1

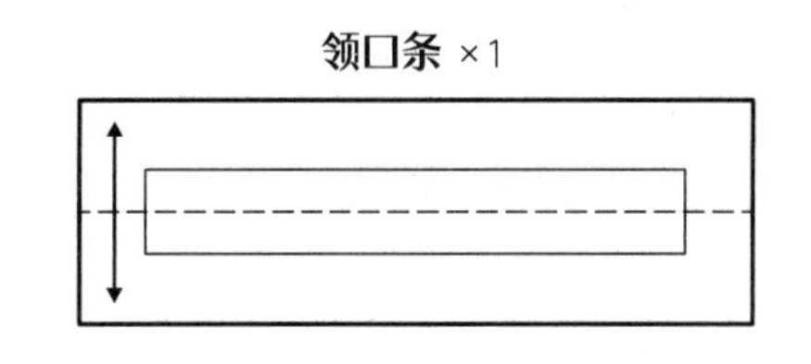

领口条 ×1

11 牛仔 — 女孩 —

照片 … p.13
制作 … p.78

✿牛仔夹克

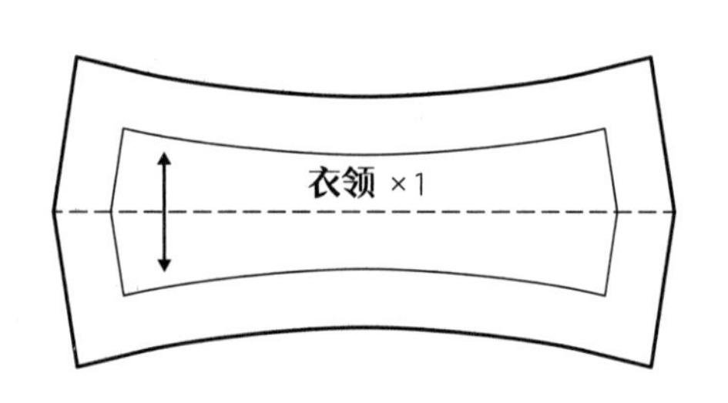
衣领 ×1

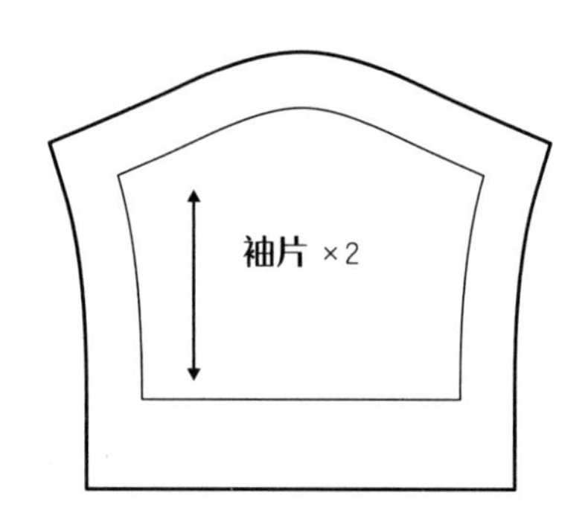
袖片 ×2

前衣片（右）×1

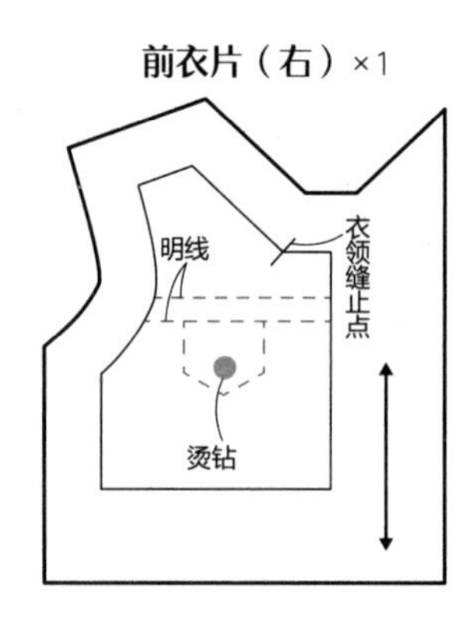
明线
衣领缝止点
烫钻

前衣片（左）×1

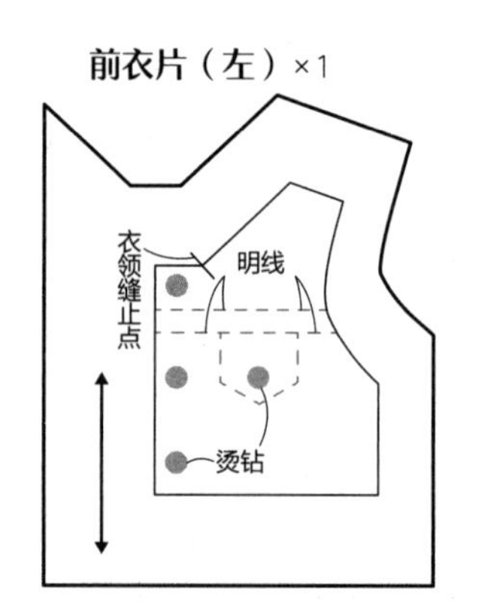
衣领缝止点
明线
烫钻

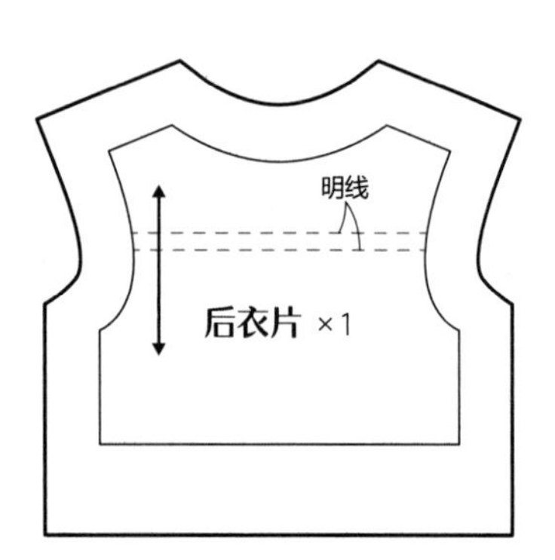
明线
后衣片 ×1

✿吊带内搭

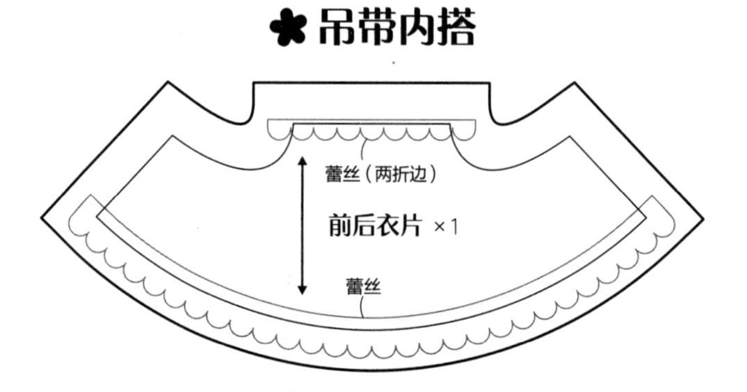
蕾丝（两折边）
前后衣片 ×1
蕾丝

✿针织帽

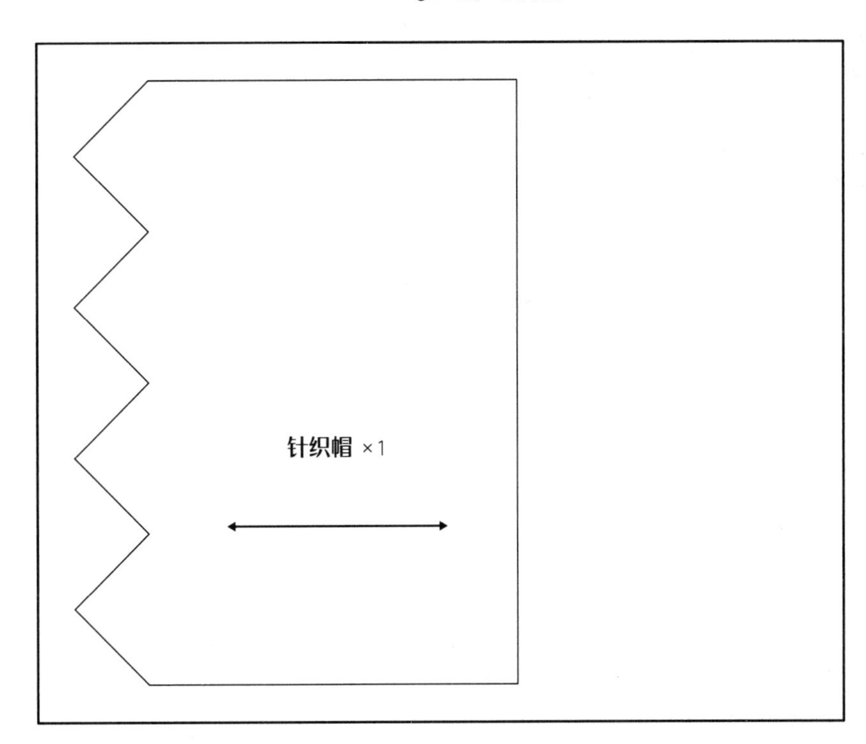
针织帽 ×1

✿短裤

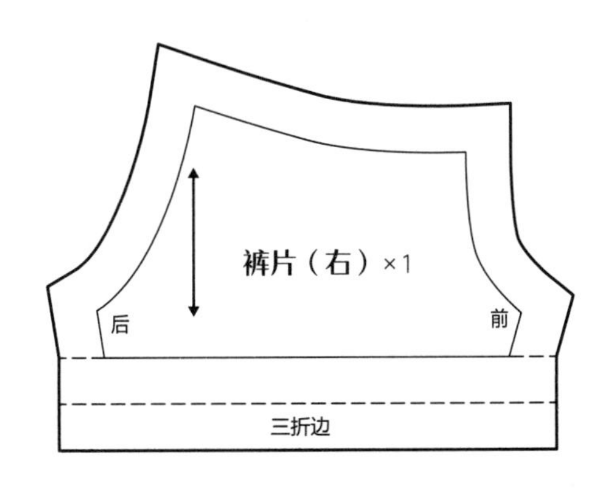
裤片（右）×1
后
前
三折边

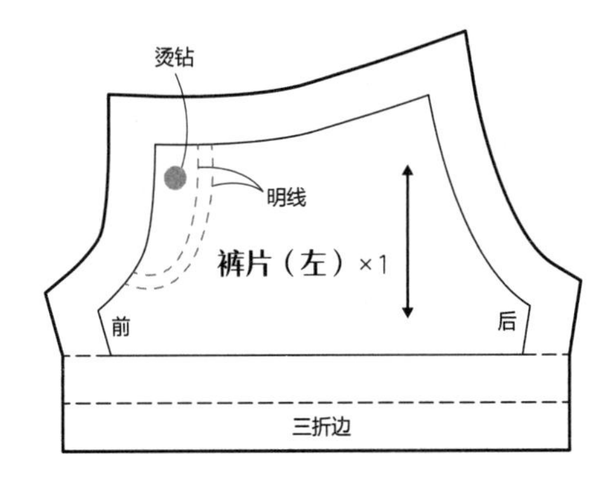
烫钻
明线
裤片（左）×1
前
后
三折边

✿过膝袜

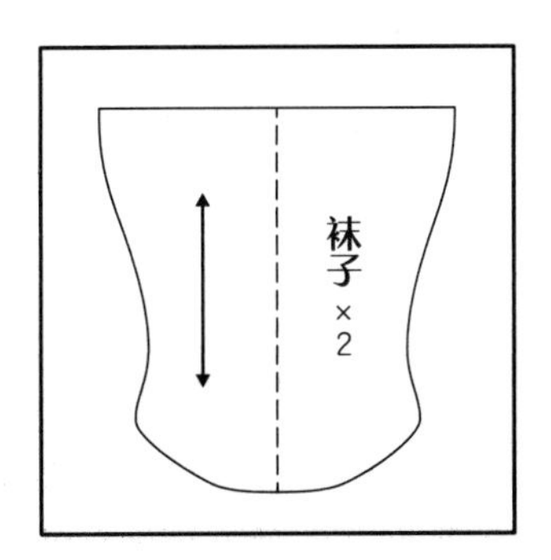
袜子 ×2

12 外套 —男孩—

照片 … p.14
制作 … p.84

✿毛领大衣

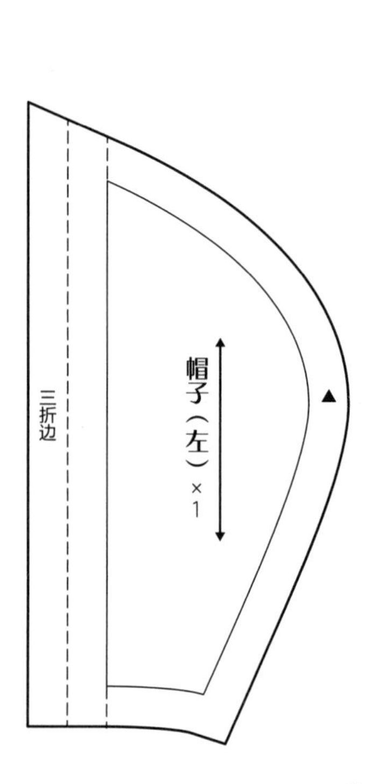
三折边
帽子（左）×1

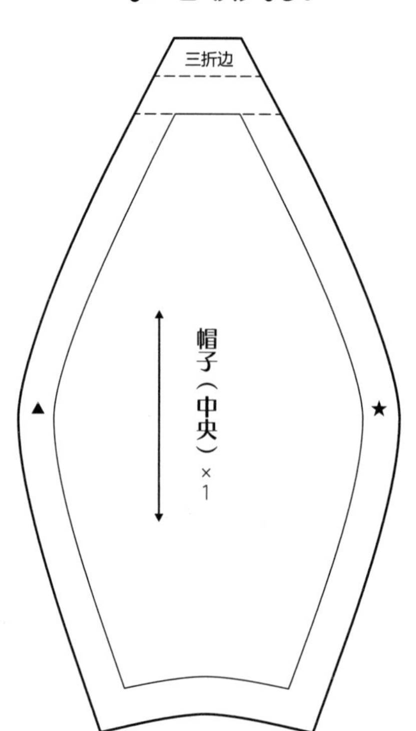
三折边
帽子（中央）×1

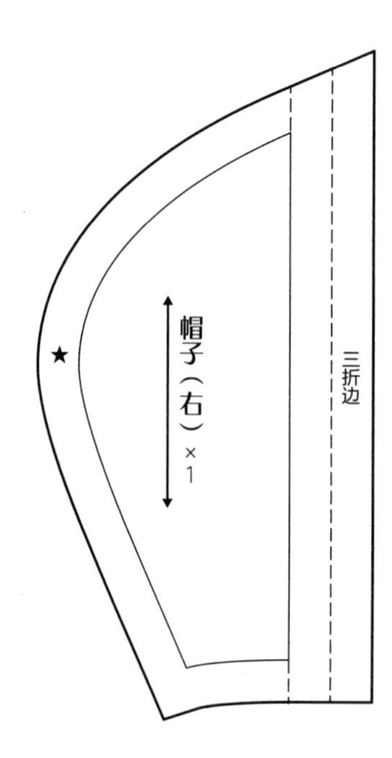
帽子（右）×1
三折边

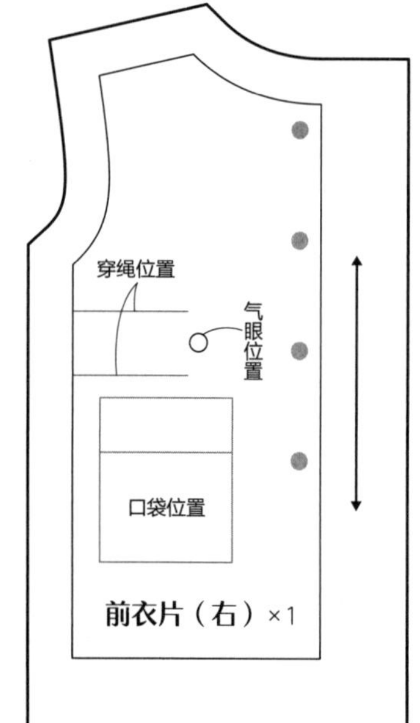
穿绳位置
气眼位置
口袋位置
前衣片（右）×1

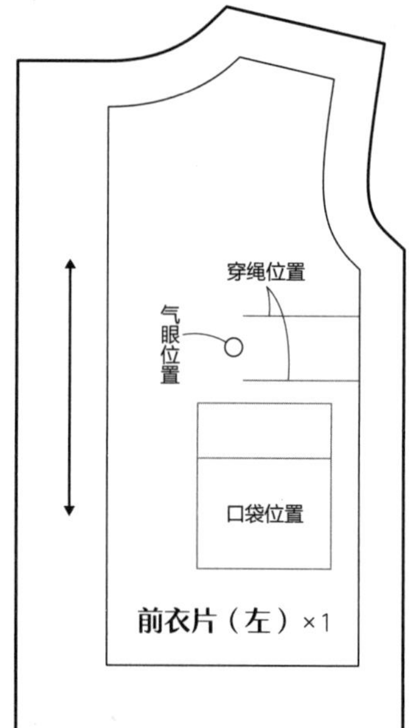
穿绳位置
气眼位置
口袋位置
前衣片（左）×1

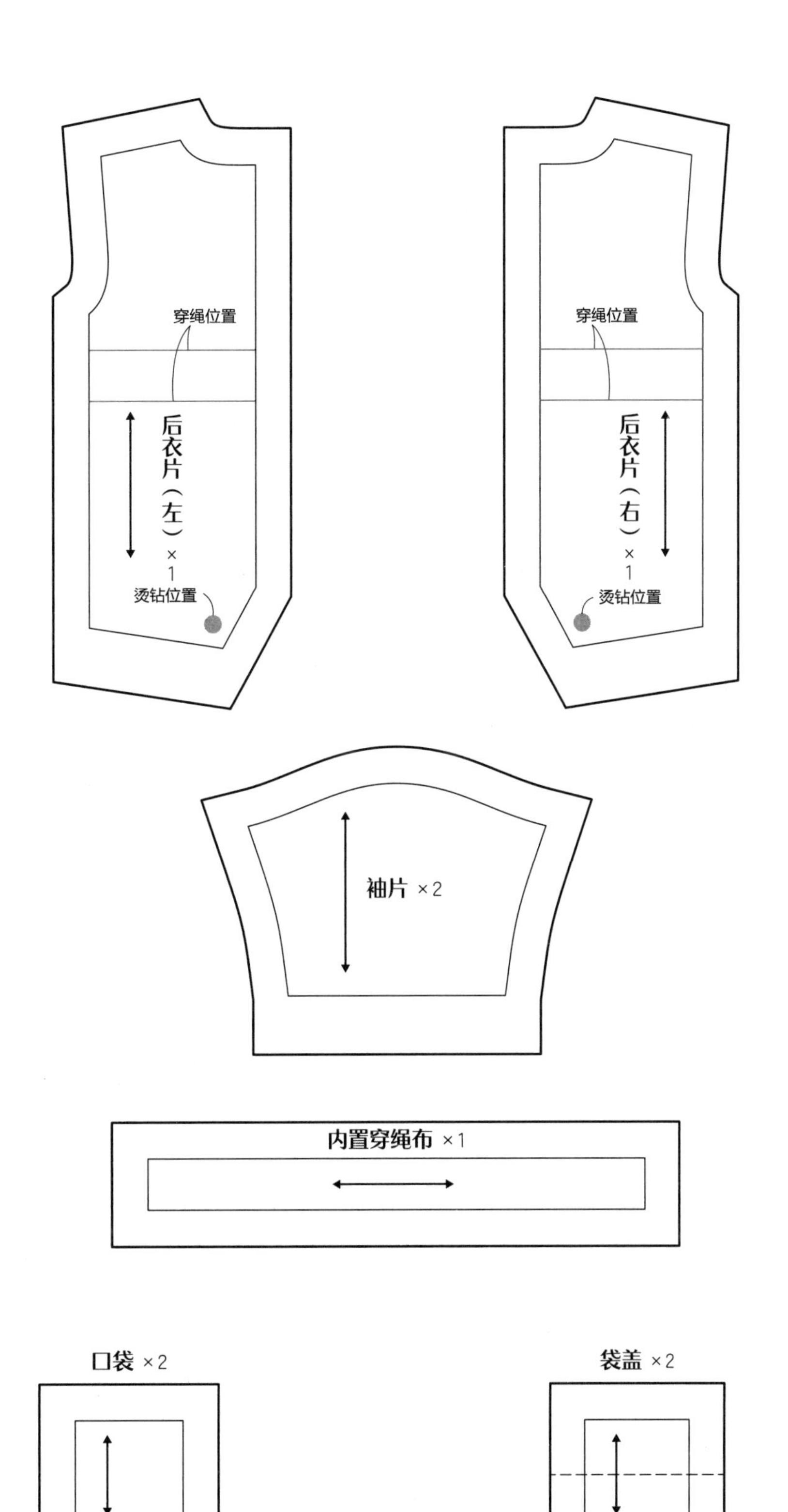
穿绳位置
后衣片（左）×1
烫钻位置
穿绳位置
后衣片（右）×1
烫钻位置
袖片 ×2
内置穿绳布 ×1
口袋 ×2
袋盖 ×2

✿ 立领衫

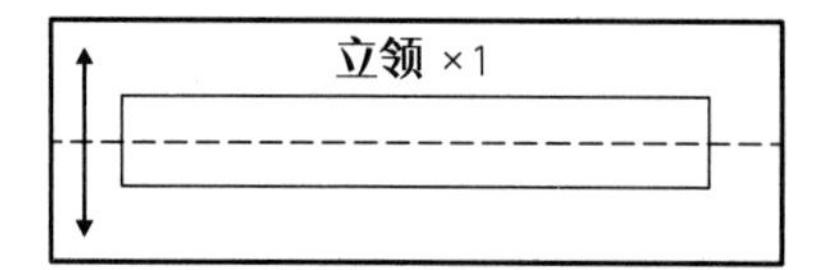
立领 ×1

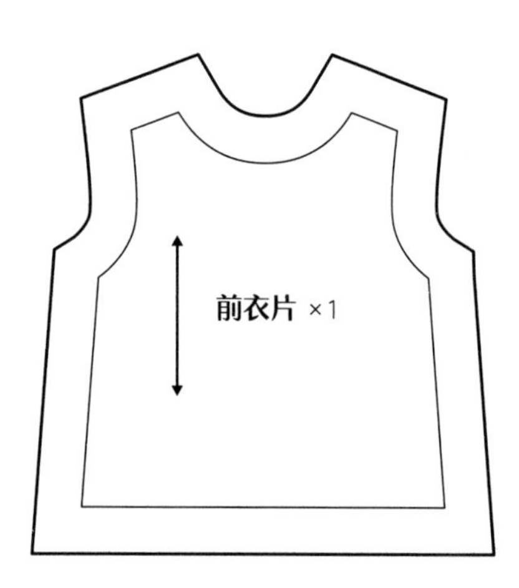
前衣片 ×1

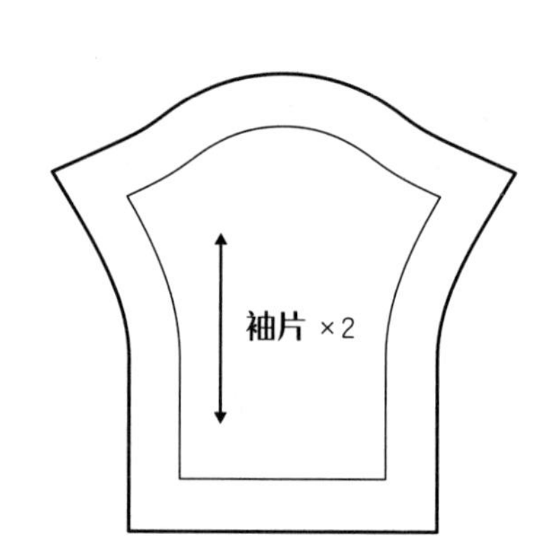
袖片 ×2

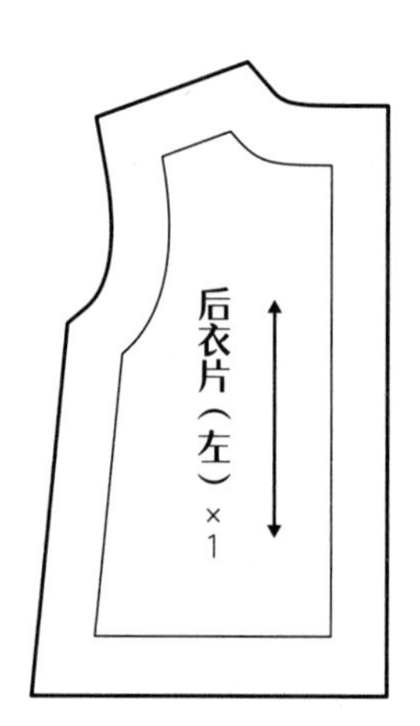
后衣片（左）×1

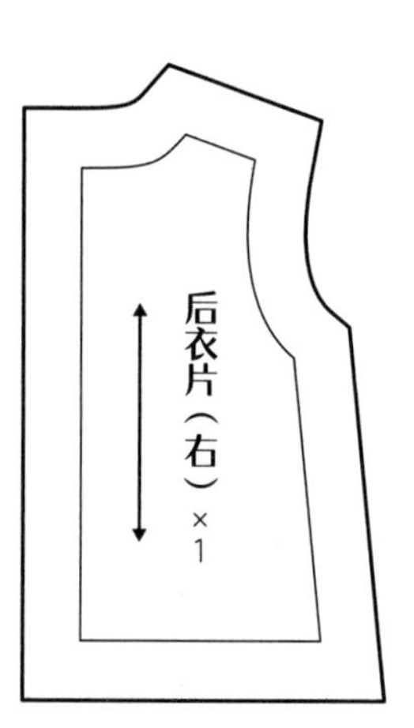
后衣片（右）×1

✿ 瘦腿裤

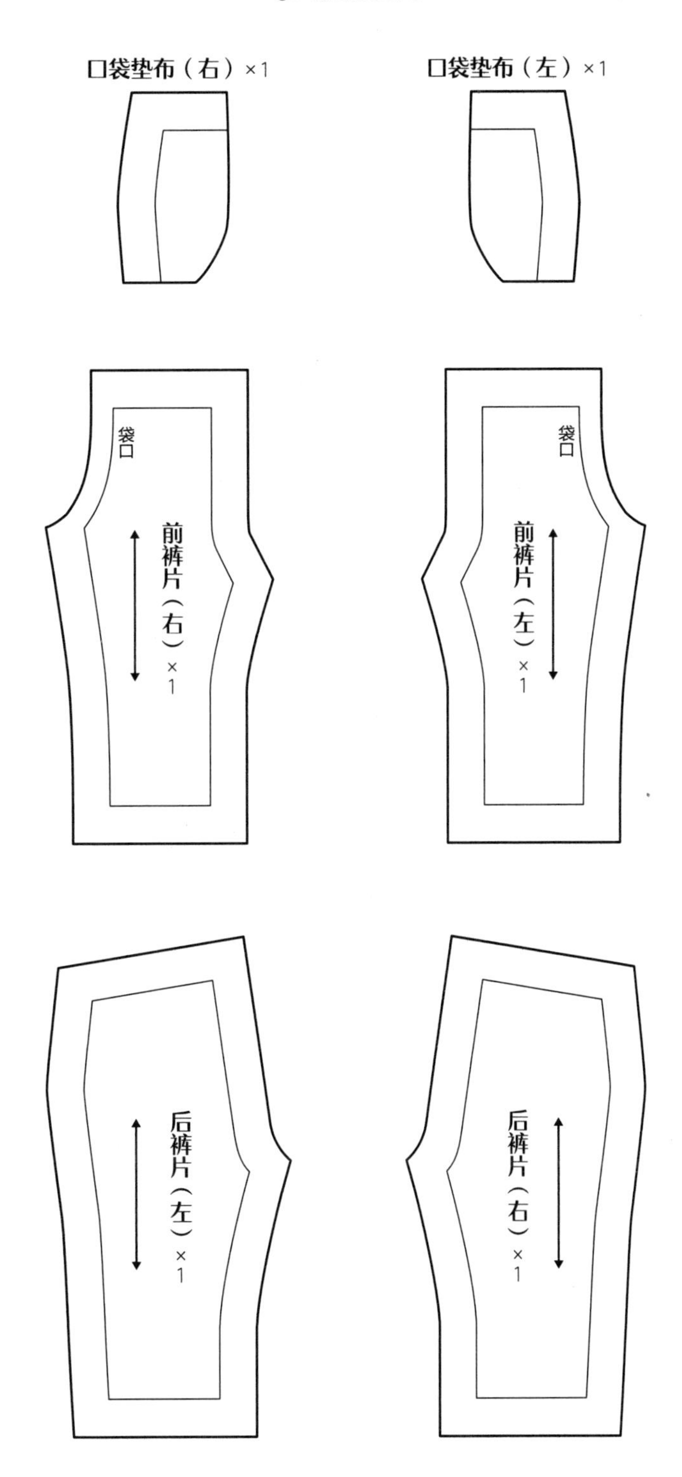
口袋垫布（右）×1
口袋垫布（左）×1
袋口
前裤片（右）×1
袋口
前裤片（左）×1
后裤片（左）×1
后裤片（右）×1

13 外套 — 女孩 —

照片 … p.14
制作 … p.92

✿ 毛领披肩

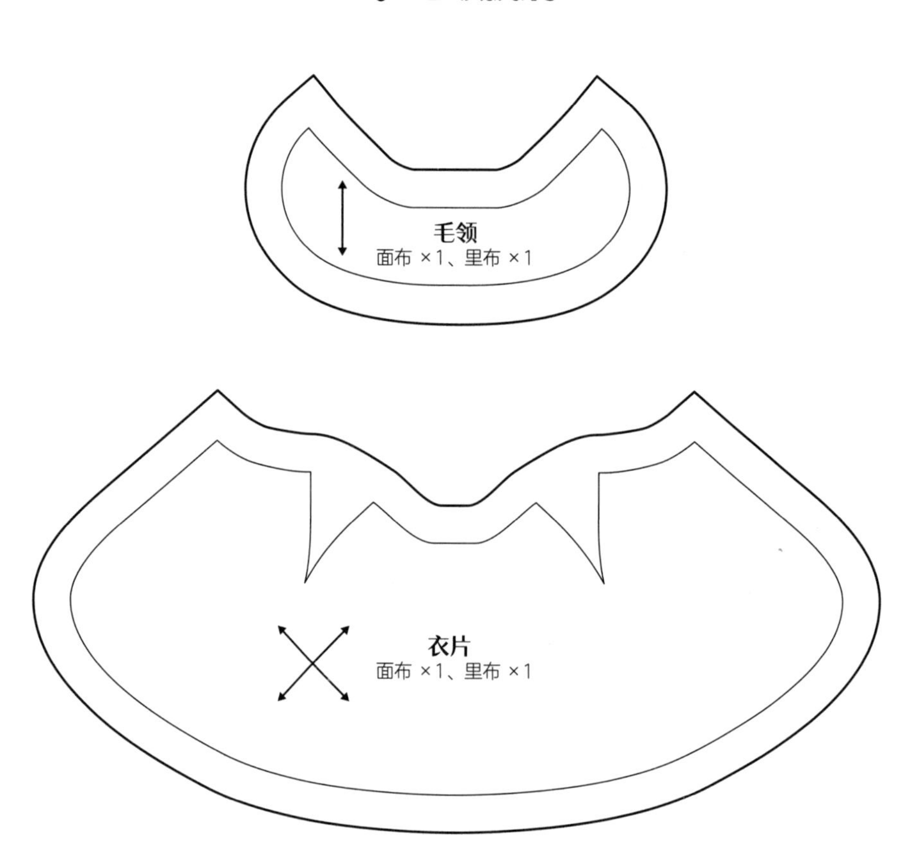

毛领
面布 ×1、里布 ×1
衣片
面布 ×1、里布 ×1

✿长款连衣裙

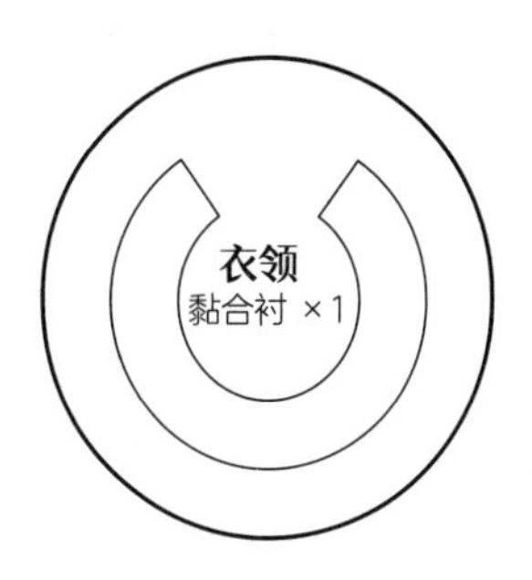
衣领
黏合衬 ×1

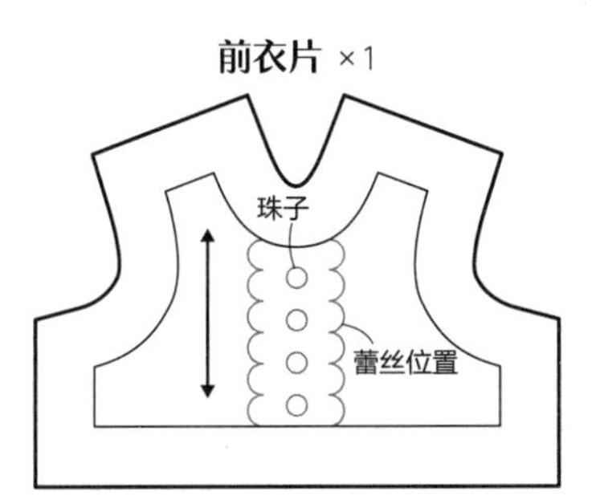
前衣片 ×1
珠子
蕾丝位置

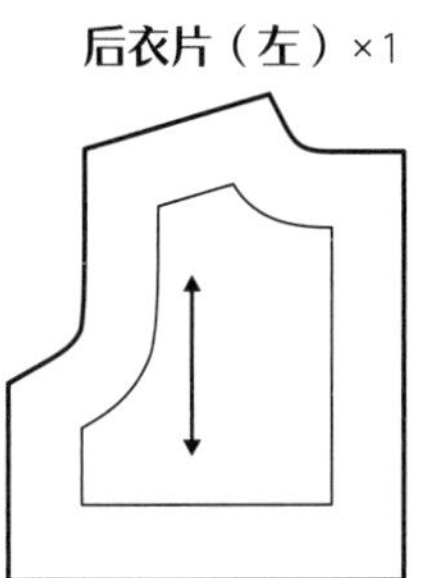
后衣片（左）×1

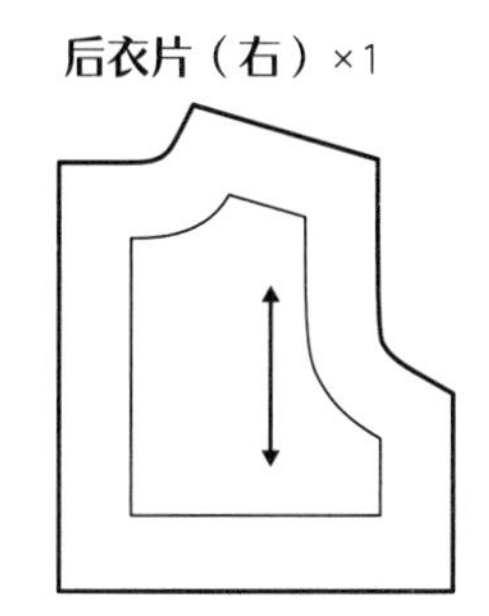
后衣片（右）×1

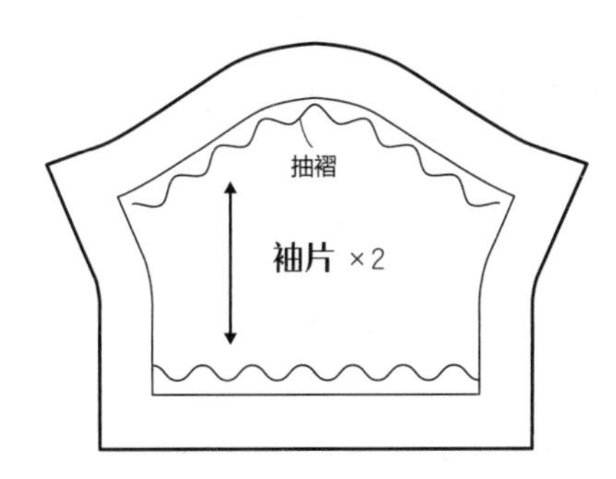
抽褶
袖片 ×2

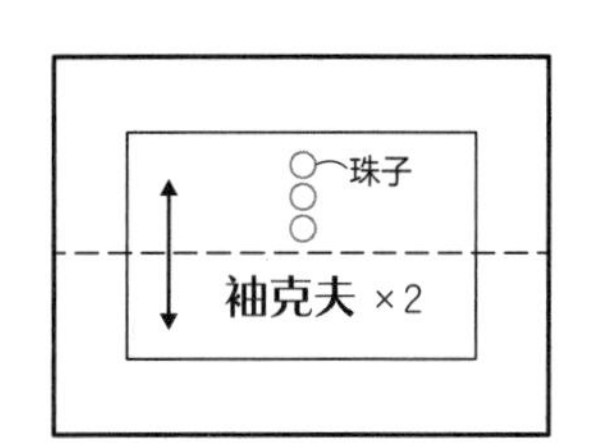
珠子
袖克夫 ×2

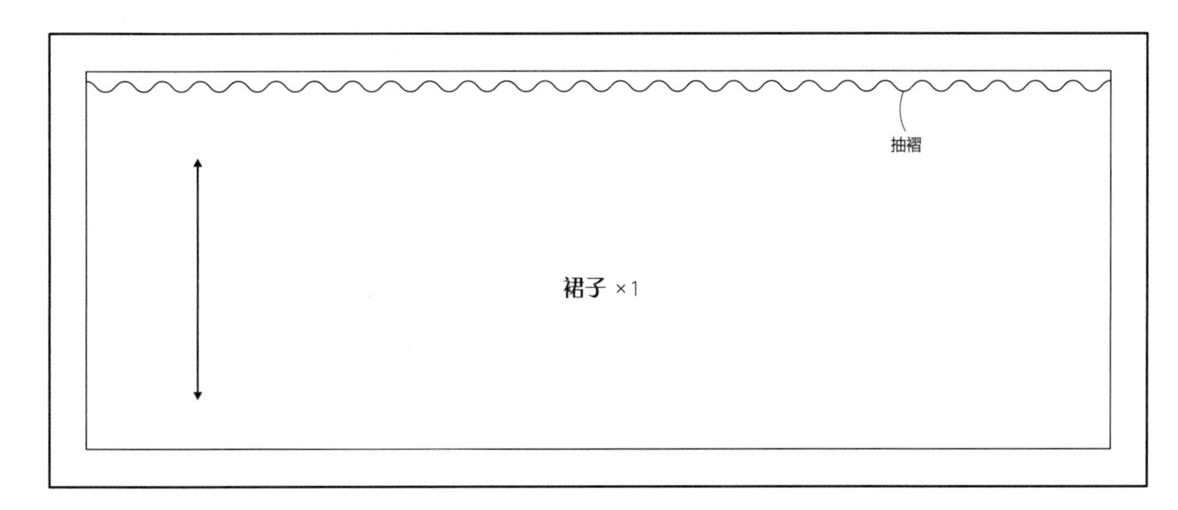
抽褶
裙子 ×1

日本良笑社（GSC）· 监修

日本动漫周边企业，主营业务是以模型、玩具、动漫周边商品为中心的策划、制作和生产，同时也负责部分商品的宣传和营销，同时有动画、音乐方面的投资。近年来，日本手办的海外推广、与海外艺术家的合作策划、咖啡馆的运营等业务也在积极开展中。

日本诚文堂新光社 · 编

日本诚文堂新光社是一家历史悠久的百年老字号出版社，其出版的书籍涵盖手工、理工、人文科学、设计、儿童、教育、娱乐、宠物等领域，在读者中多受好评。

服装制作/设计　冈和美（QP）
M · D · C（Omoiataru）
萤之森工房（尾园一代）

摄影　小林希有（Kiyuu Kobayashi）/ 内田祐介
图书设计　稻村穰（WADE株式会社手工艺制作部）
制图　森崎达也、高堂望（WADE株式会社手工艺制作部）

协助　良笑社策划部、生产部、广告宣传部、营销部
摄影协助　竹村 / LECURIO / jardin nostalgique

原文书名：はじめてのどーる　布服レシピ
原作者名：グッドスマイルカンパニー，誠文堂新光社
Hazimeteno Doll Nunofuku resipi

著作权合同登记号：图字：01-2022-4151

图书在版编目（CIP）数据

迷你娃衣制作手册. 时装篇 / 日本良笑社监修；日本诚文堂新光社编；李斐尔译. -- 北京：中国纺织出版社有限公司，2023.1
（尚锦手工 GSC 娃衣系列）
ISBN 978-7-5180-9665-7

Ⅰ. ①迷…　Ⅱ. ①日…　②日…　③李…　Ⅲ. ①手工艺品—制作　Ⅳ. ①TS973.5

中国版本图书馆CIP数据核字（2022）第120831号

责任编辑：刘　茸　　责任校对：高　涵　　责任印制：王艳丽

中国纺织出版社有限公司出版发行
地址：北京市朝阳区百子湾东里 A407 号楼　邮政编码：100124
销售电话：010—67004422　传真：010—87155801
http://www.c-textilep.com
中国纺织出版社天猫旗舰店
官方微博 http://weibo.com/2119887771
北京华联印刷有限公司印刷　各地新华书店经销
2023 年 1 月第 1 版第 1 次印刷
开本：787 × 1092　1/16　印张：8
字数：267 千字　定价：88.00 元

凡购本书，如有缺页、倒页、脱页，由本社图书营销中心调换